微纳结构半导体光探测器

白成林　牛慧娟　黄永清　范鑫烨　著

科学出版社
北　京

内 容 简 介

本书以微纳结构半导体光探测器为主要研究对象，全面阐述了微纳结构半导体光探测器的理论设计方法、制备工艺及测试方法，较为系统、完整地介绍了基于不同类型微纳结构半导体光探测器的性能指标、应用以及未来的发展趋势。通过阅读本书，读者可以比较全面地了解相关的原理技术和应用前景。

本书的内容将为基于新结构、新工艺的新型半导体光探测器及其他光电子集成器件研究提供理论和应用基础，可供光学工程、光电信息科学与工程、通信工程等专业领域的高年级本科生或研究生学习和参考，对上述领域内从事研究、开发、生产的工程技术及研究人员也有重要的参考价值。

图书在版编目(CIP)数据

微纳结构半导体光探测器/白成林等著. —北京：科学出版社，2023.10

ISBN 978-7-03-076708-0

Ⅰ. ①微… Ⅱ. ①白… Ⅲ. ①纳米技术-应用-半导体-光导探测器
Ⅳ. ①TN256

中国国家版本馆 CIP 数据核字(2023)第 197753 号

责任编辑：周 涵 郭学雯／责任校对：彭珍珍
责任印制：张 伟 ／封面设计：无极书装

科学出版社 出版
北京东黄城根北街 16 号
邮政编码：100717
http://www.sciencep.com
北京建宏印刷有限公司印刷
科学出版社发行 各地新华书店经销
*
2023 年 10 月第 一 版 开本：720 × 1000 B5
2025 年 1 月第二次印刷 印张：13 3/4
字数：278 000

定价：118.00 元

(如有印装质量问题，我社负责调换)

前　　言

人工智能、互联网+、云计算等新一代信息技术的出现促使高速光通信技术不断升级，半导体光探测器作为高速光通信系统的核心器件，可用于实现信息从光信号向电信号的高速转换，而现代高速光通信系统潜在的“能耗危机”和“带宽危机”对半导体光探测器的带宽、响应度、线性度等性能提出了更高的要求。微纳结构半导体光探测器与传统光探测器相比，具有光场可调控、高效光耦合等优势，适应了高速光通信系统的需求，成为半导体光探测器的重要研究领域之一。

20 世纪 30 年代以来，人们对半导体基本物理特性 (如能带结构、电子跃迁过程等) 特别是对半导体光学性质的深入研究，为半导体光电子器件的发展奠定了坚实的物理基础。1958 年，Schawlow 与 Townes 揭示了激光器的工作原理，1962 年，Hall 和 Nathan 研制的注入型半导体激光器成功问世，1963 年，Alferov 和 Kroemer 先后提出双异质结结构，Alferov 于三年后成功制备了具有该结构且能够在室温下连续运行的半导体激光器，标志着光电器件进入主动式应用阶段。近百年来，人们利用半导体光–电子 (或电–光子) 转换效应制成了各种功能器件，集成的光电子器件在光通信、光信息处理等领域正在扩展电子学难以执行的功能。人工微纳结构通过改变几何参数和微纳结构的排列来控制和改变其入射光场，使用超表面等结构可以在亚波长尺度上轻松实现对入射光场的不同维度量 (相位、振幅、频率或极化) 的操控。一些基于人工微纳结构的研究领域，如超材料、超表面和声子拓扑绝缘体，已经出现了许多新的应用。未来，具有反射、偏转、分束、谐振等多种功能的控光微纳结构正由低维向高维发展，应用于光探测器、激光器等器件后可实现更多功能，并为光子器件的微型化、集成化提供了良好的基础。

研究表明，在光探测器的结构中设计微纳结构或者将光探测器与新型的微纳结构器件进行集成，可以在不同程度上缓解传统光探测器的固有矛盾，这是提高光探测器带宽、量子效率、饱和等性能的有效途径。使用电子束光刻等技术可以在光探测器表面或衬底制作出各种形状的微纳结构，精心设计的微纳超表面结构可以控制光场，与光探测器集成后可以显著地提高其量子效率，同时拓展器件的功能。集成了微纳结构功能器件的光探测器还可以用于下一代可重构光网络的接收端，精心设计的微纳结构光探测器也能工作在无外加偏压的情况下，在接收端使用它有利于打造低能耗的绿色光网络。太赫兹技术作为实现未来 6G 的关键技术，高性能微纳结构光探测器可以用于太赫兹波的产生。利用新材料、新技术、新结构制备微纳结构光探测器，已成为国内外光探测器领域研究的热点和未来发展趋势。

本书是一本全面阐述微纳结构半导体光探测器基本理论、分析设计方法、制备工艺、主要性能指标、微纳结构的Ⅲ-V族光探测器实例及其在光通信系统中应用的专著，为了使读者更全面、系统地了解光探测器领域的发展，也简要介绍了部分其他材料、结构的光探测器。全书分为7章。第1章为绪论，概述半导体光电器件的发展、研究现状，以及高速、高量子效率的光探测器。第2章介绍半导体光电器件基础，包括晶体结构、能级的概念和PN结，以及在光电集成中要解决的主要问题。第3章介绍微纳结构半导体光探测器的工作原理和主要性能指标，并着重展示同质集成、异质集成的微纳结构半导体光探测器。第4章详细介绍微纳结构半导体光探测器的理论、设计、仿真等分析方法及其具体过程。第5章则详细介绍微纳结构半导体光探测器的外延生长、检测、制备与性能测试的分析方法，特别介绍几种器件的实现过程。第6章详细介绍微纳结构半导体光探测器的应用。第7章介绍微纳结构半导体光探测器的新技术，对微纳结构半导体光探测器的未来发展趋势和研究热点进行展望。

本书的有关工作得到国家重点研发计划(项目编号：2018YFB2200803)、国家自然科学基金(项目编号：61574019、61674018、61274044)、山东省自然科学基金(项目编号：ZR2022MF305、ZR2022MF253、ZR2021MF053)、信息光子学与光通信国家重点实验室开放课题(项目编号：IPOC2021B07)、山东省科技型中小企业创新能力提升工程项目(项目编号：2022TSGC2570)、山东省“泰山学者”建设工程专项经费等的资助，在此一并表示衷心的感谢。感谢北京邮电大学任晓敏教授课题组在关键科学问题解答中的无私帮助。同时感谢房文敬老师，李真、高松、蒋传星、王厚增、位健、李沅昊、张奕康、朱玉昕、张帅阳等同学为本书的文字输入、绘图、制表等方面给予的热情帮助和支持。

作者在半导体物理、光器件、光纤通信网络等领域开展了相关研究并阅读了大量相关的文献书籍，在此基础上，总结自己多年从事半导体光电器件研究和教学工作实践的经验，结合我国半导体光电器件现状撰写了本书，力求做到内容新颖，同时具有实用价值。由于水平有限，加之半导体工艺水平发展迅速、日新月异，各种更为精密的微纳结构半导体光探测器得以制备实现，书中难免存在不妥之处，敬请读者批评指正。

作　者

2023年2月

目　录

前言
第 1 章　绪论······1
1.1　半导体光电器件发展概述······1
1.2　半导体光探测器的研究现状······1
1.3　高速、高量子效率光探测器······2
1.3.1　PIN 光探测器······3
1.3.2　单行载流子光探测器······4
1.3.3　其他高性能光探测器······5
参考文献······10
第 2 章　半导体光电器件基础······13
2.1　半导体物理基本知识······13
2.1.1　基本晶体结构······14
2.1.2　半导体中的能级跃迁······16
2.2　半导体 PN 结的形成······18
2.2.1　半导体中的载流子······18
2.2.2　半导体的 PN 结······18
2.2.3　载流子的定向移动······20
2.3　光电集成技术······21
参考文献······22
第 3 章　微纳结构半导体光探测器的研究方法及分类······24
3.1　光探测器的工作原理与性能指标······24
3.1.1　光探测器的工作原理······24
3.1.2　量子效率与响应度······26
3.1.3　频率响应与 3dB 带宽······26
3.1.4　噪声······30
3.1.5　饱和特性······32
3.2　设计分析方法······35
3.2.1　麦克斯韦方程组······36
3.2.2　泊松方程······38

3.2.3 载流子输运方程 …… 39
3.2.4 连续性方程 …… 39
3.3 主要物理模型 …… 40
3.3.1 载流子统计模型 …… 40
3.3.2 载流子迁移模型 …… 41
3.3.3 载流子复合模型 …… 42
3.4 同质集成的微纳结构半导体光探测器 …… 44
3.4.1 一镜斜置三镜腔型光探测器 …… 44
3.4.2 四镜三腔型光探测器 …… 45
3.4.3 蘑菇型光探测器 …… 49
3.4.4 金字塔型光探测器 …… 51
3.4.5 微环结构光探测器 …… 56
3.5 异质集成的微纳结构半导体光探测器 …… 58
3.5.1 透镜集成光探测器 …… 58
3.5.2 集成亚波长光栅光探测器 …… 63
3.5.3 集成分束器的光探测器阵列 …… 64
3.5.4 等离子体光探测器 …… 66
3.5.5 MSM 光探测器 …… 68
参考文献 …… 69
第 4 章　微纳结构半导体光探测器的仿真分析 …… 74
4.1 入射光场分布对光探测器性能的影响 …… 74
4.1.1 入射光场分布对 PIN 光探测器的影响 …… 76
4.1.2 入射光场分布对 UTC 光探测器的影响 …… 81
4.1.3 入射光场分布对微纳结构光探测器的影响 …… 84
4.2 基于亚波长光栅的 RCE 微纳结构光探测器 …… 85
4.2.1 亚波长光栅的理论方法 …… 85
4.2.2 RCE 光探测器的性能分析 …… 94
4.2.3 周期型 HCSG-RCE 光探测器的设计与仿真 …… 99
4.2.4 非周期型 HCSG-RCE 光探测器的设计与仿真 …… 104
4.2.5 HCSG-RCE 光探测器的设计与仿真 …… 112
4.3 V-型槽微纳结构 PIN 光探测器 …… 116
4.3.1 V-型槽对入射光场影响的分析 …… 117
4.3.2 V-型槽对量子效率影响的分析 …… 120
4.3.3 V-型槽对频率响应影响的分析 …… 123
4.3.4 “方向盘” 型电极的仿真分析 …… 125

参考文献 ··· 132
第 5 章　微纳结构半导体光探测器制备工艺与测试 ··· 135
5.1　薄膜制备工艺及质量表征 ··· 135
5.1.1　外延技术 ··· 135
5.1.2　外延片质量表征及检测 ··· 136
5.2　微纳结构光探测器制备的关键技术步骤 ··· 138
5.2.1　光刻技术 ··· 138
5.2.2　刻蚀技术 ··· 139
5.2.3　镀电极技术 ··· 141
5.3　基于倒锥及 V-型槽结构 PIN 光探测器的制备 ··· 141
5.3.1　器件的结构及分析 ··· 141
5.3.2　器件的外延生长与制备 ··· 143
5.3.3　器件的测试与分析 ··· 148
5.4　基于锥形吸收腔微纳结构光探测器的制备 ··· 150
5.4.1　器件的结构及分析 ··· 150
5.4.2　器件的外延生长与制备 ··· 151
5.4.3　器件的测试与分析 ··· 152
5.5　基于 SOI 同心环光栅的蘑菇型台面 PIN 光探测器的制备 ··· 153
5.5.1　器件的结构及分析 ··· 153
5.5.2　器件的外延生长与制备 ··· 154
5.5.3　器件的测试与分析 ··· 155
5.6　周期 HCSG-RCE 光探测器 ··· 156
5.6.1　器件的结构及分析 ··· 156
5.6.2　器件的外延生长与制备 ··· 157
5.6.3　器件的测试与分析 ··· 160
5.6.4　小结 ··· 161
参考文献 ··· 161
第 6 章　微纳结构半导体光探测器的应用 ··· 163
6.1　现代高速光通信系统 ··· 163
6.1.1　波分复用光接入网系统 ··· 163
6.1.2　相干检测主干传输网系统 ··· 165
6.1.3　数据中心光互联系统 ··· 168
6.1.4　宽带射频信号光传输系统 ··· 169
6.2　可重构光网络 ··· 171
6.2.1　基于波长阻断器的 ROADM ··· 171

6.2.2 基于平面光波导的 ROADM……172
6.2.3 基于波长选择器的 ROADM……173
6.3 6G 光通信网络……174
6.3.1 THz 技术中的半导体微结构光探测器……174
6.3.2 AI“智慧传输”与半导体微结构光探测器……178
6.4 绿色光网络……179
参考文献……180
第 7 章 微纳结构半导体光探测器的发展趋势……186
7.1 微纳结构半导体光探测器的新结构……186
7.1.1 超高带宽光探测器……186
7.1.2 可穿戴柔性光探测器……187
7.1.3 超透镜阵列光探测器……189
7.2 微纳结构半导体光探测器的新材料……190
7.2.1 黑硅光探测器……190
7.2.2 石墨烯光探测器……192
7.2.3 高维超表面集成光探测器及阵列……193
7.3 微纳结构半导体光探测器的新技术……196
7.3.1 基于逆向设计的半导体光探测器……196
7.3.2 基于光子捕获结构的半导体光探测器……198
7.3.3 基于超表面集成的半导体光探测器……199
7.3.4 基于表面等离激元的半导体光探测器……201
参考文献……202

第 1 章　绪　　论

1.1　半导体光电器件发展概述

近年来，随着大数据和人工智能等新兴产业的兴起，以信息技术为主体的革命浪潮推动全球信息化的高速发展，人们对通信能力的要求越来越高，2016~2021 年全球的数据量增长 5 倍。当前，随着电子技术的快速发展，集成电路的集成度不断提高，对器件开关速度的要求也越来越高。电器件响应速度已经接近电子速度极限，因此人们开始探索使用速度更快的粒子-光子来进行通信和计算。这一发展推动了光电子器件的诞生和应用。当今信息系统的显著特征是信息的采集、存取、处理和应用的高速化、宽带化以及大容量化，在这样的信息系统中，关键器件已非光电子器件莫属，其发展与国家科学技术的进步息息相关，对于下一代通信、航空航天和国防至关重要。

光电子器件的发展趋势可从两个方面进行概括：一方面是继续通过能带工程产生各种新型的半导体材料与结构，如微纳结构、异质结构、量子阱、量子线、量子点和超晶格材料等可望实现并用，以研制高性能的器件；另一方面，更为关键的是要像微电子一样实现集成化。为了满足系统对高速率和大容量的需求，光电子器件就必须逐渐向微型化、多功能、集成化方向发展。将拥有多种功能的、不同材料的微纳结构光电子器件，通过合理设计布局、封装加工等，实现功能上的大规模集成，并且保证器件的可靠性，可以说，下一代光纤通信系统发展由光电器件集成程度与规模决定。目前，将功能不同的若干光电子器件通过内部光波导互连，优化集成在一个芯片上的光子集成芯片 (Photonics Integrated Circuit, PIC) 正在迅速发展。下一步将是研制光子集成芯片和微电子集成芯片的共融体，即光电集成电路 (Opto-Electronic Integrated Circuit, OEIC)，这将突破分立器件的功能局限，使芯片的功能提高、功耗降低并且可靠性极大改善。

1.2　半导体光探测器的研究现状

光纤通信自从问世以来就成为信息传送的主要手段，光探测器又是光纤通信系统中的核心器件 [1]。自著名华人科学家高锟提出玻璃纤维可作为传输介质用于光通信以来，已有 50 余载，而当下信息革命的时代里，光纤通信领域正在发生着深刻的变化。回想 21 世纪之初，互联网渐渐走入人们视野，而宽带大多使用的是基于铜缆传输信号，受制于传输媒介和电的传输方式，人们并未真正感受到“信息爆炸”带来的全方位冲击。随着近年来光纤预制棒产能的提升，激光器和光探测器性能的不断优化改进等，光纤通信已然开始走入千家万户。5G 时代已经到来，将为光纤通信的发展带来新的机遇和挑战，光纤、光模块、光接入网系统等整个产业都需要技术上的创新和应用上的突破。

最初用来探测光的是热探测器，1826 年，人们发明了热电偶。1873 年，英国科学家史密斯发现硒的光电导效应，但是这种效应长期处于探索研究阶段，未获得实际应用。直到 20 世纪才研发出光子探测器，1917 年，Case 发明了首个红外光电导探测器。第二次世界大战以后，随着半导体的发展，各种新的光电导材料不断出现，热敏电阻由贝尔电话实验室发明并大量应用于探测器。20 世纪 50 年代，人们开始研究热释电探测器，到了 70 年代后光子牵引探测器被研制出来，80 年代之后又出现了基于 GaAs/AlGaAs 的量子阱探测器。其中半导体光探测器由于具有体积小、质量轻、响应速度快、灵敏度高、易于与其他半导体器件集成等特点，可广泛用于光通信、信号处理、传感系统和测量系统，是光源的最理想探测器之一。作为光纤通信系统中的重要器件之一，半导体光探测器在光接收机中承担着光电转换的作用，其性能的好坏对于光纤通信系统的性能至关重要 [2]。半导体光探测器工作的物理机制是通过吸收入射光子产生电子–空穴对，在电场中将光生电子–空穴对分离并收集到外部电路。光纤通信中衡量光探测器性能最重要的几点要求包括响应度、量子效率、响应速度、暗电流、线性性能以及噪声等。20 世纪以来，光伏型光探测器、光电导型光探测器、雪崩二极管、光电晶体管等经典光探测器类型被陆续提出，奠定了光探测器发展及生产应用的基础。

现在，基于 Si、Ge、Ⅲ-V 族化合物的光探测器已发展成熟，也是当今主要的商业化产品。在光通信系统接收端，由于输入信号频率不断提高，激励强度也不断提升，系统对光探测器性能提出了更高的要求 [1-3]。近年来，光探测器逐步面向集成化、智能化发展，各种新型的光探测器被不断地研制出来，比如有机光探测器 [4]、纳米级探测器 [5]、基于新型材料的探测器 [6] 等。

1.3　高速、高量子效率光探测器

光探测器广泛应用于高速光纤通信、红外传感器、计算机、军事和电子系统。根据光的不同的入射方向，光探测器可分为两种，如图 1.1 所示，一种是垂直入射的，即光由正面或背面入射到器件本征层，被吸收后生成电子–空穴对，被吸收的光子数和本征层的厚度有关；另一种是波导型的，即光从器件侧面入射到本征层，被吸收的光子数只与本征层的长度有关，当吸收层长度足够时，可以得到足够大的量子效率，但缺点是光耦合困难。

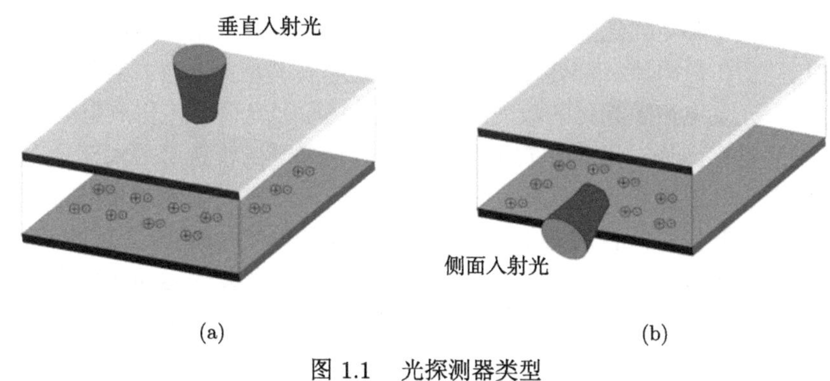

图 1.1 光探测器类型

(a) 垂直入射型；(b) 侧面入射型

根据光探测器的不同结构，在光通信系统中的高性能光探测器可分为诸多类型，包括传统 PIN 光探测器、单行载流子光探测器 (Uni-traveling Carriers Photodetector, UTC-PD)、谐振腔增强型光探测器 (Resonant Cavity Enhanced Photodetector, RCE-PD) 等。众多光探测器有着各种各样的特点，其中 PIN 光探测器因其结构简单、成本低廉，仍然是光纤通信中最重要的光探测器类型。

1.3.1 PIN 光探测器

1887 年，德国物理学家赫兹发现了光电效应：在高于一定频率的光照下，某些物质会激发出电子形成电流。1905 年，爱因斯坦提出的光量子说成功地解释了光电效应，奠定了光探测器的发展基础。1940 年，贝尔实验室在研究硅单晶的光伏效应时发现了 PN 结，从而使半导体光探测器进入人们的视野。通过 PN 结的光电效应，光电二极管能够将光信号转化成电信号。半导体 PN 结的形成原理是，在本征半导体两边掺入不同的杂质，掺入三价元素的一边形成空穴浓度较大的 P 区，掺入五价元素的一边形成电子浓度较大的 N 区。在 P 区和 N 区的接触面，由于两边载流子的性质和浓度大不相同而发生扩散运动。P 区的空穴扩散至 N 区，留下带负电的不可移动的离子；N 区的电子扩散至 P 区，留下带正电的不可移动的离子。扩散运动形成扩散电流。交界区形成了由 N 区指向 P 区的电场，称为内建电场，电场区域称为耗尽区。

在内建电场的作用下，电子从 P 区漂移至 N 区，空穴从 N 区漂移至 P 区，形成与扩散电流相反的漂移电流。当漂移电流与扩散电流相等时，PN 结达到动态平衡状态，交界处形成一层厚度稳定的空间电荷区，也叫阻挡层、势垒层。当 PN 结外加反向偏压，入射光子能量大于半导体材料的禁带宽度 E_g 时，价带上的电子吸收光子能量跃迁到导带，产生光生“电子–空穴”对，电子和空穴在电场作用下分别漂移至 N 区和 P 区，形成光生漂移电流。同时在没有电场的 P 区和 N

区，有部分电子和空穴通过热运动进入耗尽层，在电场作用下形成和光生漂移电流方向相同的扩散电流。漂移电流和扩散电流形成了光生电流。当入射光光强发生改变时，光生电流随光强的改变线性变化，从而把光信号转化成电信号。

在 PN 结中，通过电子空穴扩散而形成的耗尽区比较狭窄，大部分入射光子被中性区吸收，所以光电转换效率十分低，响应速度慢。因此，光电二极管通常施加适当的反向偏压，目的在于增加耗尽吸收区的厚度，缩小 N 区和 P 区的宽度，增加光子在耗尽区的吸收。由于光生电流的扩散分量的运动速率比漂移分量慢很多，所以提高反偏电压减小光生电流中的扩散分量比例可以有效地提高响应速度。与此同时，随着耗尽区厚度的增加，载流子渡越耗尽层的时间相应增加，所以响应速度减小。为了克服 PN 结光探测器中的矛盾，在 PN 结中间插入一层低掺杂的本征半导体 (I 层) 来扩大耗尽层厚度，也即是 PIN 光探测器。

传统 PIN 光探测器的带宽和量子效率之间存在相互制约的关系，薄的本征吸收层可以保证在耗尽区产生的电子–空穴对在渡越到电极的过程中漂移尽可能短的距离。当偏压一定时，电子和空穴的漂移速度保持恒定，从而薄的吸收层可以降低载流子渡越时间，以提升光探测器的带宽。但是薄的吸收层意味着光一次性通过时不能带来足够高的利用效率，即量子效率不高。

1.3.2 单行载流子光探测器

传统 PIN 光探测器中，载流子空穴的漂移速度远小于电子，严重影响着器件的响应速度。同时，当入射光功率较大时，空穴大量堆积在耗尽吸收区中，产生了严重的空间电荷效应，极大地限制了探测器的输出电流。1997 年，日本电话电报 (NTT) 实验室的 Ishibashi 等首次提出了 UTC-PD，UTC-PD 能带结构如图 1.2(b) 所示 [7]。UTC-PD 在靠近阳极的吸收层界面处的漂移阻挡层提供了光生载流子，使少数载流子电子向收集层运动。由于电子在耗尽收集层中以近弹道速度高速运动，所以 UTC-PD 的光响应速度优于传统的 PIN-PD[7]。

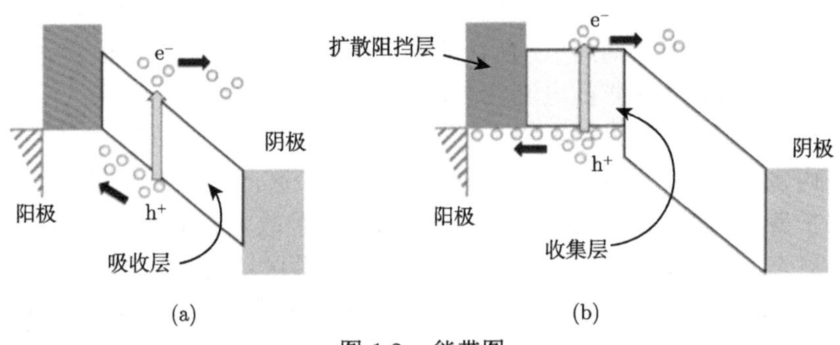

图 1.2 能带图

(a)PIN-PD；(b)UTC-PD

UTC-PD 是由 P 型掺杂的光吸收层和 N 型宽带隙收集层构成的，在空间上，收集层与吸收层是分离的，吸收层完成光电转化，将入射光子转化成电子–空穴对，然后光生载流子向两端扩散，作为多子的空穴被瞬间弛豫掉，而靠近阳极的 P 型阻挡层阻止电子向阳极扩散，导致电子只能向收集层一端运动，形成了单一路径载流子。与 PIN 光探测器不同的是，UTC-PD 响应速度主要由电子在吸收层的扩散时间和在收集层的漂移时间决定。当收集层足够薄时，漂移时间远小于扩散时间，器件响应速度由扩散时间决定。为了减少扩散时间，可在吸收区引入自建电场加速电子扩散。产生自建电场的方法有两种：一是在吸收区引入组分渐变的 InGaAs 材料，通过能带偏移形成电场；二是在吸收区引入差异化掺杂，通过掺杂引入自建电场。因为电子的漂移、扩散所用时间小于 PIN-PD 中空穴的漂移时间，所以 UTC-PD 能取得更高的响应速度。同时，电子的漂移速度较大，有效地抑制了空间电荷效应，因此饱和输出电流也较 PIN-PD 有较大提升。

多年来，NTT 实验室致力于高速 UTC-PD 的研发并引领着其发展和应用 [8]。美国弗吉尼亚大学 Campbell 教授的研究小组，专注于研究高功率 UTC-PD 并取得诸多成果。此外，在此领域的成果还包括偶极掺杂 UTC-PD(Dipole-doped UTC-PD)[9]、近弹道 UTC-PD(Near-ballistic UTC-PD，NBUTC-PD)[10,11]、背靠背 UTC-PD[12]、梯度带隙材料吸收层和最佳梯度掺杂吸收层的零偏压 UTC-PD 等。工作在波长 1550nm 的光探测器 3dB 带宽分别为 106GHz@8μm、137.67GHz@6μm、158.3GHz@5μm、183GHz@4μm、211GHz@3μm，3dB 带宽和峰值输出功率分别提高了 2.262dB 和 36.5%[13]。

2020 年，Ishibashi 等在一篇综述文献中描述了 UTC-PD 的基本电流响应、P 型吸收层中的电子输运 [14]。与传统的电子上转换器相比，UTC 光混频器可以使用光学放大的双模拍信号，很简便地产生太赫兹波辐射。当用数据信号对光拍进行电调制时，可通过光电 (O/E) 转换直接获得有数据的太赫兹辐射。

目前提出的 UTC-PD 的主要优势在于高速、高饱和特性 [15]，由于其吸收层非常薄，则量子效率较低，所以它并没有从根本上解决传统 PIN-PD 带宽和量子效率之间的矛盾。

1.3.3 其他高性能光探测器

研究人员为了提高 PIN 光探测器的性能，提出了很多优化结构以及优化方法，主要围绕高速、高量子效率以及高饱和三个主要目标进行展开。

1. 谐振腔增强型光探测器

光在吸收层中的光程增加时，将被更充分地吸收。基于这个思路，Kishino 等于 1991 年提出一种可用于集成解复用的谐振腔增强 (Resonator Cavity Enhanced, RCE) 型光探测器结构 [16-19]，如图 1.3 所示。这种 RCE-PD 将吸收层放置在法布里–珀罗 (F-P) 谐振腔中，因此本身就具有了波长选择性。此外，由于谐振腔具有反射增强效应，所以 RCE-PD 获得了成倍增长的量子效率，同时具有高的响应速度。

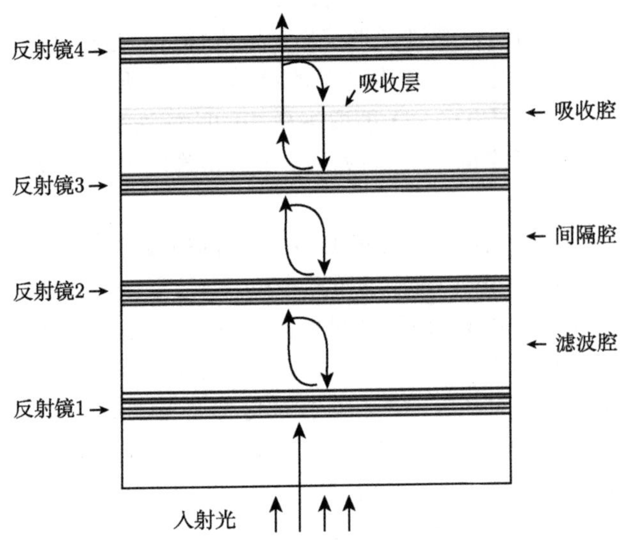

图 1.3 四镜三腔 RCE-PD 结构示意图

2016 年，Pereira 和 Matos 研究并优化了 RCE-PD 结构的频率响应，假设载流子以饱和速度匀速运动，对渡越时间、电容效应进行了理论分析，给出 PIN-PD 的小信号等效电路，计算出有无电容/电感效应时的带宽范围。当工作波长为 1300~550nm，吸收区面积为 100μm，反射镜用 1/4 波长的 $InAs_{0.07}P_{0.93}$ 和 $In_{0.53}Al_{0.09}Ga_{0.38}As$ 交替层时，其 35 对底镜和 13 对顶镜的反射率分别为 0.99、0.87，RCE-PD 可达到最高 90GHz 带宽以及最高 80GHz 效率带宽积 [20]。

2. 双耗尽层光探测器

在光探测器面积一定时，增加耗尽层长度可以减小其电容，在渡越时间不变时总带宽得到提高。1996 年，Effenberger 和 Joshi 在 *Journal of Lightwave Technology*(*JLT*) 发表文章，提出一种工作波长在 1310nm 的双耗尽层 (Dual-Depletion Region, DDR) 探测器，即是基于以上原理的，其寄生电容和渡越时间可以分别半独立设计，间隔层参数经过优化后器件可以达到较大的带宽 [20]，如图 1.4 所示。

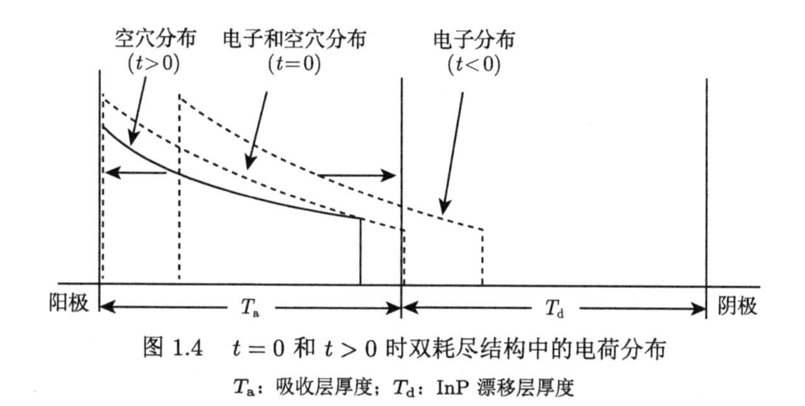

图 1.4 $t = 0$ 和 $t > 0$ 时双耗尽结构中的电荷分布

T_a：吸收层厚度；T_d：InP 漂移层厚度

2002 年，Williams 对传统 PIN-PD、DDR-PD 和 UTC-PD 计算了空间电荷和热效应，表明传统 PIN-PD 和 DDR-PD(图 1.5 为 DDR-PD 模型图) 设计都有优于 UTC-PD 的潜质，电荷补偿可提高空间电荷限制电流，且在耗尽区电场峰值可控，在耗尽层电荷数均衡时，光电流达到其局部最大值 [21]。

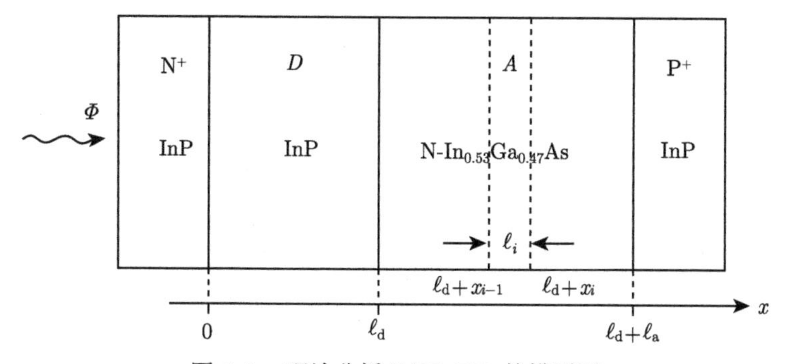

图 1.5 理论分析 DDR-PD 的模型图

2016 年，Pereira 和 Torres 在 *Photonic Sensors* 发表文章，理论分析双耗尽层 PIN-PD 的频率响应；建立渡越时间和电容效应的数学模型，应用在非均匀光照射线性电场分布情况中；在器件总长度固定的情况下，适当选择吸收区长度可使其带宽最大化，这个值是漂移区和吸收区渡越时间与电容效应相互作用的结果；对于总长度较短的器件，最大带宽被认为主要与偏置电压无关，因为电容效应占主导地位 [22]。

3. 部分耗尽吸收层光探测器

部分耗尽吸收层 (Partially Depleted Absorber, PDA) 光探测器的吸收层采用部分掺杂方式或部分渐变掺杂方法，如图 1.6 及表 1.1 所示。2015 年，Liu 等在亚洲通信与光子学国际会议 (Asia Communications and Photonics Conference,

ACP) 上提出了 InP/InGaAs 结构在 850~1550nm 宽光谱范围内的部分耗尽光探测器，加入 $In_{0.52}Al_{0.48}As$ 层，在 850nm(1.46eV) 激发下减小表面复合；器件面积 20μm，反向偏压 −3V 时在三个波段内的带宽均可达到 60GHz 以上，响应度分别为 0.459A/W、0.517A/W、0.41A/W[23]。部分耗尽吸收层与本征吸收层之间不存在能带不连续的问题，不会阻碍载流子的运动，且 PDA 结构可以缓解空间电荷效应，从而提高探测器的饱和输出电流。

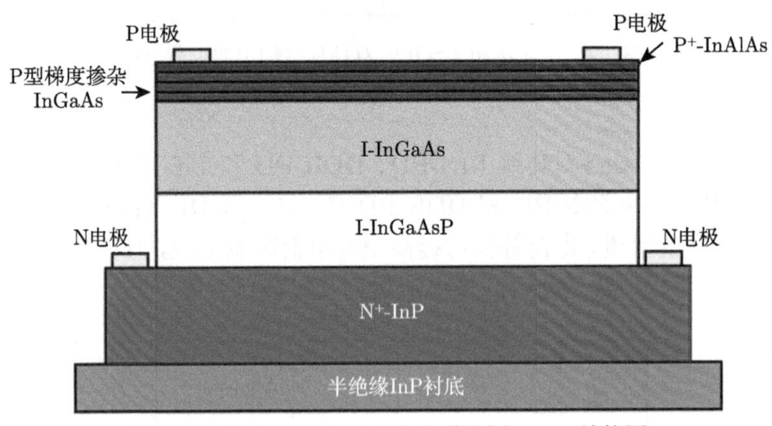

图 1.6　基于 InP 的新型宽光谱范围 PDA 结构图

表 1.1　基于 InP 的新型宽光谱范围 PDA 层结构表

外延层	掺杂/cm^{-3}	厚度/nm
P^+-InAlAs	1.0×10^{19}	100
P-InGaAs	1.0×10^{19}	100
P-InGaAs	5.0×10^{17}	100
P-InGaAs	1.0×10^{17}	100
I-InGaAs	1.0×10^{16}	700
I-InGaAsP	1.0×10^{16}	650
N^+-InP	1.0×10^{19}	1000
半绝缘 InP 衬底	—	—

4. 零偏压与低偏压光探测器

目前关于光探测器的研究主要集中在两种偏压状态：高偏压和零偏压。在高偏压条件下，光探测器具有良好的高速和高饱和特性，线性响应范围较大，但是高偏压也意味着大功耗，光探测器在高偏压和大功率注入的情况下将出现热失效[24,25]。而光探测器自发热的主要来源是输入电能，即加在光探测器上的直流反向偏压。同时高偏压对器件的封装和散热等都有更高的要求，不利于器件集成和维护，且器件长期处于高偏压状态，工作寿命也会大大降低。在零偏压条件下，器件不需要外加驱动电路，可以减小能耗，同时可以简化封装，对后期维护要求较低，但是零偏压条件下，器件的高速高饱和性能较差，且实验发现，没有外部电压驱动时，器件的各项性能更是在理论值的基础上大打折扣。相比于零偏压与高偏压，低偏压有一定的电压输入，对于提升器件的高速和高饱和特性有很大帮助，而且功耗较低，同时可以简化封装和维护，暗电流特性较好，对于器件的寿命也有一定的保证。

2000 年，Ito 等制备了吸收层厚度为 160nm，收集层厚度为 220nm，单管有源区面积为 $20\mu m^2$ 的二元串联 UTC-PD；当输入光脉冲的半高全宽为 280fs、能量为 0.2pJ/pulse 时，UTC-PD 在零偏置下的 3dB 带宽可以达到 63GHz[26]。2010 年，爱尔兰科克大学的 Yang 等报道了吸收层厚度为 140nm，收集层厚度为 260nm，有源区面积为 $200\mu m^2$ 的光波导型 UTC-PD，在零偏置下的 3dB 带宽可以达到 13GHz[27]。2015 年，Umezawa 等在美国光纤通信展览会及研讨会 (Optical Fiber Communication Conference & Exposition and the National Fiber Optic Engineers Conference, OFC) 上的报道指出，通过降低器件收集层的掺杂浓度可以提高 UTC-PD 在零偏置下的带宽；当吸收层厚度为 200nm，收集层的厚度为 300nm 且掺杂浓度为 $3\times10^{14}cm^{-3}$，有源区的面积为 $20\mu m^2$ 时，零偏置下的 3dB 带宽可以达到 110GHz，最大射频输出功率可达到 −18.6dBm@0V，−5dBm@−2V[28]。2016 年，该团队的跟踪报道中指出，器件的射频输出功率可达 −7dBm@0V@3mA[29]。2016 年，Shi 等在 OFC 报道以 $GaAs_{0.5}Sb_{0.5}$ 为吸收层，以 InP 为耗尽层构成二型能带的 UTC-PD，指出当吸收层厚度为 160nm，收集层的厚度为 160nm 且掺杂浓度为 $5\times10^{14}cm^{-3}$，有源区的面积为 $8\mu m^2$ 时，零偏置下的 3dB 带宽可以达到 140GHz，最大射频输出功率可达到 −13.9dBm@0V，−9.83dBm@−1V[30]。2017 年，该团队继续报道上述结构类型的 UTC-PD，有源区直径为 6μm，零偏置下的 3dB 带宽可以达到 170GHz@2mA，调制深度为 60%时的最大射频输出功率可达 −11.3dBm@0V，−8.5dBm@−1V[31]。2018 年，该团队制备了吸收层能带为 Ⅱ 型的 UTC-PD[32]，当有源区的直径分别为 3μm、5μm 和 8μm 时，在 −1V 反向偏压下的带宽分别可达到 330GHz@−0.5V、150GHz@−0.5V、60GHz@−1V；当有源区直径为 3μm 时，在 −1V 反向偏压下的最大射频输出功率为 −3.2dBm@320GHz。

外延生长掺杂浓度极低的收集层是实现零偏置下高速光探测器的关键因素之一。一般来说，根据实验报道，当器件的有源区面积较小时，在低偏压下就能实现高性能。部分零偏压和低偏压运行的 UTC-PD 的带宽和射频输出功率的实验测试结果如表 1.2 所示。

综上所述可以发现，UTC-PD 的带宽和射频输出功率与其有源区的面积分别成反比和正比。也就是说，UTC-PD 的 3dB 带宽越宽大，其最大的射频输出功率越低，器件的 3dB 带宽越小，其最大的输出功率越高。器件的输出功率与频率成

表 1.2　在零偏压和低偏压下运行的 UTC-PD 的带宽和射频输出功率

吸收层厚度 /nm	收集层厚度 /nm	有源区面积 /μm^2	3dB 带宽 /GHz	最大射频射出功率/dBm	响应度 /(A/W)
160	220	40	63@0V	—	0.2
230	230	2×5×3	115@−1V	—	0.15
260	260	5×40	13@0V	—	0.2
300	300	20	>110@0V	−18.6@100GHz 和 0V	0.2
160	160	8	140@0V 和 2mA	−13.9@160GHz 和 0V	0.09
190	190	4×15	21.5@0V	−24.1@20GHz 和 0V	—
160	160	28	170@0V 和 2mA	−11.3dBm@170GHz 和 0V	0.09
120	120	7	330GHz@−0.5V	−3.2dBm@320GHz 和 −1V	0.11

反比，与反向偏压的大小成正比 [33]。此外，器件的输出功率还与负载电阻、外部环境温度，以及有无散热装置等条件相关。

参 考 文 献

[1] Yang D Z, Ma D G. Development of organic semiconductor photodetectors: From mechanism to applications[J]. Advanced Optical Materials, 2019, 7(1): 1800522.

[2] Wang H, Kim D H. Perovskite-based photodetectors: Materials and devices[J]. Chemical Society Reviews, 2017, 46(17): 5204-5236.

[3] Zhang Y G, Gu Y, Shao X M, et al. Short-wave infrared InGaAs photodetectors and focal plane arrays[J]. Chinese Physics B, 2018, 27(12): 128102.

[4] Nath B, Ramamurthy P C, Mahapatra D R, et al. Flexible organic photodetector with high responsivity in visible range[C]// 2022 IEEE International Conference on Flexible and Printable Sensors and Systems (FLEPS), 2022: 1-4.

[5] Ozdemir C I, de Koninck Y, Yudistira D, et al. Low dark current and high responsivity 1020nm InGaAs/GaAs nano-ridge waveguide photodetector monolithically integrated on a 300-mm Si wafer[J]. Journal of Lightwave Technology, 2021, 39(16): 5263-5269.

[6] Chou J J, Liu J, Wan J. Novel photodetectors based on SOI and two-dimensional materials[C]// 2021 20th International Workshop on Junction Technology (IWJT), 2021: 1, 2.

[7] Ishibashi T, Shimizu N, Kodama S, et al. Uni-traveling-carrier photodiodes[J]. Ultrafmt Electron Optoelectron, 1997, 13: 83-87.

[8] Ito H, Furuta T, Kodama S, et al. InP/InGaAs uni-travelling-carrier photodiode with 220GHz bandwidth[J]. Electronics Letters, 2002, 35(18): 1556, 1557.

[9] Wang H, Mao S. High speed InP/InGaAs uni-traveling-carrier photodiodes with dipole-

doped InGaAs/InP absorber-collector interface[C]// Compound Semiconductor Week, 2011.

[10] Shi J W, Wu Y S, Wu C Y, et al. High-speed, high-responsivity and high-power performance of near-ballistic uni-traveling-carrier photodiode at 1.55-μm wavelength[J]. IEEE Photonics Technol. Lett., 2005, 17(9): 1929-1931.

[11] Shi J W, Kuo F M, Bowers J E. Design and analysis of ultra-high-speed near-ballistic uni-traveling-carrier photodiodes under a 50- load for high-power performance[J]. IEEE Photonics Technol. Lett., 2012, 24(7): 533-535.

[12] Shi T, Xiong B, Sun C, et al. Back-to-back UTC-PDs with high responsivity, high saturation current and wide bandwidth[J]. IEEE Photonics Technol. Lett., 2013, 25(2): 136-139.

[13] Liu T, Huang Y Q, Niu H J, et al. Design of bias-free operational uni-traveling carrier photodiodes for terahertz wave generation[J]. Opt. Quantum Electron, 2018, 50(7): 1-16.

[14] Ishibashi T, Ito H. Uni-traveling-carrier photodiodes[J]. J. Appl. Phy., 2020, 127(3): 031101:1-10.

[15] Jabeen M, Haxha S, Flint I, et al. InP/InGaAs uni-traveling-carrier photodiode (UTC-PD) with improved EM field response[J]. IEEE Sensors Journal, 2022, 22(21): 20438-20447.

[16] Kishino K, Unlü M S, Chyi J I, et al. Resonant cavity-enhanced (RCE) photodetectors[J]. IEEE J. Quantum Electron, 1991, 27(8): 2025-2034.

[17] Pereira J, Matos V. Frequency response modelling and optimization of long wavelength RCE photodiodes[J]. Int. J. Appl. Electromagn. Mech., 2016, 52(1-2): 641-648.

[18] Ren X M, Huang H, Chong Y Z, et al. 1.57-μm InP-based resonant-cavity-enhanced photodetector with InP/AIR-gap Bragg reflectors[J]. Microwave and Optical Technology Letters, 2004, 42(2): 133-135.

[19] Duan X, Huang Y, Ren X, et al. Long wavelength multiple resonant cavities RCE photodetectors on GaAs substrates[J]. IEEE Trans Electron Devices, 2011, 58(11): 3948-3953.

[20] Effenberger F J, Joshi A M. Ultrafast, dual-depletion region, InGaAs/InP p-i-n detector[J]. Journal of Lightwave Technology, 1996, 14(8): 1859-1864.

[21] Williams K J. Comparisons between dual-depletion-region and uni-travelling-carrier p-i-n photodetectors[J]. Optoelectronics, IEEE Proceedings, 2002, 149(4): 131-137.

[22] Pereira J M T, Torres J P N. Frequency response optimization of dual depletion InGaAs/InP PIN photodiodes[J]. Photonic Sensors, 2016, 6(1): 63-70.

[23] Liu Z, Huang Y, Fei J, et al. Wide spectral range InP-based photodetectors with high speed[C]// Asia Commun. Photonics Conf., 2015.

[24] Wun J M, Liu H Y, Zeng Y L, et al. High-power THz-wave generation by using ultra-fast(315 GHz) uni-traveling carrier photodiode with novel collector design and photonic femtosecond pulse generator[C]// Optical Fiber Communications Conference and Ex-

hibition, IEEE, 2015:1-3.

[25] Li J, Xiong B, Sun C, et al. Depletion region optimization in UTC photodiodes for high speed and high-power performance[C]//Opto-Electronics and Communications Conference, IEEE, 2015:1-3.

[26] Ito H, Furuta T, Kodama S, et al. Zero-bias high-speed and high output-voltage operation of cascade-twin uni-travelling-carrier photodiode[J]. Electronics Letters, 2000, 36(23): 2034-2036.

[27] Yang H, Daunt C, Gity F, et al. Zero-bias high-speed edge coupled unitraveling-carrier InGaAs photodiode[J]. IEEE Photonics Technology Letters, 2010, 22(23): 1747-1749.

[28] Umezawa T, Akahane K, Yamamoto N, et al. Zero-bias operational ultra broadband UTC-PD above 110 GHz for high symbol rate PD-array in high density photonic integration[C]// Presented at Optical Fiber Communications Conf. and Exhibition, Los Angeles, CA, USA, March 2015, Art. no. M3C.7.

[29] Umezawa T, Kanno A, Kashima K, et al. Bias-free operational UTC-PD above 110GHz and its application to high baud rate fixed-fiber communication and W-band photonic wireless communication [J]. J. Lightw. Technol., 2016, 34(13): 3138-3147.

[30] Wun J M, Zeng Y L, Shi J W. $GaAs_{0.5}Sb_{0.5}$/InP UTC-PD with graded-bandgap collector for zero-bias operation at sub-THz regime [C]// Presented at Optical Fiber Communications Conf. and Exhibition, 2016.

[31] Wun J M, Chao R L, Wang Y W, et al. Type-Ⅱ $GaAs_{0.5}Sb_{0.5}$/InP unitraveling carrier photodiodes with sub-terahertz bandwidth and high-power performance under zero-bias operation [J]. Journal of Lightwave Technology, 2017, 35(4): 711-716.

[32] Wun J M, Wang Y W, Shi J W. Ultrafast uni-traveling carrier photodiodes with $GaAs_{0.5}Sb_{0.5}/In_{0.53}Ga_{0.47}As$ type-Ⅱ hybrid absorbers for highpower operation at THz frequencies[J]. IEEE J. Sel. Topics Quantum Electron., 2018, 24(2): 8500207.

[33] Gencal H, Öztürk T. Design of a new UTC-PD to enhance the BW value[C]// 29th Signal Processing and Communications Applications Conference (SIU), 2021: 1-4.

第 2 章　半导体光电器件基础

2.1　半导体物理基本知识

固体材料根据电阻率 (ρ) 的不同可分为导体、半导体和绝缘体 [1]，其中半导体的导电能力介于导体与绝缘体之间 ($10^{-6}\Omega\cdot$cm< ρ<$10^{8}\Omega\cdot$cm)[2]。如图 2.1 所示，这是半导体最基本的性质。此外，半导体材料还具有一系列其他特殊的性质。

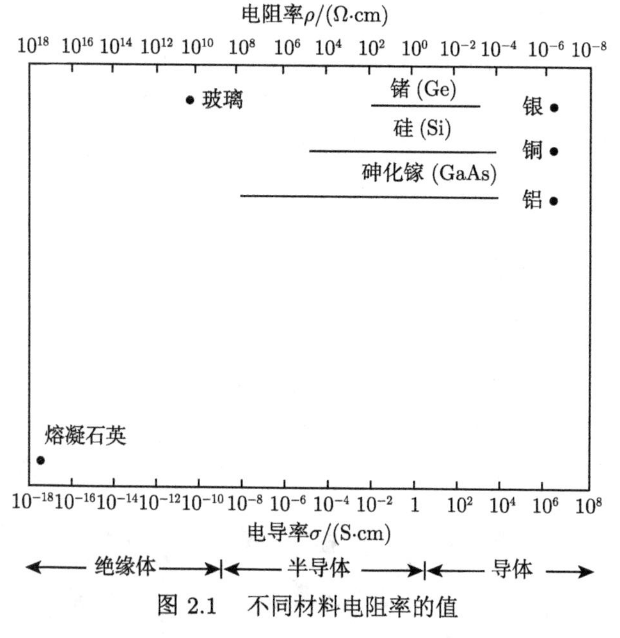

图 2.1　不同材料电阻率的值

对于一般的固体材料来说，当纯度高达 99.9%及以上时，含量低于 0.1%的杂质并不会影响其物质的导电性质。而半导体却不同，微量杂质掺杂入半导体材料后，半导体材料的电学性质将会发生改变 [3]。这种随微量杂质含量的变化而导电能力显著变化的现象称为半导体杂质敏感性。人们利用该特性，通过控制杂质类别和含量，可以制备不同类型、不同电阻率水平的各种半导体材料与半导体器件。

半导体的阻值随温度的升高而下降，温度对金属阻值的影响与半导体相反 [4]。半导体材料的电阻率呈现出随着温度升高而逆向增长的趋势，称为负温度系数 (即电阻率温度系数为负值)。利用半导体对温度的敏感性可以制备许多温度传感器 [3]。

光的辐照可以显著改变半导体的导电能力。当选择适当波长的光对半导体材料进行照射时，半导体阻值率将发生逆向增长，利用半导体的这种特性可以制备许多光敏传感器。

半导体的导电能力还会随电场、磁场的作用发生改变 [5]。作为导电的自由载流子在外加电场的作用下，会阻碍或者促进载流子的流动。因为电子不仅具有电荷，还具有自旋。即当有外加电场时，将对载流子的运动产生影响，这种现象称为电场效应与磁场效应。

半导体是一种有时导电，有时又不能很好导电，容易受外界因素的影响而改变导电特性的固定材料。正是由于半导体多变的特性，其在电子工业得到了日益广泛的应用。

2.1.1 基本晶体结构

晶体具有周期性、方向性、局限性、整齐性、单一性。晶体的内部原子在某个方向上是按照一定规律整齐地排列在一起。而非晶体物质，其内部结构单元在一个很小的范围内与其近邻的几个结构单元间保持着有序的排列 。晶体可分多晶体和单晶体，晶体由小晶粒组成，每个小晶粒中的原子都按同一序列排列 [6]。若晶粒与晶粒是杂乱堆积在一起，它们之间的排列取向没有规则，则这样的晶体称为多晶体。若晶粒与晶粒之间都按同一序列整齐地排列起来，即在整个晶体中原子是由一种规则排列方式所贯穿，其整个结构可用一个晶粒所代表，这样的晶体称为单晶体。

常用的半导体材料中，三维空间内质点以一定的规律呈周期分布的晶体结构称为晶格 [7]。单晶体是由晶胞 (晶体结构的最基本单元) 在三维空间周期性重复排列而成，使整个晶体看起来像一个网格。图 2.2 展示了 3 种常见的晶体结构。

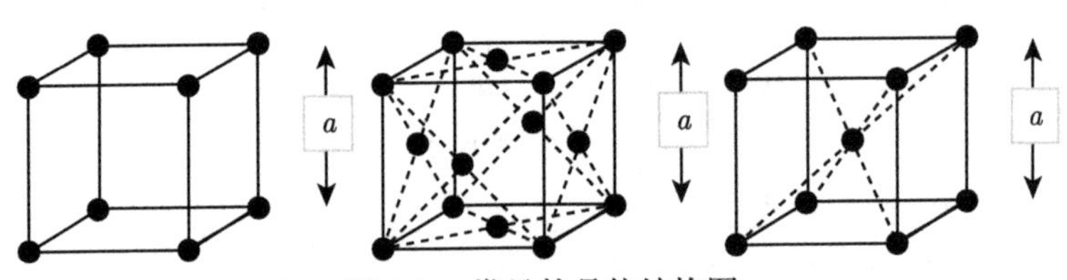

图 2.2 常见的晶体结构图

(1) 简单立方晶格：立方晶格的六个角中各分布着一个原子，每个原子都有一个相距为 a 的相邻原子，这里距离 a 称为晶格常数。

(2) 体心立方晶格：除了晶格中心有一个原子外，八个角落各有一个原子。在体心立方晶格中，每一个原子有八个最邻近原子。

(3) 面心立方晶格：具有六个面，每个面中心各有一个原子。在此结构中，每个原子有 12 个最邻近原子。

大多数 Ⅲ-V 族化合物半导体的晶体结构是闪锌矿型，Ⅲ 族元素原子与 V 族元素原子各自分别构成面心立方晶格，这两套面心立方晶格沿体对角线移动四分之一长度套构即得闪锌矿晶体结构 [8]。例如，常见 Ⅲ-V 族化合物 InP 的晶格由两个面心立方晶格组成，其中一个由 In 原子构成，另一个由 P 原子构成，这种结构也可看成 In 原子所构成的面心立方晶格与 P 原子所构成的面心立方晶格沿体对角体 (<111> 方向) 互相位移 (1/4，1/4，1/4) 套构 (穿插) 而成。因此，In 原子被四个 P 原子围绕，形成四面体结构 [9]。

晶格常数 (或称为点阵常数) 是晶体结构的一个重要基本参数。可用三个非正交向量 a、b、c 来表示晶胞与晶格的关系，而且在长度上不一定相同。每个三维空间晶体中的等效格点可用下面的向量组表示:

$$R = ma + nb + pc \tag{2.1}$$

晶格不匹配时会形成悬挂键，在异质结处存在失配位错，对于光探测器来说，晶格不匹配将会导致量子效率下降，理想的异质结要求两种不同半导体材料之间的晶格常数应尽量匹配。

几种常见材料带隙能量、吸收波长与晶格常数之间的关系如图 2.3 所示 [10]。InP、InGaAs 是直接带隙材料，且当组分为 $In_{0.53}Ga_{0.47}As$ 时与 InP 具有几乎相等的晶格常数，而 Si、Ge 为间接带隙材料。

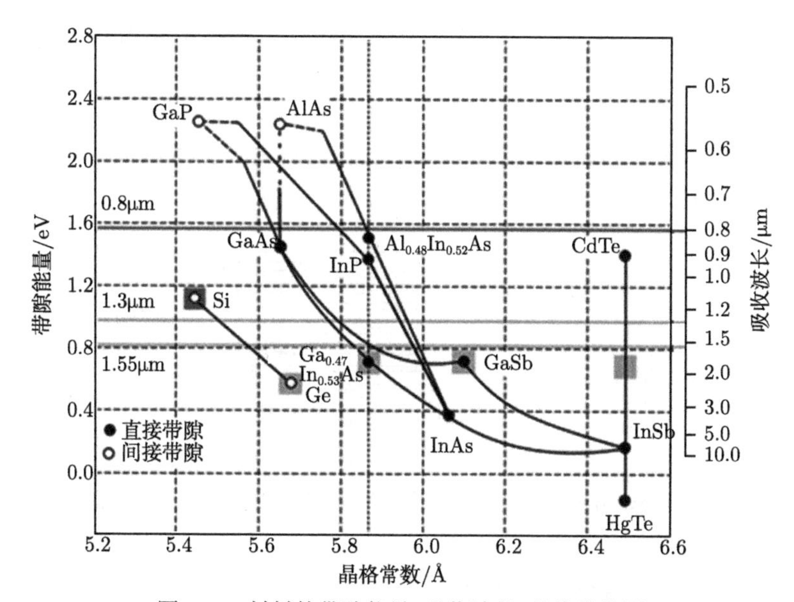

图 2.3 材料的带隙能量–吸收波长–晶格常数图

2.1.2　半导体中的能级跃迁

对于一个原子，其电子的能级是孤立存在的，图 2.4 为氢原子的能级图。氢原子核中核外电子围绕原子核运动，若要改变核外电子的运动轨迹，则电子需要吸收或者释放能量 [3]。

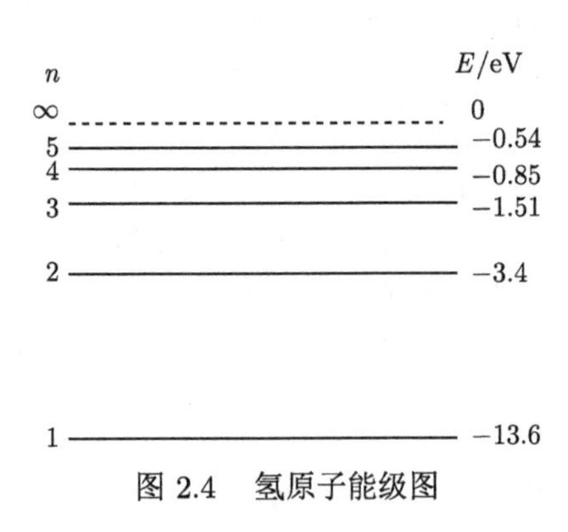

图 2.4　氢原子能级图

人们认为，电子跃迁一次只能发射或吸收一个固定能量的光子，一个氢原子处于量子数为 n 的激发态时可辐射的光谱条数为 $N = n - 1$。由 m 能级跃迁到 n 能级时满足的关系是 $h\nu = E_m - E_n$ [11]。

当两个相同的原子距离较远时，其电子分别处在各自原子的能级中。当两个原子距离非常接近时，由于原子间的相互作用，电子除了受到自身原子核的作用力外，还会受到与它相邻原子的势场，导致电子的能级发生变化 [12]。由多个原子组成的晶体中，原本分别属于各个原子的分立能级界限变得模糊，取而代之的是 N 重简并能级，即分裂成为 N 个彼此分离而又挨得很近的能级 [13]。这些能级分布在一定的能量区域中，通常把这 N 个互相靠得很近的能级所占据的能量区域称为能带，如图 2.5 所示。

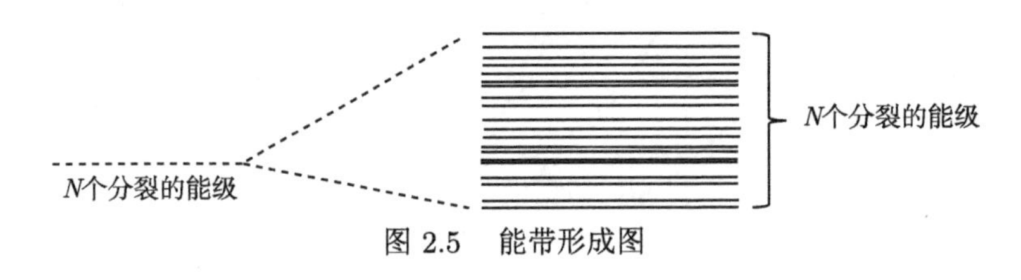

图 2.5　能带形成图

当原子处于基态的时候，电子按照能带从低能级到高能级依次填充。对于半导体材料，低能级可以被填充满，而有的高能级并不能被填满。被填满的能级称为满带，在满带中能量最高的称为价带。导带中自由电子的定向移动产生定向电流，而价带中没有可移动的自由电子，所以价带无法产生电流，即不导电。

对于半导体，价带与导带之间有一个禁带，电子通过吸收能量，可以完成从价带到导带的跃迁，跃迁到能带的电子就变成了自由电子。在热力学温度为零时 (即 0K)，用 E_g 表示电子越过禁带所需的能量，若导带最下层的能量用 E_c 表示，价带最上层的能量用 E_v 表示，则禁带宽度 $E_g = E_e - E_v$，即禁带宽度为导带底到价带顶的能量差。费米能级 E_F 并不是一个真正的能级，在半导体材料中用费米能级来表示材料中电子空穴的分布状况 [14]。例如，对于绝缘体和半导体，费米能级处于禁带中间。特别是本征半导体和绝缘体，它们的价带中被价电子填满而导带中无电子 (即导带是空带)，所以其费米能级均位于禁带的正中央位置。当它们吸收能量时，可以产生电子–空穴对，但由于导带中增加的电子数等于价带中减少的电子数，因此禁带中央能级占据的概率依然为 50%。所以本征半导体的费米能级的位置不随温度而变化，始终位于禁带中央 [15]。

对于 P 型半导体，价带中的多数载流子为空穴，此时费米能级 E_F 必将靠近 E_v；这也表明，价带中越是靠近 E_F 的能级，被空穴占据的概率越大。同时，受主的杂质浓度越高，费米能级就越靠近价带顶部。由此可以判断，凡是 E_F 靠近价带顶的半导体，必将是空穴导电为主的 P 型半导体；反之，凡是 E_F 靠近导带底的半导体，必将是电子导电为主的 N 型半导体 [16]。

有的半导体导带上电子是由价带受激发直接跃迁导致的，称为直接带隙材料。而有的半导体材料导带上的电子是在价带受激发跃迁至导带后，还要有个弛豫的过程才能到导带底，称为间接带隙材料。这个后者电子跃迁的过程中会有一部分能量以声子的形式浪费掉，因此从能量利用的角度上来说，直接带隙的半导体对光的利用率更好。在 E-K 空间中可以看出直接带隙与间接带隙材料导带底与价带顶能量的位置关系。如图 2.6(a) 所示，两者在同一 K 空间位置的半导体为直接带隙半导体。如图 2.6(b) 所示，不在 K 空间同一位置的则为间接带隙半导体。

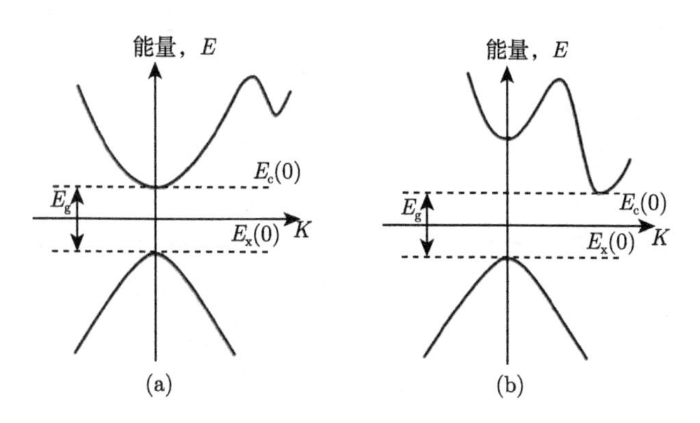

图 2.6 E-K 空间

(a) 直接带隙材料；(b) 间接带隙材料

2.2 半导体 PN 结的形成

2.2.1 半导体中的载流子

本征激发的特点是每产生一个可自由移动的电子，价带中就会出现一个空穴。激发到导带的电子也可以放出其能量跳回到价带中的空能级上去，即电子与空穴相遇，该过程称为电子与空穴复合 [16]。在复合过程中，导带中少了一个电子，价带中少了一个空穴，显然，复合使电子与空穴成对消失。因此，任何时候本征半导体的导带电子和价带空穴数目总是相等的 [15]。用 n 表示体积为 1cm^3 的半导体单晶中的导带电子数，称为导带电子浓度，用 p 表示体积为 1cm^3 的半导体单晶中的价带空穴数，称为价带空穴浓度，用 N_{i} 表示本征载流子浓度。则有

$$n = p = N_{\mathrm{i}} \tag{2.2}$$

式 (2.2) 表明，导带电子浓度与价带空穴浓度永远相等，这是本征半导体导电机制的一个重要特点。

2.2.2 半导体的 PN 结

当一种材料中的原子被其他材料的原子替代时，材料的性质将会发生变化 [17]。硅是 Ⅳ 族元素，其外围有 4 个价电子，它们依靠共价键结合成晶体。对硅的导电能力有显著作用的杂质是元素周期表中的 Ⅲ、V 族元素，当这些元素掺杂到 Ⅳ 族材料中时，它们将会取代晶格中的原子，成为一个替代原子。

这里分别以 V 族元素磷 (P)，Ⅲ 族元素硼 (B) 为例。P 元素有五个价电子，Si 元素有四个价电子，P 元素的五个价电子与 Si 元素的四个价电子结合形成共价键 [8]。当 P 元素掺杂到 Si 中时，P 元素取代 Si 元素的位置，和它周围的三个 Si 元素结合形成共价键，同时出现一个多余的价电子。这个多余的电子虽然不受共价键的束缚，但仍会受到磷原子核的吸引力，被束缚在周围，只能在磷原子周围运动。经过这一掺杂过程，掺杂材料中就会出现一个带正电的磷离子 (P^+) 和一个多余的价电子。在晶体中由于这个多余价电子受到的吸引力很小，所以只需要很小的能量，便可以使这个多余价电子脱离原子核的束缚，使之在晶体中做自由运动 [12]。由于磷原子取代硅原子的位置而受晶格束缚，不能移动，磷原子失去一个电子而成为带正电的磷离子。其他 V 族元素因有与磷相同的原子结构，所以也可以掺杂在硅中，形成新的晶体。这种在晶体中掺入的元素可使晶体产生易自由移动的价电子，就称这种元素原子为施主杂质或 N 型杂质。总之，在纯净的本征半导体材料中掺入施主杂质后，施主杂质电离放出大量能导电的电子，我们把

这种主要依靠电子导电的半导体称为 N 型半导体，N 型半导体中的电子浓度 n 大于空穴浓度 p[15]。

另一掺杂过程则不同。Ⅲ 族元素 B 的原子核外有三个电子，若使 B 原子与它周围的 Si 原子组成共价键，则须从另一个 Si 原子中拿出一个电子来填补这个空位。这样就导致 B 原子多了一个电子，B 原子也就变成带负电的硼离子 (B^-)，被夺去电子的 Si 原子的周围就由原本的四个价电子变成三个价电子，并且形成一个空位，将这个空位称为空穴 [17] 。这个空穴受到 B 离子吸引力的束缚而不能自由移动，但这种束缚力同样极其微弱，给它一个很小的能量，它就会挣脱束缚，成为参与导电的自由运动的空穴，同样硼离子是不能移动的 [3]。这种能够接收电子产生导电空穴，并形成负电中心的元素称为受主杂质或 P 型杂质。在纯净的本征半导体材料中掺入受主杂质后，受主杂质电离放出大量能导电的空穴，把这种主要依靠空穴导电的半导体称为 P 型半导体 [3]，P 型半导体的空穴浓度 p 大于电子浓度 n。

Ⅳ 族元素也可以作为杂质掺入 Ⅲ-V 族元素中，而且当一个 Ⅳ 族原子在 Ⅲ 族原子晶格点上时是施主，在 V 族原子上时则是受主。当然 Ⅳ 族原子也可分布在两种位置之间，最后呈现出施主特性还是受主特性，完全取决于杂质的性质、浓度以及材料制备过程中掺杂的条件 [18]。

向 GaAs 中掺入 Si 或 Ge 时，由于 Ⅲ 族元素的共价半径比 V 族元素大，Ⅳ 族元素优先占据它们的位置，成为施主杂质。用气相外延法制备 GaAs 时，Si 是每个原子贡献一个电子的施主杂质。由于 Ⅲ 族元素的共价半径比 V 族元素大，Ⅳ 族元素优先占据 Ⅲ 族元素的位置，成为施主杂质，其浓度可达 10^{18}cm^{-3}。但用 Ga 做溶剂的 GaAs 液相外延时，As 的蒸气压很低，Ga 的空位被抑制，Si 主要占据 As 的晶格点而成为受主杂质。如果仔细控制外延生长的温度范围和冷却过程，则可以起到两性掺杂作用 [19]。

在半导体材料衬底上使用适当的工艺方法，可以将 P 型与 N 型杂质分别掺入衬底上的不同区域。由于在单晶片上同时存在 N 型、P 型半导体，在两种半导体接触区域就会形成 PN 结，如图 2.7(a) 所示。

值得注意的是，掺杂半导体尽管其内部存在大量的易移动的电子与空穴，但在没有外部作用时，其还是显电中性。常温下，P 型半导体的内部空穴很多，电子很少，称其空穴为多数载流子，电子为少数载流子。对于 N 型半导体，其内部电子很多，空穴很少，称其电子为多数载流子，空穴为少数载流子 [15]。当 P 型半导体与 N 型半导体接触时，由于两者之间的多子与少子的种类不同，则电子和空穴都存在浓度差。P 型半导体中的空穴会向 N 型半导体流入，同时 N 型半导体中的电子也会向 P 型半导体流入。随着 P 型半导体中空穴的流出，将会在半导体接触区附近剩下负电荷区，与此同时，N 型半导体中将会形成正电荷区。我们把这块正、负电荷区域称为空间电荷区 [3]，如图 2.7(b) 所示。

上述过程中，由浓度差而产生的载流子的运动称为扩散运动。空间电荷区的存在会在 P、N 型半导体内部形成一个内建电场。内建电场的存在使 P 区的少子向 N 区移动，N 区的少子向 P 区移动，即内建电场的存在抑制了扩散运动 [20]。在内电场作用下产生的少子的运动称为漂移运动。当多子的扩散运动与少子的漂移运动达到动态平衡时，形成的 PN 结静电流为零，其中的空间电荷的数量一定，空间电荷区宽度一定，不再继续扩展，称这种情况为热平衡状态下的 PN 结，简称平衡 PN 结，如图 2.7(b) 所示。平衡 PN 结具有 3 个主要特征：①通过平衡 PN 结的净电流为零；②在空间电荷区，两侧正负空间电荷数量相等；③空间电荷区以外的 N 区和 P 区仍是电中性的 [3]。

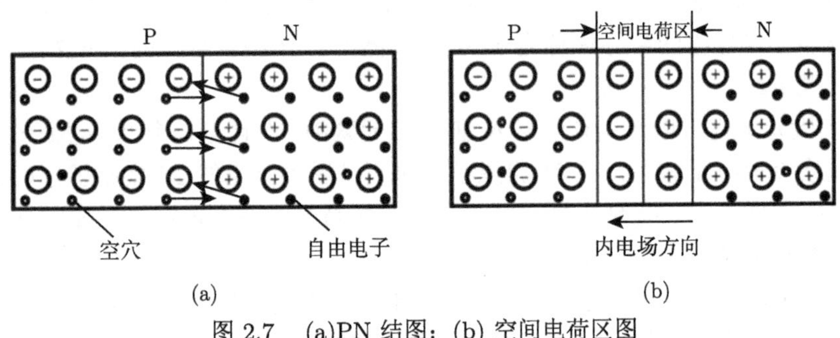

图 2.7　(a)PN 结图；(b) 空间电荷区图

2.2.3　载流子的定向移动

当 PN 型半导体的 P 型半导体端接入电源正极，N 型半导体端接入电源负极时，称 PN 结外加了正向电压。在外部正向电压的作用下，空间电荷区变窄，使内电场减弱，打破了平衡 PN 结的稳态模式，多子的运动加剧，少子的运动减弱。随着电荷的移动，耗尽区的宽度逐渐减少，致使内电场的场强逐渐加强，直到达到下一次平衡。

当电源的正极接到 PN 型半导体的 N 端，且电源的负极接到 P 端时，称为 PN 结的反向偏置。此时，在外部反向电压的作用下，内电场增强，扩散运动减弱，漂移运动增强。在外电场力的作用下，耗尽区的宽度增加，直到扩散运动与漂移运动再一次达到新的平衡。

由能带理论我们知道，如果能量足够大 (即 $h\nu \geqslant E_{\mathrm{g}}$)，价带电子吸收能量后电子将会从价带跃迁到导带，形成导电电荷。当光照射到外加反向电压的 PN 型半导体的 P 区时，光子被 P 区材料吸收而产生电子空穴对。由于 P 区的多子为空穴，则该区域的空穴将迅速弛豫，而光生电子将通过扩散运动进入耗尽区，并在内电场的作用下漂移通过耗尽区，给外电路贡献一个电荷 [21]，如图 2.8 中点

A 所示。如果光子在耗尽层的 N 区附近被吸收，则由于该区域电子为多子，光生电子将迅速弛豫。此时光生空穴将会扩散进入耗尽区并在结内电场帮助下漂移过 PN 结，这也会在外电路中形成电荷的流动，如图 2.8 中点 C 所示。此外，光子也有很大概率在耗尽层中点 B 处被吸收，此时产生的光生空穴和光生电子都会在电场的作用下漂移并分别达到 P 区和 N 区 [22]。

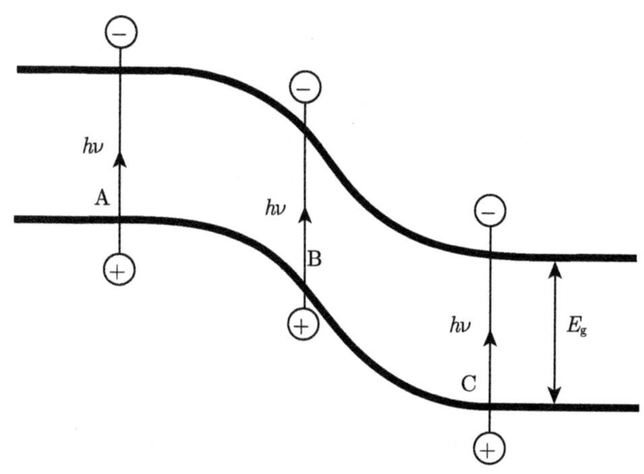

图 2.8 光探测器的工作原理

2.3 光电集成技术

把光器件和电子器件集成在同一基片上的集成电路，称为光电集成电路 (全写简称 OEIC)。1972 年，美国加州理工学院的 Yariv 教授等提出光电集成的概念，并率先于 1978 年研制出世界上第一个由一个 850nm 波长 GaAs 激光二极管和一个 GaAs 耿氏 (Gunn) 二极管构成的光电集成芯片。在过去 50 年的时间里，伴随着光电集成技术的发展与成熟，将多个光子器件与电子器件集成在一个模块甚至单块芯片的技术已逐步实现。随着未来网络通信更新换代速度的加快，光电集成技术作为解决应用需求与光电器件性能、尺寸、成本等因素之间矛盾的有效手段，已经成为国内外光电领域的发展趋势和争相研究的热点 [23]。

光电集成技术发展的性能指标主要有以下几个方面：一是超高速，具有低噪声、高带宽、大动态范围，可以满足终端用户对于高速数据传输的需求；二是集成度高，可以满足骨干网对于大幅提速的需求；三是功能多样化，将信号产生、数据判决、数据恢复、安全管理、信道监测等复杂信号数据处理功能集成制备 [24]。光电集成技术目前还存在很多技术壁垒，比如采用单一的设计思路，分别独立的光传输层与电子转换层，并且光信号与电信号均隔离开来，两层之间通过互联技术连接。光子传输层与光集成技术相似，电子层通常采用标准硅互补金属氧化物

半导体 (CMOS) 工艺，目前硅基材料可以做到大规模的单片集成。按照集成方式不同，光电集成电路可以分为两类：单片集成型和混合集成型，前者是把光和电功能的器件都集成在单片上；后者则侧重光学元件的集成，然后再通过如硅通孔 (Through Silicon Via，TSV) 或其他三维异构/异质集成技术实现引入相应电路的电子器件 [25]。

随着国内硅工艺日益成熟，光电集成器件的制备与产品已经非常成熟。为了实现光电器件的生产量化，将光电器件与 CMOS 工艺进行结合，在 CMOS 工艺平台上制备光电器件，生成一套系统成熟的光电器件系统。随着人们对器件要求的不断提高，光电集成器件的性能仍然需要不断提升，与此同时就需要解决光电集成上的技术壁垒，例如，光耦合效率、电传输效率、光电转换效率、器件的尺寸、刻蚀误差等内部与外部带来的影响。美国 Luxtera 公司作为目前硅单片光电集成领域的领导者，采用 0.13μm 标准绝缘体上硅 (SOI) CMOS 工艺实现了光子芯片与传统微电子芯片的单片设计与集成制造，进而实现数字逻辑芯片同光芯片的集成 [26]。

混合光电集成是当前国内外研究最多的光电集成方案。对于系统集成来说，尤其对于核心激光器，InP 等 Ⅲ-V 族材料是很好的选择，但缺点是造价高；相反，Si 材料成本较低，但却不具有 InP 系材料优良的光学性质。因此，将硅与 InP 器件进行集成，可以以较低成本拥有高的集成性能。美国 Aurrion 公司的核心技术是将 InP 等 Ⅲ-V 材料与 Si 光芯片的异质集成技术，实现单片集成的硅光收发器 [23]。美国麻省理工学院 (MIT) 和荷兰 COBRA 研究所等从事光电集成研究的高校和研究机构提出基于 TSV 互连等三维集成工艺的光电集成技术方案，即基于 SOI 的光子集成层与 CMOS 电路层通过 TSV 技术实现系统级集成。这样制备既减少了成本，同时集成度高使得体积更小，工艺兼容可以实现光电互连同时具有较低的损耗 [27]。

光电集成技术集中并发展了光学和微电子学的固有技术优势，光电集成电路具有延迟低、高速、安全系数高、寿命长、绿色无污染、成本低等优点，将被广泛用于人工智能、信息处理、机器学习、自动化控制、光电转换、光量子等高技术领域，并有望在未来更广泛的应用领域发挥主导性作用。光电集成技术的发展是时代进步的必然趋势，是一场人类科学技术革命 [28]。

参 考 文 献

[1] 宋菲君，羊国光，余金中. 信息光子物理 [M]. 北京：北京大学出版社，2006.
[2] 侯飞. 多孔氮化镓半导体材料的可控制备及其性能研究 [D]. 长春: 长春理工大学, 2018.
[3] 裴素华. 半导体物理与器件 [M]. 北京: 机械工业出版社, 2008.
[4] 王松博. 基于氧缺陷和金属缺陷调控的高效光催化剂研究 [D]. 天津: 天津大学, 2017.

[5] 丁猛. 有机半导体中载流子的迁移过程及其磁场效应 [D]. 济南: 山东建筑大学, 2013.
[6] 李彤. 新型等离子体薄膜的光学性质研究 [D]. 上海: 上海交通大学,2012.
[7] 刘培华. 头孢克洛结晶过程研究 [D]. 石家庄: 河北科技大学, 2015.
[8] 夏建白. 现代半导体物理 [M]. 北京: 北京大学出版社, 2000.
[9] 孙聂枫. InP 晶体合成、生长和特性 [D]. 天津: 天津大学, 2008.
[10] Ghione G. Semiconductor Devices for High-Speed Optoelectronics[M]. Cambridge: Cambridge University Press, 2009.
[11] Palai G, Nayak M K. Physics of Semiconductor Devices[M]. 2nd ed. Singapore City: World Scientific Publishing Company, 2011.
[12] 褚君浩. 窄禁带半导体物理学 [M]. 北京: 科学出版社, 2005.
[13] Dugaev V, Litvinov V. Modern Semiconductor Physics and Device Applications[M]. Boca Raton: CRC Press, 2021.
[14] Lukyanchikova N, Jones B. Noise Research in Semiconductor Physics[M]. London: CRC Press, 2020.
[15] Ber K W. Semiconductor Physics[M]. Moscow: Mir, 2018.
[16] Scholz F. Compound Semiconductors[M]. Singapore City: Jenny Stanford Publishing, 2017.
[17] Yu P Y, Cardona M. Fundamentals of Semiconductors[M]. Beijing: World Publishing Corporation, 2005.
[18] Cohen M M. Introduction to the Quantum Theory of Semiconductors[M]. New York: Gordon and Breach, 1972.
[19] Davies J H, Long A R. Physics of Semiconductors 2002[M]. Bristol, Philadelphia: Taylor and Francis, 2003.
[20] 牛慧娟. 基于光场调控和微结构的高性能光探测器的研究 [D]. 北京: 北京邮电大学, 2021.
[21] 肖朝政. 光通信系统中高速 UTC 光探测器的优化研究 [D]. 北京: 北京邮电大学, 2021.
[22] 王绛梅, 徐鹏霄, 王东辰. 光电集成技术研究综述 [J]. 光电子技术,2017,37(3): 200-206.
[23] 杨江涛. 关于光纤通信未来发展前景及现状研究 [J]. 中国新通信,2015, 17(7):54.
[24] 李斯诚. 光纤通信技术发展的现状与趋势浅析 [J]. 大科技, 2015(24): 246.
[25] 闫景超. 浅谈光纤通信技术的发展及前景 [J]. 才智, 2011(10): 63.
[26] 王凤岐. 浅析光纤通信技术的发展 [J]. 科技信息, 2011(16): 218.
[27] 李明智. 试论光纤通信技术发展趋势及我国光纤通信产业概况 [J]. 建筑工程技术与设计, 2015(15):2162.
[28] 崔秀国, 刘翔, 操时宜, 等. 光纤通信系统技术的发展、挑战与机遇 [J]. 电信科学, 2016, 32(5): 34-43.

第 3 章 微纳结构半导体光探测器的研究方法及分类

光通信系统的发展以及人们对于大容量信息传输的需求，是推动光探测器发展的主要动力，传输系统向更高容量的发展和微波光子学的进步，促进了光探测器向更高带宽、更高量子效率、更高饱和的高性能方向发展。针对光探测器的不同特点，对芯片材料的选择，器件外延结构的设计，芯片制备工艺的流程，封装及测试方案等方面都提出了挑战。虽然人们已经对高性能光探测器的研究积累了大量经验，但新的应用需求，大规模、超大规模光电子集成电路的不断发展，引出了各种崭新的研究问题，要求人们用新的思路、新的方法设计出新材料、新结构、新工艺的新型光探测器 [1]。

本章首先介绍传统光探测器的工作原理与主要的性能指标，从麦克斯韦方程组出发，引出描述光探测器的三大方程和主要物理模型，进一步介绍并列举部分具有同质集成和异质集成的微纳结构半导体光探测器，为高性能微纳结构光探测器的设计和优化提供思路。

3.1 光探测器的工作原理与性能指标

3.1.1 光探测器的工作原理

光探测器的工作原理是半导体材料的光电效应，即当高能量的光照射在半导体材料上时，光子能量被吸收从而产生光电子的跃迁，引起物体电学特性的改变。光电效应包括外光电效应和内光电效应。外光电效应指的是光照在光电物体上时，物体表面的电子吸收能量，如果电子吸收的能量充分大，电子会克服束缚逸出表面，从而改变光电子材料的导电性。内光电效应的入射光子并不直接将光电子从光电材料内部轰击出来，而只是将光电材料内部的光电子从低能态激发到高能态。于是在低能级留下一个空位——空穴，而高能级产生一个自由移动的电子。

无论是外光电效应还是内光电效应，它们的产生并不是取决于入射光强，而是取决于入射光波的波长 λ 或者频率 ν，这是因为光子能量 E 只和 ν 有关：

$$E = h\nu \tag{3.1}$$

式中，h 为普朗克常量，$h = 6.626\times10^{-34}\text{J·s}$。要产生光电效应，则每个光子的能量必须足够大，光波波长越短，频率越高，每个光子所具有的能量 $h\nu$ 也就越大。光强只反映了光子数量的多少，并不反映每个光子的能量大小。

在半导体光电器件基础一章中已经介绍了 PN 结，下面我们介绍光电二极管。光电二极管就是由 PN 结组成的半导体器件，在入射光的照射下，由受激吸收引起电子和空穴的运动，在闭合回路中产生光生电流。

如图 3.1 所示，当光照射在半导体材料上时，价带上的电子吸收能量跃迁到能量更高的导带，产生了电子–空穴对。为了获得较多的电子，我们需要对 PN 结加反向电压，其方向和 PN 结自建电场的方向一致，此时电子向 N 区运动，空穴向 P 区运动，形成漂移电流。由于物体内部本身存在热运动，在耗尽层两侧的中性区部分电子和空穴会扩散到耗尽层，此时在电场的作用下形成的扩散电流其方向和漂移电流相同。而光探测器中的光生电流就是扩散电流和漂移电流之和。

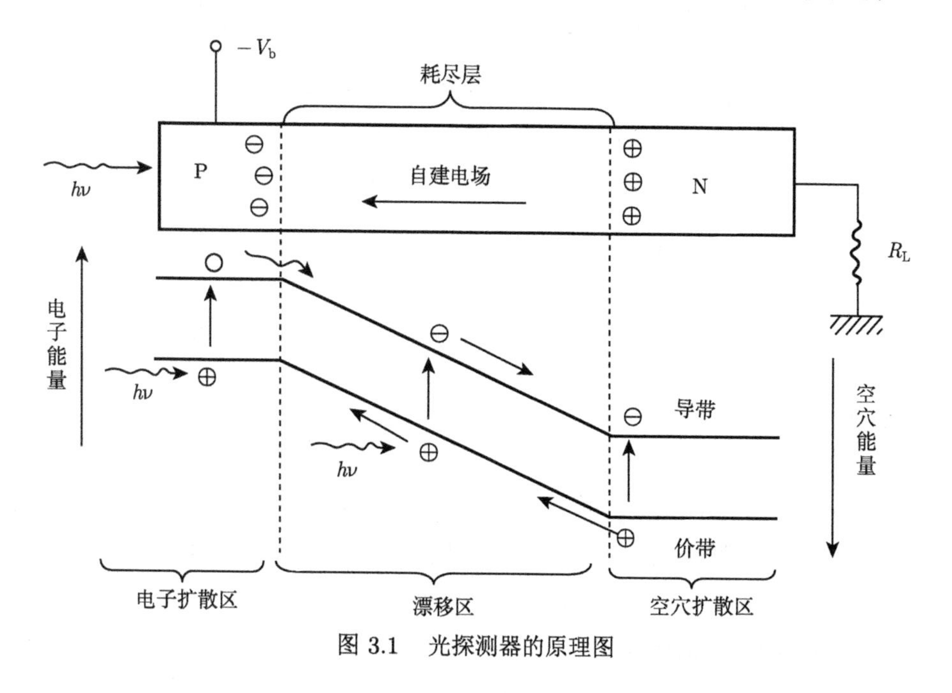

图 3.1 光探测器的原理图

光探测器的工作主要包括三个过程：

(1) 在光照下产生光生载流子；

(2) 载流子扩散或漂移形成电流；

(3) 光电流在放大电路中放大并转换为电压信号。

当光照射在探测器表面时，吸收层半导体材料禁带宽度很小，小于入射光光子的能量，即 $E_g < h\nu$，此时，价带电子可以跃迁到导带形成光电流。

光探测器的性能一般要满足以下要求：

(1) 具有高量子效率；

(2) 具有快响应速度；

(3) 具有好的线性输入–输出性质；

(4) 具有高可靠性。

3.1.2　量子效率与响应度

量子效率 (Quantum Efficiency) 分为内量子效率 (IQE) 和外量子效率 (EQE，器件的量子效率)。外量子效率可以表示为某一特定波长下，单位时间内产生的光电子数 (或空穴–电子对数) 与入射光子数之比，即外量子效率所表征的是器件将入射光转化为外电路中光电流的能力 [2,3]。外量子效率可表示为

$$\eta_{\mathrm{EQE}}=\frac{N_{\mathrm{electron-hole}}}{N_{\mathrm{photon}}}=\frac{I/q}{P/h\nu}=\frac{h\nu\cdot I}{q\cdot P}=\frac{h\nu}{q}\Re \tag{3.2}$$

其中，I 为经过光探测器后转化成的光电流；P 为器件的入射光功率；q 为电子电荷；h 为普朗克常量；ν 为光子频率；$\Re$ 为响应度。响应度 $\Re$ 是描述器件光电转换能力的物理量，表示为光电流与输入光功率的比率，可由下式表示：

$$\Re=\frac{I}{P}=\eta_{\mathrm{Q}}\frac{q}{h\nu}(1-R)(1-\mathrm{e}^{-\alpha W}) \tag{3.3}$$

其中，η_{Q} 为内量子效率，通常 $\eta_{\mathrm{Q}}\approx1$；$R$ 为器件入射面处的反射率；α 为器件吸收区材料的吸收系数；W 为吸收区厚度。由式 (3.2) 和式 (3.3) 可得到外量子效率表达式为

$$\eta_{\mathrm{EQE}}=\eta_{\mathrm{Q}}(1-R)(1-\mathrm{e}^{-\alpha W}) \tag{3.4}$$

由此可见，对于理想的探测器 $\eta_{\mathrm{EQE}}=1$，即一个光子产生一个电子，但实际上外量子效率要受光照强度、反射率、吸收损耗及器件的结构尺寸等因素的影响而小于 1。当然，对于光探测器来说，量子效率越高越好。

3.1.3　频率响应与 3dB 带宽

光探测器中的本构关系在不随波长变化时可表示如下 [3]：

$$i_{\mathrm{PD}}(t)=f\left(p_{\mathrm{in}}(t),v_{\mathrm{PD}}(t);\frac{\mathrm{d}}{\mathrm{d}t}\right) \tag{3.5}$$

将直流分量 (下标为 0 的量，下同) 和信号分量分离后得到

$$P_{\mathrm{in}}=P_{\mathrm{in},0}+p_{\mathrm{in}}(t)$$

$$V_{\mathrm{PD}} = V_{\mathrm{PD},0} + \widehat{v}_{\mathrm{PD}}(t) \tag{3.6}$$

$$I_{\mathrm{PD}} = I_{\mathrm{PD},0} + \widehat{i}_{\mathrm{PD}}(t)$$

假设光是正弦调制，可将向量和信号分量的关系表示如下：

$$p_{\mathrm{in}}(t) = \mathrm{Re}(\widehat{P}_{\mathrm{in}}\mathrm{e}^{\mathrm{j}\omega t}) \tag{3.7}$$

$$\widehat{v}_{\mathrm{PD}}(t) = \mathrm{Re}(\widehat{V}_{\mathrm{PD}}\mathrm{e}^{\mathrm{j}\omega t}) \tag{3.8}$$

$$\widehat{i}_{\mathrm{PD}}(t) = \mathrm{Re}(\widehat{I}_{\mathrm{PD}}\mathrm{e}^{\mathrm{j}\omega_m t}) \tag{3.9}$$

式中，ω 为角调制频率。围绕直流工作点的线性化，可以得到

$$I_{\mathrm{PD}},0+\widehat{i}_{\mathrm{PD}}(t) = \underbrace{f(P_{\mathrm{in},0}, V_{\mathrm{PD},0}, 0)}_{I_{\mathrm{PD},0}} + \underbrace{\underbrace{\left.\frac{\partial f(\mathrm{d}/\mathrm{dt})}{\partial p_{\mathrm{in}}}\right|_0 p_{\mathrm{in}}(t)}_{i_{\mathrm{L}}} + \underbrace{\left.\frac{\partial f(\mathrm{d}/\mathrm{dt})}{\partial v_{\mathrm{PD}}}\right|_0 \widehat{v}_{\mathrm{PD}}(t)}_{i_{\mathrm{d}}}}_{i_{\mathrm{PD}}} \tag{3.10}$$

式中，右边三项分别为直流电流、光电流和暗电流；小信号光电流表示为

$$\widehat{i}_{\mathrm{PD}}(t) = \widehat{i}_{\mathrm{L}}(t) + \widehat{i}_{\mathrm{d}}(t) = \mathrm{Re}\left[R(\omega)\widehat{P}_{\mathrm{in}}\mathrm{e}^{\mathrm{j}\omega t}\right] + \mathrm{Re}\left[Y_{\mathrm{PD}}(\omega)\widehat{V}_{\mathrm{PD}}\mathrm{e}^{\mathrm{j}\omega t}\right] \tag{3.11}$$

这里，$R(\omega)$ 是 (复) 小信号响应度；$Y_{\mathrm{PD}}(\omega)$ 为光探测器的小信号导纳；与 $\widehat{i}_{\mathrm{PD}}(t)$ 相关的向量可表示为

$$\hat{I}_{\mathrm{pD}}(\omega) = Y_{\mathrm{PD}}(\omega)\hat{V}_{\mathrm{PD}}(\omega) + \hat{I}_{\mathrm{L}}(\omega) \tag{3.12}$$

信号光电流向量与信号向量存在关系

$$\hat{I}_{\mathrm{L}}(\omega) = R(\omega)\hat{P}_{\mathrm{in}}(\omega) \tag{3.13}$$

在线性化模型中，当 $\hat{V}_{\mathrm{PD}}(\omega) = 0$ 时，$\hat{I}_{\mathrm{PD}}(\omega) = \hat{I}_{\mathrm{L}}(\omega)$，$\hat{I}_{\mathrm{L}}(\omega)$ 通常称为短路光电流。复响应度 $R(\omega)$ 用来描述光探测器的小信号频率响应。

标准化响应度有如下定义：

$$\frac{\hat{I}_{\mathrm{L}}(\omega)}{\hat{I}_{\mathrm{L}}(0)} = \frac{R(\omega)}{R(0)}\frac{\hat{P}_{\mathrm{in}}\ (\omega)}{\hat{P}_{\mathrm{in}}\ (0)} = r(\omega)\frac{\hat{P}_{\mathrm{in}}\ (\omega)}{\hat{P}_{\mathrm{in}}\ (0)} \tag{3.14}$$

假设 $\hat{P}_{\mathrm{in}}(\omega)$ 为恒定值，则

$$r(\omega) = \frac{\hat{I}_{\mathrm{L}}(\omega)}{\hat{I}_{\mathrm{L}}(0)} = \frac{R(\omega)}{R(0)} \to |r(\omega)|\mathrm{dB} = 20\lg\left|\frac{R(\omega)}{R(0)}\right| \tag{3.15}$$

对于低通函数的光探测器，其 3dB 带宽可定义为与直流响应相比归一化的响应度下降 3dB 时的频率 f_{3dB}，如图 3.2 所示。

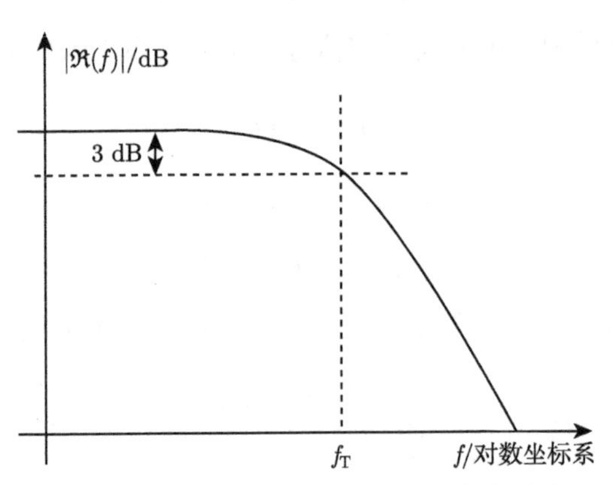

图 3.2 正弦调制光下光探测器的频率响应

理论分析光探测器 3dB 带宽时，通常考虑两个主要因素：①载流子渡越时间；②光探测器与它的负载电阻所构成的电路所对应的 RC 时间常数。可以分别考虑渡越带宽、RC 限制带宽，并综合计算出光探测器的总带宽 [4]。

载流子的渡越时间是影响光探测器响应速度最重要的因素。当外加反偏电压时，光探测器在入射光的照射下在吸收层产生电子–空穴对，空穴沿 P 区移动直至达到 P 电极，而电子沿 N 区移动直至达到 N 电极，其中电子运动速度比空穴快得多。当电场强度超过一定值时，电子及空穴达到饱和速度。载流子从吸收层移动到 P 电极/N 电极的时间即为载流子的渡越时间。当探测器较厚 (αW 远大于 1) 时，若入射光从 P 区入射，则电子的渡越时间和器件受渡越时间限制的 3dB 带宽分别为

$$\tau_{\mathrm{dr,n}}=\frac{W}{v_{\mathrm{n,sat}}},\quad f_{\mathrm{3dB,tr}}=\frac{2\times 1.391}{2\pi}\frac{1}{\tau_{\mathrm{dr,n}}}=0.443\frac{v_{\mathrm{n,sat}}}{W} \tag{3.16}$$

若入射光从 N 区入射，则空穴的渡越时间和器件受渡越时间限制的带宽分别为

$$\tau_{\mathrm{dr,h}}=\frac{W}{v_{\mathrm{h,sat}}},\quad f_{\mathrm{3dB,tr}}=0.443\frac{v_{\mathrm{h,sat}}}{W} \tag{3.17}$$

其中，$v_{\mathrm{h,sat}}$、$v_{\mathrm{n,sat}}$ 是空穴、电子的漂移饱和速率 [5]，τ_{l} 为电子–空穴渡越时间，如果光探测器中的电子–空穴同时到达电极，则受渡越时间限制的 3dB 带宽可以近似为

$$f_{\mathrm{3dB,tr}}\approx\frac{1}{2.2\tau_{\mathrm{l}}} \tag{3.18}$$

当探测器很薄 (αW 远小于 1) 时，定义光探测器中渡越时间限制的带宽公式为 [6]

$$f_{3\mathrm{dB,tr}} \approx \frac{3.5v}{2\pi W}, \quad \frac{1}{v^4} = \frac{1}{2}\left(\frac{1}{v_{\mathrm{n,sat}}^4} + \frac{1}{v_{\mathrm{h,sat}}^4}\right) \tag{3.19}$$

从以上公式可以看到，不管什么情况，探测器吸收层的厚度都会影响其渡越时间带宽，且其厚度与渡越时间 3dB 带宽成反比。

耗尽区外载流子由浓度差而产生扩散，载流子扩散的速度较慢，远小于漂移运动的速度，扩散光生电流将有一定的时间延迟，会产生扩散电流，造成输出脉冲拖尾加长，即脉冲响应拖尾现象 [7]。同时大多数产生于耗尽区之外的载流子的寿命非常短，复合发生速度快。只有位于距离耗尽区较近区域的载流子才能通过扩散运动到达耗尽区并在电场中漂移产生光电流。扩散电流的出现会影响探测器的高速性能，但如果加大接触层的掺杂浓度，使得少数载流子可以重新结合，就可以在一定程度上减弱扩散电流效应。

光探测器与它的负载电阻所构成的电路所对应的 RC 时间常数对带宽也有显著影响，在外部负载一定时，电容越大，RC 常数越大，光探测器的响应速度就越慢。降低探测器的 RC 时间常数对于提高探测器的响应速度具有重要的意义，而要降低时间常数，就要尽可能地降低结电容 C。结电容与耗尽区的宽度 ω 和结区面积 A 有关，即

$$C_{\mathrm{d}} = \frac{\varepsilon A}{\omega} \tag{3.20}$$

其中，ε 为介电常量；C_{d} 和光探测器负载电阻的 RC 时间常数限制了器件响应速度。由 RC 时间常数所限制的带宽约为

$$f_{3\mathrm{dB},RC} \approx \frac{1}{2\pi R_0 C} \tag{3.21}$$

$$R_0 \approx R_{\mathrm{s}} + R_{\mathrm{L}}, \quad C = C_{\mathrm{d}} + C_{\mathrm{p}} \tag{3.22}$$

式中，R_{s} 代表串联寄生电阻；R_{L} 是负载电阻，默认为 50Ω；C_{p} 为外部寄生电容，大小由电极形状决定。最后得到 3dB 带宽近似为 [8]

$$\frac{1}{f_{3\mathrm{dB}}^2} = \frac{1}{f_{3\mathrm{dB,tr}}^2} + \frac{1}{f_{3\mathrm{dB},RC}^2} \tag{3.23}$$

可见，如增大探测器材料的吸收层厚度，则可以有效减小耗尽区平板电容，同时，增大吸收层厚度可以提高探测器的量子效率。但是吸收层厚度的增加导致耗尽区宽度的变大，使光生载流子渡越时间变长而有可能降低探测器的响应速度。为了达到最优的探测器的性能，需要适当选择光探测器的吸收层厚度。

3.1.4 噪声

噪声 (Noise) 是指光探测器将光信号转换为电信号的过程中，在产生有用信号的同时所产生的额外信号。暗电流噪声、散粒噪声和热噪声是光探测器噪声的三大主要来源。

1. 散粒噪声

散粒噪声产生于光子的产生–复合过程 [9]。光生载流子的数量变化规律服从泊松分布，因此光生载流子的产生过程存在散粒噪声。散粒噪声是有源噪声，存在于有源器件中，如晶体管、隧道二极管、集成电路等。从频域上看，在较宽的频率范围内，散粒噪声的功率谱密度是一个恒定值，即散粒噪声是高斯白噪声，可表示为 [10]

$$\bar{i}_{\mathrm{s}}^2 = 2q(I_{\mathrm{p}} + I_{\mathrm{d}})\Delta f \tag{3.24}$$

其中，q 是电子电量；I_{p} 是光电流；I_{d} 是暗电流；Δf 是工作带宽。

2. 热噪声

导体中电子的随机运动会产生导体两端电压的波动，因此就会产生热噪声。光探测器的电路模型中包含的电阻会发热产生噪声，为其热噪声的主要来源，用均方热噪声电流可以表示为 [11]

$$\bar{i}_{\mathrm{T}}^2 = \frac{4k_{\mathrm{B}}T\Delta f}{R_{\mathrm{d}}} \tag{3.25}$$

用均方热噪声电压可以表示为

$$\bar{u}_{\mathrm{T}}^2 = 4k_{\mathrm{B}}T\Delta f R_{\mathrm{d}} \tag{3.26}$$

其中，T 是温度；k_{B} 是玻尔兹曼常量；R_{d} 是光探测器的等效电阻。

从式 (3.25) 和式 (3.26) 中可以知道，热噪声与热力学温度以及带宽有关系，而且热噪声的频谱和白噪声类似，都是一条直线。

3. 暗电流噪声

暗电流 (Dark Current) 是指处于反向偏置电压的光探测器芯片在无光照的情况下流过器件的电流。暗电流产生的原因是半导体内部由于热效应而生成了电子–空穴对，暗电流的随机起伏会产生暗电流噪声，是光探测器的主要噪声源。暗电流的均方值表示如下：

$$\left\langle i_{\mathrm{d}}^2 \right\rangle = 2eI_{\mathrm{d}}\Delta f \tag{3.27}$$

其中，I_d 为暗电流的平均值；Δf 为噪声带宽。由于暗电流的大小和光探测器的结面积呈线性关系，因此通常采用单位面积上的暗电流 (即暗电流密度) 来衡量。此外暗电流还随着光探测器 PN 结区温度的升高而增大。

暗电流的大小直接影响到光探测器的探测性能，决定了光探测器芯片探测噪声功率的大小、探测的灵敏度，影响数字光纤系统中光接收机的判决。光探测器的暗电流越小，其性能越好。暗电流的产生机制有很多，从来源上看主要分为以下六部分 [12]：

$$I_\mathrm{dark} = I_\mathrm{diff} + I_\mathrm{SRH} + I_\mathrm{BBT} + I_\mathrm{inter} + I_\mathrm{avalanche} + I_\mathrm{shunt} \tag{3.28}$$

分别是扩散电流、产生–复合电流、陷阱辅助隧穿电流、直接隧穿电流、雪崩电流以及分流电流。其中除分流电流外的五种暗电流都是由器件结构本身引起的体暗电流，下面分别加以说明。

扩散电流：扩散电流是暗电流中最基本的电流机制，在任何 PN 结中都会存在。准中性区中少数载流子扩散穿过结区，以维持半导体电中性。为了保证扩散过程的发生，则少数载流子必须位于距离耗尽区边界小于一个扩散长度的距离内。扩散电流可以由下式计算得出 [13]：

$$I_\mathrm{diff} = \left(\frac{qD_\mathrm{e1}n_\mathrm{i1}^2}{L_\mathrm{e1}N_\mathrm{A1}} + \frac{qD_\mathrm{h2}n_\mathrm{i2}^2}{L_\mathrm{h2}N_\mathrm{D2}}\right)\exp\left(\frac{qV}{k_\mathrm{B}T} - 1\right) \tag{3.29}$$

其中，k_B 是玻尔兹曼常量；D_e1 和 D_h2 分别是 P 区和 N 区的电子和空穴扩散系数；L_e1 和 L_h2 分别是 P 区和 N 区的电子和空穴扩散距离；N_A1 和 N_D2 分别是 P 区和 N 区的掺杂浓度；n_i1 和 n_i2 分别是 P 区和 N 区的本征载流子浓度。由于 N 区禁带宽度要大于 P 区的禁带宽度，所以 n_i2 一般远小于 n_i1，N 区的扩散电流往往忽略不计。从而扩散电流简化为

$$I_\mathrm{diff} = \frac{qD_\mathrm{e1}n_\mathrm{i1}^2}{L_\mathrm{e1}N_\mathrm{A1}}\exp\left(\frac{qV}{k_\mathrm{B}T} - 1\right) \tag{3.30}$$

产生–复合电流：产生–复合电流是在耗尽区中存在高缺陷密度的光探测器的主要暗电流来源。这种缺陷密度主要是在材料生长或器件工艺过程中引入的。它们作为热产生复合过程的中间态，促使载流子穿越结区的输运过程。载流子可以从占据态跃迁到缺陷引入的捕获态，然后再从捕获态缺陷到未占据态。正向偏压下，由于载流子扩散耗尽区中存在大量的电荷，所以存在净复合；加反向偏置后，载流子向两边的掺杂区移动，使耗尽区出现净产生电荷，被电极收集后表现为产生电流。可由下式计算 [14]：

$$I_\mathrm{SRH} = \frac{qn_\mathrm{i}W}{\tau_\mathrm{GR}}\frac{2k_\mathrm{B}}{q(V_\mathrm{D} - V)}\sinh\left(\frac{qV}{2k_\mathrm{B}T}\right)f(b) \tag{3.31}$$

$$f(b)=\begin{cases}\dfrac{1}{2\sqrt{b^2-1}}\ln(2b^2+2b\sqrt{b^2-1}-1), & b>1\\ 1, & b=1\\ \dfrac{1}{\sqrt{1-b^2}}\arctan\left(\dfrac{\sqrt{1-b^2}}{b}\right), & b<1\end{cases} \tag{3.32}$$

$$b=\mathrm{e}^{-\frac{qV}{2k_{\mathrm{B}}T}}\cosh\left(\frac{E_{\mathrm{t}}-E_{\mathrm{i}}}{k_{\mathrm{B}}T}\right) \tag{3.33}$$

其中，W 是耗尽区宽度；τ_{GR} 是产生–复合寿命；E_{t} 是陷阱能级；V_{D} 是内建电场。

陷阱辅助隧穿是指少数载流子通过占据或接近耗尽区内的陷阱态，从而通过隧穿效应穿越 PN 结的现象。这包含了两个过程：从价带到陷阱态的热激发跃迁过程，然后从陷阱态到价带的零能量隧穿过程。与直接隧穿类似，这种电流在正向偏压下可忽略不计。陷阱辅助隧穿电流可以由下式计算 [15]：

$$I_{\mathrm{BBT}}=\frac{q^2m_{\mathrm{e}}^*VM^2N_{\mathrm{t}}}{8\pi^2h^2\sqrt{E_{\mathrm{g}}-E_{\mathrm{t}}}}\exp\left(-\frac{4\sqrt{2m_{\mathrm{T}}^*(E_{\mathrm{g}}-E_{\mathrm{t}})^3}}{3qEh}\right) \tag{3.34}$$

其中，m_{e} 是电子有效质量；N_{t} 是激活陷阱密度；M^2 是陷阱势能，其值一般取 $1\times10^{-23}\mathrm{eV}^2\cdot\mathrm{cm}^3$。

直接隧穿电流：是指载流子从结区一侧的价带直接隧穿到结区另一侧的导带，这种电流要在比较高的反向偏压下才会明显。通过假设耗尽区的电势分布为三角形，即均匀电场，直接隧穿电流可以由下式给出 [16]：

$$I_{\mathrm{inter}}=\frac{q^2m_{\mathrm{e}}^*VM^2N_t}{8\pi^2h^2\sqrt{E_{\mathrm{g}}-E_{\mathrm{t}}}}\exp\left(-\frac{4\sqrt{2m_{\mathrm{T}}^*(E_{\mathrm{g}}-E_{\mathrm{t}})^3}}{3qEh}\right) \tag{3.35}$$

其中，E 是电场强度。

雪崩电流：在外加足够高的偏压下，部分载流子在势垒区撞击原子，发生雪崩倍增的情况。

分流电流：又分为欧姆接触、表面漏电流等。表面 (侧壁) 漏电流不是器件结构本身所引起的暗电流，而是表面 (侧壁) 钝化效果不好，使材料表面或侧壁能带弯曲，甚至反型，从而引起的漏电流，这种电流可以通过优化钝化技术得到抑制。

3.1.5 饱和特性

1. 直流饱和电流与线性度

线性度是指光探测器的输出光电流 (或者光电压) 与输入光功率成比例的程度和范围。如图 3.3 所示，在规定的范围内，输出电量必须精确地正比于输入光功率，这一规定的范围称为线性区，超出这个范围，两者不再是线性关系。饱和现象产生的主要原因是光功率的增加造成的光探测器中载流子的堆积，造成空间电荷屏蔽效应，减小光探测器的内建电场，载流子漂移速度也随之减小。在大功率光注入下, 电流饱和及响应度降低都是由空间电荷效应造成的 [17]。

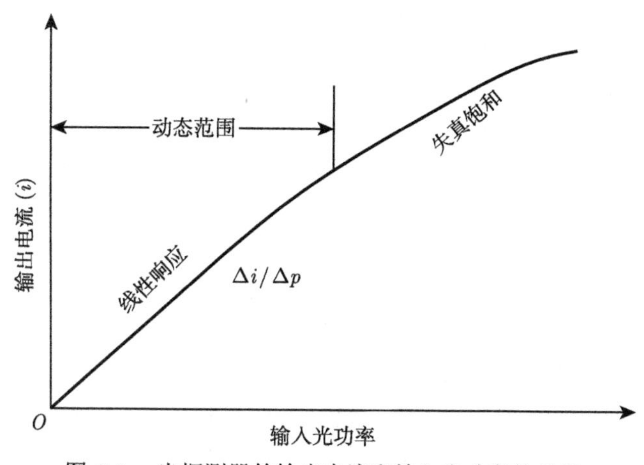

图 3.3 光探测器的输出电流和输入光功率的关系

出现失真饱和将会使信号发生畸变，对于光接收机，在输出端增加了误码概率。线性度是输出功率的复杂函数，是指器件中的实际响应曲线拟合直线的程度，用非线性误差来衡量:

$$\delta = \frac{\Delta_{\max}}{I_2 - I_1} \tag{3.36}$$

式中，$\Delta_{\max}$ 为实际响应曲线与拟合直线之间的最大偏差；I_1、I_2 分别为线性区中最小和最大的响应值。光探测器的线性响应区的起始点取决于器件的暗电流和一些噪声，而其下限则由线路饱和效应决定，因此可以通过电路特性来确定。因此，在光通信系统中，为了保证光探测器工作在线性响应区，应该在器件的开始处插入信号衰减器，使信号尽可能处在动态范围内，进而提高接收机性能。

2. 交流饱和性能

通常用来衡量光探测器在转换调制的光信号时的饱和性能的参数是交流饱和电流与饱和射频 (RF) 输出功率，如图 3.4 所示。

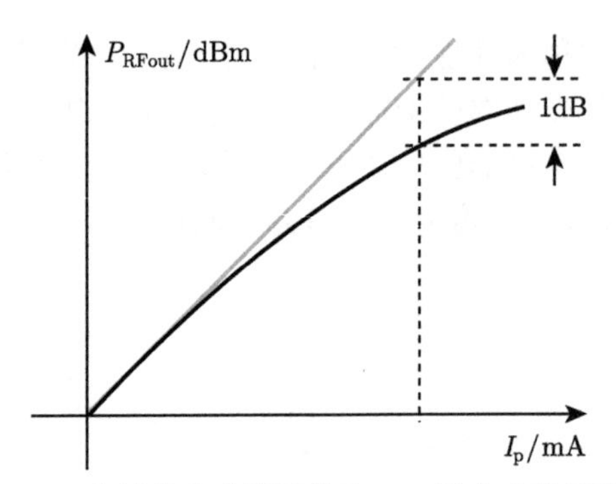

图 3.4　交流饱和电流及饱和 RF 输出功率示意图

交流饱和电流的定义是在调制光信号强度逐渐增强时，光探测器的 RF 输出功率与其平均光电流之间的关系偏离线性 1dB 时所对应的平均光电流，而饱和 RF 输出功率则是这时对应的 RF 输出功率。

光探测器的非线性是指，由于光探测器的非线性效应，光探测器对调制输入光的响应不仅包含原来的调制频率分量，还包含其各频率的倍频、和频及差频信号，以及这些信号彼此之间继续组合出的其他频率信号，从而导致输出信号失真，这个失真包括谐波失真 (Harmonic Distortion，即倍频信号) 和互调失真 (Intermodulation Distortion，IMD，即和频和差频信号)。对于一个具有两个调制频率 f_1 和 f_2 的信号光来说，光探测器会输出 $2f_1$、$2f_2$、$3f_1$ 等各频率的谐波信号，也会输出 f_1+f_2、f_1-f_2 等频率的互调失真信号，而这些信号进一步组合将会产生 $2f_1+f_2$、$2f_1-f_2$ 等频率的失真信号。以 f_1=5MHz、f_2=6MHz 为例，其基频、倍频及交叉调制信号的频谱示意图如图 3.5 所示。由于 $2f_1-f_2$ 及 $2f_2-f_1$ 这两个三阶交叉调制的频率信号在频谱上与原 f_1、f_2 信号距离很近，电路上很难将其从频域将其滤除，所以研究一个光探测器输出的三阶交叉调制信号大小对于判断光探测器线性性能有重要意义。

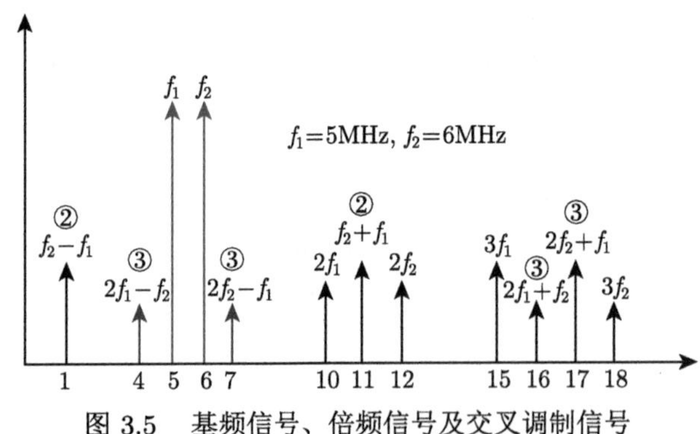

图 3.5　基频信号、倍频信号及交叉调制信号

三阶交调点如图 3.6 所示，三阶交调点也叫三阶截点或三阶交调截取点，其定义是随基频信号功率增加而线性增加的三阶互调失真信号与基频信号的交点对应的输入信号功率，即 OIP3(Output 3rd-order Intercept Point)。

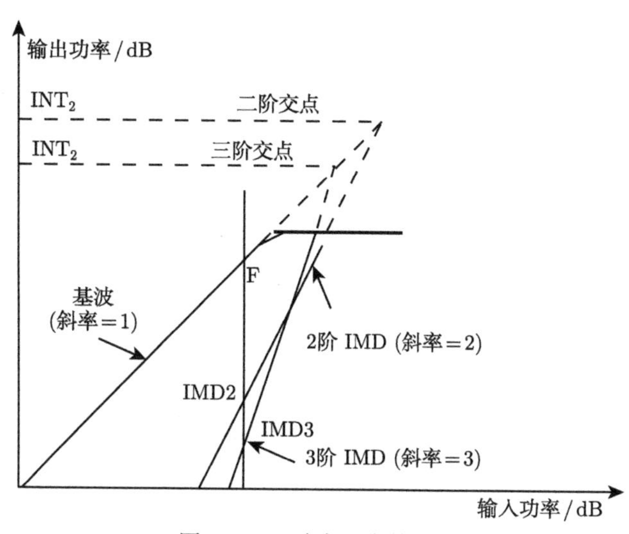

图 3.6 三阶交调点的定义

INT: 交调幅度；IMD: 交调失真

总之，光探测器在大功率光入射条件下，由于空间电荷效应、负载电阻等原因，光探测器产生的光生电流趋于饱和，则常用 1dB 压缩点和输出三阶交调点 (OIP3) 来衡量光探测器的线性度。光探测器的 1dB 压缩点和输出三阶交调点对应的输入功率越大，则说明器件的线性度越好，即饱和性能越好 [18,19]。从图 3.6 中可以看出，在低于 OIP3 功率时光探测器就已经进入饱和状态，其输出基频信号功率已不随输入功率而线性变化，因此 OIP3 是基频信号功率和三阶互调失真信号功率线性延长线的交点，无法在实验中测量得到，而是通过其线性部分的测量数据计算得出。

3.2 设计分析方法

半导体器件内的载流子在外电场作用下的运动规律可以用一套基本方程来加以描述，这套方程将静电势和载流子密度联系在一起，是分析一切半导体器件的基本数学工具。这些方程是由麦克斯韦方程组结合半导体的固体物理特性推导而来的，并由泊松方程、载流子输运方程与连续性方程组成。泊松方程将静电势的变化与局部电荷密度联系起来。连续性方程和输运方程描述了电子和空穴密度随输运过程、产生过程和复合过程而演变的方式。

3.2.1 麦克斯韦方程组

詹姆斯・克拉克・麦克斯韦 (James Clerk Maxwell) 生于苏格兰，他是剑桥的实验物理学教授，于 1873 年发表了《电磁通论》(*A Treatise on Electricity and Magnetism*)，这部著作使他成为 19 世纪最主要的理论物理学家。它不仅给麦克斯韦带来了巨大的声誉，还使他的名字永远与我们对自然界的理解联系在一起。他的工作为阿尔伯特 · 爱因斯坦的相对论，也为整个现代物理学，建立了坚实的基础。

就像所有基础理论一样，麦克斯韦理论对电磁学上正确的实验事实给出了理论解释；另外，它也提供了一个对未来现象进行预测的工具。迈克尔 · 法拉第 (Michael Faraday) 和其他一些人所做的实验使我们对电磁学的基础有了理解，而麦克斯韦提出的理论对这些基础进行结合和应用，对我们尤其重要的是，其为现代通信技术铺平了道路。

麦克斯韦理论以一组四个方程为基础，即麦克斯韦方程组：

$$
\begin{aligned}
\nabla \cdot \boldsymbol{D} &= \rho_V \\
\nabla \cdot \boldsymbol{B} &= 0 \\
\nabla \times \boldsymbol{E} &= -\frac{\partial \boldsymbol{B}}{\partial t} \\
\nabla \times \boldsymbol{H} &= \boldsymbol{J} + -\frac{\partial \boldsymbol{D}}{\partial t}
\end{aligned}
\tag{3.37}
$$

第一个方程式表示了高斯定律，对等式两边进行体积积分：

$$\int_V \nabla \cdot D\mathrm{d}V = \int_V \rho_V \mathrm{d}V \tag{3.38}$$

左边利用散度定理，可转化为

$$\int_V \nabla \cdot D\mathrm{d}V = \oint_{\mathrm{S}} D\mathrm{d}\boldsymbol{S} \tag{3.39}$$

这样，就得到了麦克斯韦方程组第一个方程式的积分形式：

$$\oint_S D\mathrm{d}S = Q \tag{3.40}$$

微分形式和积分形式表达了同样的含义：一个电场的源就是自由电荷 Q。高斯定律陈述了通过某个闭合曲面 S 的电通量与曲面所包围的电荷总量 Q 相等 (也就是说，电荷 Q 在由曲面 S 所限制的体积 v 内)。这也是积分形式所表述的意思，

因为对电通密度 D 做闭合曲面 S 的积分等于通过曲面 S 的总的电通量。微分形式 $\nabla \cdot D = \rho$, 表明电通密度 D 的散度等于电荷体密度 ρ_v。

麦克斯韦方程组的第二个方程表明没有磁场的源。如果将这个陈述与上面对电场的讨论相比较, 可以得出在自然界没有自由的磁荷，或者说磁场没有磁源或磁沉积。方程的积分形式为

$$\oint_S \boldsymbol{B}\mathrm{d}\boldsymbol{S} = 0 \tag{3.41}$$

第三个方程式表示法拉第定律，即电磁感应定理。对等式两边做面积分：

$$\int_S \nabla \times \boldsymbol{E}\mathrm{d}\boldsymbol{S} = \int_S (-\partial \boldsymbol{B}/\partial t)\mathrm{d}\boldsymbol{S} \tag{3.42}$$

左边可以用斯托克斯定理重写为如下格式:

$$\int_S \nabla \times \boldsymbol{E}\mathrm{d}\boldsymbol{S} = \oint_L \boldsymbol{E}\mathrm{d}\boldsymbol{l} \tag{3.43}$$

等式右边可以写为下面的格式:

$$\int_S (-\partial \boldsymbol{B}/\partial t)\mathrm{d}\boldsymbol{S} = -\mathrm{d}/\mathrm{d}t \int_S \boldsymbol{B}\mathrm{d}\boldsymbol{S} \tag{3.44}$$

这里用导数代替偏导数，因为对磁通密度进行曲面的积分去除了空间依赖性。得到了麦克斯韦第三个方程式的积分形式:

$$\oint_L \boldsymbol{E}\mathrm{d}\boldsymbol{l} = -\mathrm{d}\psi/\mathrm{d}t \tag{3.45}$$

通常，方程的两种格式表达相同的含义: 一个电场的涡源是个随时间变化的磁场。微分形式 $\nabla \times \boldsymbol{E} = -\dfrac{\partial B}{\partial t}$ 说明，旋度 E 等于磁通密度的时间导数。积分形式说明，穿过一个闭合导电回路随时间变化的磁通会在回路中产生电动势。

第四个方程式表明了一个时间变化磁场的来源：一个随时间变化的磁场的涡源是随时间变化的传导电流和位移电流。对方程两边进行面积分:

$$\int_S \nabla \times \boldsymbol{H}\mathrm{d}\boldsymbol{S} = \int_S (\boldsymbol{J} + \partial \boldsymbol{D}/\partial t)\mathrm{d}\boldsymbol{S} \tag{3.46}$$

左边等式可以得出

$$\int_S \nabla \times \boldsymbol{H}\mathrm{d}\boldsymbol{S} = \oint_L \boldsymbol{H}\mathrm{d}\boldsymbol{l} \tag{3.47}$$

闭合路径 L 是曲面 S 边界线，所有的电流 I 通过这个曲面。方程的右边由两个积分的和组成。第一个是电流密度对曲面的积分，从定义上讲也就是电流 $I(A)$。所以，随时间变化的磁场的第一个源就是传导电流。右边的第二个积分给出了位移电流 $I_{\mathrm{d}}(A)$，这是由通过电容的交流电流所产生的分量。将所有的积分合在一起，可以很容易地得到麦克斯韦第四个方程的积分形式:

$$\oint_L \boldsymbol{H}\mathrm{d}\boldsymbol{l}(\boldsymbol{A}) = I + I_{\mathrm{d}} \tag{3.48}$$

这个方程可以理解为: 磁场强度 H 绕闭合回路 L 的闭合线积分等于传导电流和位移电流的和。

3.2.2 泊松方程

根据电磁学理论，泊松方程的表达式为

$$\nabla^2\varphi = -\frac{\rho}{\varepsilon_{\mathrm{s}}} \tag{3.49}$$

其中，φ 代表电势；ε_{s} 代表局部介电常量；ρ 代表单位体积内的总电荷，可以得到

$$\rho = q\,(p - n + N_{\mathrm{D}} - N_{\mathrm{A}}) \tag{3.50}$$

$$\nabla^2\varphi = -\frac{1}{\varepsilon_{\mathrm{s}}}q^*(P - N + N_{\mathrm{D}} - N_{\mathrm{A}}) \tag{3.51}$$

由电磁场理论有

$$\nabla^2\varphi = -\nabla\cdot\boldsymbol{E} \tag{3.52}$$

只考虑一维情况时，式 (3.52) 的散度运算可以进一步简化为

$$\nabla\cdot\boldsymbol{E} = \frac{\mathrm{d}E}{\mathrm{d}x} \tag{3.53}$$

代入式 (3.52)，可以得到泊松方程在微电子器件中将静电势与空间电荷紧密联系的表达方式:

$$\frac{\mathrm{d}E}{\mathrm{d}x} = \frac{q}{\varepsilon_{\mathrm{s}}}\,(p - n + N_{\mathrm{D}} - N_{\mathrm{A}}) \tag{3.54}$$

对式 (3.54) 从物理量上分析可以看到，其联系了电场与电荷，左边是对电场进行求导，右边是单位体积内的总粒子个数 n_{tot} 乘上一个系数 q/ε。

3.2.3 载流子输运方程

半导体中载流子的运动过程称为输运，半导体中 3 种基本输运机制如下所述。

漂移运动：由电场引起的载流子运动。

扩散运动：由浓度梯度引起的载流子运动。

温度梯度：由温度引起的载流子运动。

输运方程用于描述半导体内的电流是如何由载流子引起的 [18]：

$$\begin{cases} \boldsymbol{J}_{\mathrm{n}} = nq\mu_{\mathrm{n}}\boldsymbol{E} + qD_{\mathrm{n}}\nabla n \\ \boldsymbol{J}_{\mathrm{p}} = pq\mu_{\mathrm{p}}\boldsymbol{E} - qD_{\mathrm{p}}\nabla p \end{cases} \tag{3.55}$$

式中，$\boldsymbol{J}_{\mathrm{n}}$ 和 $\boldsymbol{J}_{\mathrm{p}}$ 分别是电子和空穴电流密度，式子右侧的第一项为漂移电流，第二项为扩散电流，则该式表达的物理意义即为：载流子产生的电流等于漂移电流 + 扩散电流。输运方程的重要性在于，它描述了半导体中电流与载流子分布、电场分布之间的关系。在 PN 结中，如果我们为 PN 结施加电场，载流子会重新分布，我们便可以在分析得到载流子分布情况后，根据输运方程得到其电压–电流关系。可以对式 (3.55) 进行简化：

漂移电流大于扩散电流时，

$$\begin{cases} \boldsymbol{J}_{\mathrm{n}} = nq\mu_{\mathrm{n}}\boldsymbol{E} \\ \boldsymbol{J}_{\mathrm{p}} = pq\mu_{\mathrm{p}}\boldsymbol{E} \end{cases} \tag{3.56}$$

扩散电流大于漂移电流时，被用于分析 PN 结小注入下的电流–电压关系，

$$\begin{cases} \boldsymbol{J}_{\mathrm{n}} = (-q)D_{\mathrm{n}}\nabla n \\ \boldsymbol{J}_{\mathrm{p}} = -qD_{\mathrm{p}}\nabla p \end{cases} \tag{3.57}$$

载流子输运方程最终确定了半导体器件的电流–电压特性。

3.2.4 连续性方程

连续性是指载流子浓度在时空上的连续性，某体积内载流子浓度的变化一定是该体积内有净流入的载流子或者该体积内有净产生的载流子所致。连续性方程表达方式如下 [19]：

$$\begin{cases} \dfrac{\partial n}{\partial t} = \dfrac{1}{q}\nabla \cdot \boldsymbol{J}_{\mathrm{n}} - U_{\mathrm{n}} \\ \dfrac{\partial p}{\partial t} = -\dfrac{1}{q}\nabla \cdot \boldsymbol{J}_{\mathrm{p}} - U_{\mathrm{p}} \end{cases} \tag{3.58}$$

其中，n 和 p 分别是电子和空穴浓度；$\boldsymbol{J}_{\mathrm{n}}$ 和 $\boldsymbol{J}_{\mathrm{p}}$ 分别是电子和空穴电流密度；q 是电荷大小。两边同时乘上载流子所带单位电荷：

$$\begin{cases} \dfrac{\partial Q_{\mathrm{n}}}{\partial t} = -\nabla \cdot \boldsymbol{J}_{\mathrm{n}} - (-q)U_{\mathrm{n}} \\ \dfrac{\partial Q_{\mathrm{p}}}{\partial t} = -\nabla \cdot \boldsymbol{J}_{\mathrm{p}} - qU_{\mathrm{p}} \end{cases} \tag{3.59}$$

左边第一项为正电荷量随时间的变化率，默认为正；右边第一项为空穴电流的散度取相反数，即单位时间内流入体积内的正电荷量；右边第二项为单位时间净产生而增加的正电荷量。通过对式 (3.59) 两侧积分可得

$$\begin{cases} \displaystyle\int_V \frac{\partial Q_{\mathrm{n}}}{\partial t}\mathrm{d}V = -\oint_S \boldsymbol{J}_{\mathrm{n}} \cdot \mathrm{d}\boldsymbol{S} - \int_V (-q)U_{\mathrm{n}}\mathrm{d}V \\ \displaystyle\int_V \frac{\partial Q_{\mathrm{p}}}{\partial t}\mathrm{d}V = -\oint_S \boldsymbol{J}_{\mathrm{n}} \cdot \mathrm{d}\boldsymbol{S} - \int_V (q)U_{\mathrm{p}}\mathrm{d}V \end{cases} \tag{3.60}$$

式 (3.60) 称为电子与空穴的电荷控制方程，它表示流出某封闭曲面的电流受该曲面内电荷的变化率与电荷的净复合率控制。对于空穴电流的方程，左侧为单位时间内流出某个体积的空穴电荷量 (对应电流流出)；右第一项的积分结果代表该体积内总电子电荷量的减少率，即单位时间内电子电荷量减少量，右第二项的积分结果代表该体积内单位时间内的空穴因为产生过程而增加的空穴电荷量。即造成某体积内载流子增加 (左一项) 的原因，一定是载流子对该体积有净流入 (右一项) 和载流子在该体积内有净产生 (右二项)。

3.3 主要物理模型

3.3.1 载流子统计模型

具有半导体晶格的热平衡温度 T_{L} 下的电子服从费米–狄拉克统计，即能量为 ε 的可用电子态被电子占据的概率 $f(\varepsilon)$[4,5]：

$$f(\varepsilon) = \frac{1}{1 + \exp\left(\dfrac{\varepsilon - E_{\mathrm{F}}}{k_{\mathrm{B}}}\right)} \tag{3.61}$$

式中，E_{F} 是空间独立的参考能量，称为费米能级，k_{B} 是玻尔兹曼常量。在极限 $\varepsilon - E_{\mathrm{F}} \gg kT_{\mathrm{L}}$ 中，式 (3.61) 可近似为

$$f(\varepsilon) = \exp\left(\frac{E_{\mathrm{F}} - \varepsilon}{k_{\mathrm{B}}T_L}\right) \tag{3.62}$$

基于式 (3.62) 的统计称为玻尔兹曼统计，使用玻尔兹曼统计量代替费米–狄拉克统计量将使后续计算更加简单。在半导体器件理论中，玻尔兹曼统计的使用通常是合理的，而费米–狄拉克统计常用来解释高掺杂材料的某些性质。

3.3.2 载流子迁移模型

由于浓度梯度，电子和空穴也表现出扩散，产生扩散电流密度。电子和空穴被电场加速，但由于各种散射过程而失去动量。这些散射机制包括晶格振动 (声子)、杂质离子、其他载流子、表面和其他材料缺陷。由于所有这些微观现象的影响都集中到由输运方程引入的宏观迁移率中，所以这些迁移率是局部电场、晶格温度、掺杂浓度等的函数 [4,5]。

1. 低场迁移率模型

低电场行为具有几乎与晶格平衡的载流子，并且迁移率具有通常由符号 μ_{n0}、μ_{p0} 表示的特征低场值。迁移率的值取决于声子和杂质散射。两者都会降低低场迁移率。以下基于 Caughey 和 Thomas 工作的分析函数可用于指定掺杂和温度相关的低场迁移率。

$$\begin{aligned}\mu_{n0} =&\mu_{1n}\cdot \mathrm{Caug}\cdot\left(\frac{T_L}{300\mathrm{K}}\right)^{\alpha_n\cdot\mathrm{Caug}}\\&+\frac{\mu_{2n}\cdot\mathrm{Caug}\cdot\left(\frac{T_L}{300\mathrm{K}}\right)^{\beta_n\cdot\mathrm{Caug}}-\mu_{1n}\cdot\mathrm{Caug}\cdot\left(\frac{T_L}{300\mathrm{K}}\right)^{\alpha_n\cdot\mathrm{Caug}}}{1+\left(\frac{T_L}{300\mathrm{K}}\right)^{\gamma_n\cdot\mathrm{Caug}}\cdot\left(\frac{N}{\mathrm{Ncrit}_n\cdot\mathrm{Caug}}\right)^{\Delta n\cdot\mathrm{Caug}}}\end{aligned} \tag{3.63}$$

$$\begin{aligned}\mu_{p0} =&\mu_{1p}\cdot \mathrm{Caug}\cdot\left(\frac{T_L}{300\mathrm{K}}\right)^{\alpha_p\cdot\mathrm{Caug}}\\&+\frac{\mu_{2p}\cdot\mathrm{Caug.}\left(\frac{T_L}{300\mathrm{K}}\right)^{\beta_{p\cdot\mathrm{Caug}}}-\mu_{1p}\cdot\mathrm{Caug}\cdot\left(\frac{T_L}{300\mathrm{K}}\right)^{\alpha_p\cdot\mathrm{Caug}}}{1+\left(\frac{T_L}{300\mathrm{K}}\right)^{\gamma_p\cdot\mathrm{Caug}}\cdot\left(\frac{N}{\mathrm{Ncrit}_p\cdot\mathrm{Caug}}\right)^{\Delta p\cdot\mathrm{Caug}}}\end{aligned} \tag{3.64}$$

式中，μ_{n0} 是局部 (总) 杂质浓度，单位为 cm^{-3}；T_L 是温度，单位为 K。

2. 平行电场相关迁移率

当载流子在电场中加速，电场强度变得显著时，载流子的速度将开始饱和。由于漂移速度的大小是电流方向上的迁移率和电场分量的乘积，所以必须通过降低有效迁移率来解释这种效应。下面的 Caughey 和 Thomas 表达式用于实现场相关移动性。这提供了低场和高场行为之间的平滑过渡，其中，

$$\mu_{\mathrm{n}}(E)=\mu_{\mathrm{n0}}\left[\frac{1}{1+\left(\frac{\mu_{\mathrm{n0}}E}{V_{\mathrm{n,sat}}}\right)^{\beta_{\mathrm{n}}}}\right]^{\frac{1}{\beta_{\mathrm{n}}}},\mu_{\mathrm{p}}(E)=\mu_{\mathrm{p0}}\left[\frac{1}{1+\left(\frac{\mu_{\mathrm{p0}}E}{V_{\mathrm{p,sat}}}\right)^{\beta_{\mathrm{p}}}}\right]^{\frac{1}{\beta_{\mathrm{p}}}} \tag{3.65}$$

其中，E 是平行电场；μ_{n0} 和 μ_{p0} 分别是低场电子和空穴迁移率。默认情况下，根据温度相关模型计算饱和速度：

$$V_{\mathrm{n,sat}}=\frac{\alpha_{\mathrm{n}}\cdot\mathrm{FLD}}{1+\theta_{\mathrm{n}}\cdot\mathrm{FLDexp}\left(\frac{T_{\mathrm{L}}}{T_{\mathrm{NOMN}}\cdot\mathrm{FLD}}\right)} \tag{3.66}$$

$$V_{\mathrm{p,sat}}=\frac{\alpha_{\mathrm{p}}\cdot\mathrm{FLD}}{1+\theta_{\mathrm{p}}\cdot\mathrm{FLDexp}\left(\frac{T_{\mathrm{L}}}{T_{\mathrm{NOMP}}\cdot\mathrm{FLD}}\right)} \tag{3.67}$$

3.3.3　载流子复合模型

载流子生成复合是半导体材料在受到干扰后试图恢复平衡的过程。如果考虑载流子浓度 n 和 p 经过载流子不断地生成复合到达载流子平衡浓度 n_0 和 p_0，则在平衡时存在稳态平衡：

$$n_0p_0=n_{\mathrm{i}}^2 \tag{3.68}$$

然而，半导体处于持续的激发下，因此 n 和 p 的平衡态 n_0 和 p_0 受到干扰。例如，光照在 P 型半导体表面上会导致电子–空穴对的产生，从而极大地干扰少数载流子浓度，试图使半导体恢复平衡的净复合结果。

1. 肖克利–里德–霍尔 (SRH) 复合

光子跃迁发生在半导体禁带内存在陷阱 (或缺陷) 的情况下，其理论由肖克利 (Shockley)、里德 (Read)、霍尔 (Hall) 推导修正后形成了 Shockley-Read-Hall(SRH) 复合模型，如下所示 [4,5]：

$$R_{\mathrm{SRH}}=\frac{pn-n_{\mathrm{ie}}^2}{\tau_{\mathrm{p}}\left[n+n_{\mathrm{ie}}\exp\left(\frac{E_{\mathrm{TRAP}}}{k_{\mathrm{B}}T_{\mathrm{L}}}\right)\right]+\tau_{\mathrm{n}}\left[p+n_{\mathrm{ie}}\exp\left(\frac{-E_{\mathrm{TRAP}}}{k_{\mathrm{B}}T_{\mathrm{L}}}\right)\right]} \tag{3.69}$$

其中，E_{TRAP} 是陷阱能级和本征费米能级之间的差值；T_{L} 是晶格温度，单位为 K；τ_{n}，τ_{p} 分别是电子和空穴寿命。在上述 SRH 复合模型中使用的恒定载流子寿

命可通过以下等式作为浓度依赖的函数：

$$R_{\mathrm{SRH}}=\frac{pn-n_{\mathrm{ie}}^2}{\tau_{\mathrm{p0}}\left[n+n_{\mathrm{ie}}\exp\left(\frac{E_{\mathrm{TRAP}}}{k_{\mathrm{B}}T}\right)\right]+\tau_{\mathrm{n0}}\left[p+n_{\mathrm{ie}}\exp\left(\frac{-E_{\mathrm{TRAP}}}{k_{\mathrm{B}}T}\right)\right]} \tag{3.70}$$

$$\tau_{\mathrm{n}}=\frac{\tau_{\mathrm{n}}}{A_{\mathrm{n}}+B_{\mathrm{n}}\left(\frac{N_{\mathrm{total}}}{N_{\mathrm{SRHN}}}\right)+C_{\mathrm{n}}\left(\frac{N_{\mathrm{total}}}{N_{\mathrm{SRHN}}}\right)^{E_{\mathrm{n}}}} \tag{3.71}$$

$$\tau_{\mathrm{p}}=\frac{\tau_{\mathrm{p}}}{A_{\mathrm{p}}+B_{\mathrm{p}}\left(\frac{N_{\mathrm{total}}}{N_{\mathrm{SRHP}}}\right)+C_{\mathrm{p}}\left(\frac{N_{\mathrm{total}}}{N_{\mathrm{SRHP}}}\right)^{E_{\mathrm{p}}}} \tag{3.72}$$

2. 俄歇复合

俄歇复合 (Auger Recombination) 是指俄歇跃迁相应的复合过程。俄歇效应是三粒子效应，在半导体中，电子与空穴复合时，通过碰撞把能量或者动量转移给另一个电子或者另一个空穴，造成该电子或者空穴跃迁的复合过程称为俄歇复合。这是一种非辐射复合，是“碰撞电离”的逆过程。俄歇复合通常使用的表达式如下 [4,5]：

$$R_{\mathrm{Auger}}=\mathrm{AUGN}\left(pn^2-nn_{\mathrm{ie}}^2\right)+\mathrm{AUGP}\left(np^2-pn_{\mathrm{ie}}^2\right) \tag{3.73}$$

3. 表面复合

表面复合是指位于半导体表面禁带内的表面态 (或称表面能级) 与体内深能级一样可作为复合中心，起着对载流子的复合作用。为此，通常把半导体非平衡载流子通过表面态发生复合的过程称为表面复合。

$$R_{\mathrm{surf}}=\frac{p_n-n_{\mathrm{ie}}^2}{\tau_{\mathrm{p}}^{\mathrm{eff}}\left[n+n_{\mathrm{ie}}\exp\left(\frac{\beta_{\mathrm{p}}}{k_{\mathrm{B}}T}\right)\right]+\tau_{n}^{\mathrm{eff}}\left[p+n_{\mathrm{ie}}\exp\left(\frac{-\beta_{\mathrm{p}}}{k_{\mathrm{B}}T}\right)\right]} \tag{3.74}$$

$$\frac{1}{\tau_{\mathrm{n}}^{\mathrm{eff}}}=\frac{1}{\tau_{\mathrm{n}}^{i}}+\frac{d_i}{A_i}\mathrm{S.N} \tag{3.75}$$

$$\frac{1}{\tau_{\mathrm{p}}^{\mathrm{eff}}}=\frac{1}{\tau_{\mathrm{p}}^{i}}+\frac{d_i}{A_i}\mathrm{S.P} \tag{3.76}$$

其中，τ_{n}^{i}，τ_{p}^{i} 是沿界面在节点 i 处计算的体积寿命，它也可能是杂质浓度的函数。d_i 和 A_i 分别是节点 i 的界面长度和面积；S.N 和 S.P 分别是电子和空穴的复合速度。

3.4 同质集成的微纳结构半导体光探测器

3.4.1 一镜斜置三镜腔型光探测器

一镜斜置三镜腔型光探测器 [20-27] 的工作原理如图 3.7 所示。由反射镜 1 和反射镜 2 构成 F-P 滤波腔将垂直入射光滤波，剩下中心波长为 X_0 的窄线宽透射光。透射光波经吸收区吸收后被底部倾角为 0° 的高反射率反射镜 3 反射，反射光以角度 20° 再次经过吸收区吸收，当入射到 F-P 腔的光具有一定角度时，F-P 腔可等效为高反射镜。所以光波再次反射至吸收区并以 30° 的角度入射至底部的高反镜，窄线宽光波经反射镜 2 和反射镜 3 的多次反射，反复经过吸收区被吸收，由此可以获得高量子效率。因此，可以采用较薄的吸收区来获得较高的响应速度，同时保持高量子效率。探测器的波长选择性完全由 F-P 腔滤波器单独决定。所以，可以通过注入电流来改变 F-P 腔滤波器的腔体材料折射率以实现大范围的调谐。

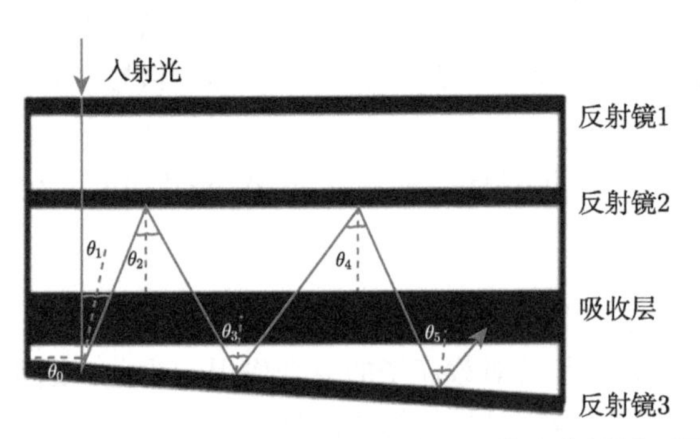

图 3.7 一镜斜置三镜腔型光探测器的光传播原理图

当光波垂直入射到由反射镜 1 和反射镜 2 构成的 F-P 腔滤波器后，形成了中心波长为 λ_0 的窄光谱线宽的透射光波。该光波经过吸收层后再次被倾角为 θ_0 的高反射率底镜 3 反射, 反射光分别以 $2\theta_0$, $4\theta_0$, $6\theta_0$, $8\theta_0$, $\cdots$ 的角度斜入射向 F-P 腔滤波器, 同时经过 F-P 腔滤波器反射回的光波分别以 $3\theta_0$，$5\theta_0$，$7\theta_0$，$9\theta_0$, $\cdots$ 的角度斜入射反射镜 3。对于以一定角度入射的光波, F-P 腔滤波器将等效为高反射镜, 光波在反射镜 3 和反射镜 2 之间来回反射，并多次被吸收层吸收，从而可以获得很高的量子效率。这样, 探测器的吸收层可以设计得很薄，保证器件可以获得高的响应速率。探测器的波长选择性完全由 F-P 腔滤波器单独决定。此外, 还能通过注入电流来改变 F-P 腔滤波器的腔体材料折射率来实现大范围的调谐。

假定探测器的入射窗口 $W = 50\mu m$，底部高反射率分布式布拉格反射镜 (DBR)3 的倾角 $\theta_0=0.7°$，反射镜 2 和反射镜 3 之间的最小间距 $H = 1\mu m$，则经过 F-P 腔滤波器后的透射光在吸收腔中的反射次数，即通过吸收层的次数约为 35。如果探测器的 W 和 H 值固定的话, 那么光波在吸收腔中的反射次数仅仅由倾角 θ_0 决定，θ_0 越大，则光波在吸收腔内部的反射次数越少。

3.4.2 四镜三腔型光探测器

2000 年，Liu 等提出了四镜三腔型光探测器 [28-32]。长波长四镜三腔光探测器是一种基于 RCE 结构的高性能光探测器。器件中，滤波腔、间隔腔和吸收腔构成了传统 RCE 光探测器中的谐振腔。此结构能够实现光探测器的量子效率与其响应速度和光谱响应线宽的解耦。光谱响应线宽和量子效率可以通过分别优化相应的子腔进行设计，因此能够同时获得高响应速度、高量子效率和窄线宽的特性。四镜三腔型光探测器结构如图 3.8 所示，其中的四个反射镜可以由半导体或介质材料的四分之一波长堆栈构成。反射镜 1 和反射镜 2 构成了 F-P 滤波腔；反射镜 3 和反射镜 4 之间为吸收腔。反射镜 2 和反射镜 3 之间为间隔腔，使器件构成一个整体。

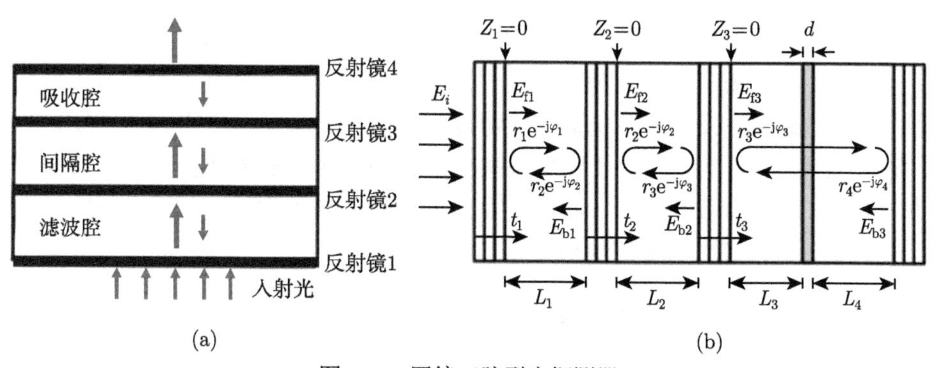

图 3.8 四镜三腔型光探测器

(a) 结构图；(b) 电场分布图

器件结构中，反射镜 1、反射镜 2 和反射镜 3 为 GaAs/AlGaAs, 吸收层为 InP 基 PIN 结构。以上部分由金属有机化合物化学气相沉积 (MOCVD) 一次生长完成，生长过程中采用 InP/GaAs 低温缓冲层技术解决大失配异质外延问题。由于 MOCVD 生长厚度有所限制，所以利用镀膜的方式沉积三对 Si/SiO_2 高反射膜以实现反射镜 4。器件直径为 62μm，吸收区厚度为 350nm。实验结果显示，器件的工作波长为 1550nm，峰值量子效率接近 70%，具有 0.5nm 的光谱线宽，3dB 带宽大于 8GHz。

这里通过多腔的设计解决了传统 RCE 光探测器量子效率与高速响应之间的相互制约问题；利用 InP/GaAs 低温缓冲层技术解决了大失配异质外延生长的问题；采用 Si/SiO_2 镀膜方法解决了外延片生长过厚的问题。最终，制备了高性能的长波长四镜三腔光探测器，器件在获得高速、高量子效率的同时，还实现了对波长的选择，即窄的光谱线宽。与 GaAs 基四镜三腔光探测器相比，它是一种响应波长为 1550nm 的基于 RCE 器件结构的新型光探测器结构。它将 RCE 器件的谐振腔分为三个子腔——滤波腔、间隔腔和吸收腔，应用此结构的器件可以同时实现光探测器的量子效率与其频率响应带宽的解耦。而且，它的量子效率和光谱响应线宽可以在其相应的子腔中分别予以优化，同时具有高速、高量子效率和窄线宽的特性。

光探测器的量子效率 η 被定义为一个入射光子激发出一个对探测电流有贡献的电子空穴对的概率。在工作时，入射光中具有很多个光子，此时 η 被定义为电流通量与光子通量的比值 (Current Flux/Photon Flux)。为推导四镜三腔光探测器的量子效率，这里给出用于推导的四镜三腔光探测器的分析模型，如图 3.9 所示。在实际应用中，器件的反射镜一般由介质或半导体材料的四分之一波长堆栈构成。反射镜 1 和反射镜 2 构成了 FP 滤波腔，两个反射镜的间隔为 L_1，场反射系数分别为 $r_1\mathrm{e}^{-\mathrm{j}\varphi_1}$ 和 $r_2\mathrm{e}^{-\mathrm{j}\varphi_2}$，其中 φ_1、φ_2 表示在谐振腔的两个反射面上反射所引起的反射相移。反射镜 2 和反射镜 3 构成了间隔腔，两个反射镜的间隔为 L_2，反射镜 3 的场反射系数为 $r_3\mathrm{e}^{-\mathrm{j}\varphi_3}$，其中 φ_3 表示在反射镜 3 上反射所引起的反射相移。器件的吸收层被安置在反射镜 3 和反射镜 4 之间，其厚度为 d，吸收系数为 α。吸收层与反射镜 3 和反射镜 4 之间的间隔分别为 L_3 和 L_4，其他材料的吸收系数都近似由 α_{ex} 表示。反射镜 4 的场反射系数为 $r_4\mathrm{e}^{-\mathrm{j}\varphi 4}$，其中 φ_4 表示在反射镜 4 上反射所引起的反射相移。

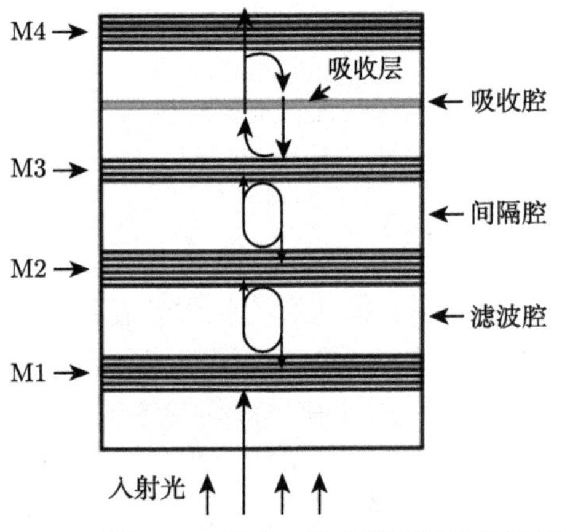

图 3.9　四镜三腔光探测器的分析模型

入射光波电场分量 E_{i} 的透射部分等于 $t \cdot E_{\mathrm{i}}$。三个谐振腔内的前向传输波电场分量 $E_{\mathrm{f}i}(i=1，2，3)$ 即由上述透射分量及腔镜内反射所导致的反馈构成。

因此，设传输常数为 β，如图 3.8(b) 所示各反射镜右侧的前向传输波 $E_{\mathrm{f}i}$ 可以通过自洽得出，即 $E_{\mathrm{f}i}$ 是入射光波的透射分量及其在腔内的反馈之和。

$L_{\mathrm{a}} = L_3 + L_4$，$L_{\mathrm{c}} = d + L_3 + L_4$。

$$E_{\mathrm{f1}} = \frac{t_1}{1 - r_1 r_2 \mathrm{e}^{-\alpha_{\mathrm{ex}} L_1} \mathrm{e}^{-\mathrm{j}(2\beta L_1 + \varphi_1 + \varphi_2)}} E_{\mathrm{i}} \tag{3.77}$$

由 E_{f1} 可得 E_{f2} 如下：

$$\begin{aligned} E_{\mathrm{f2}} =& \frac{t_2}{1 - r_2 r_3 \mathrm{e}^{-\alpha_{\mathrm{ex}} L_2} \mathrm{e}^{-\mathrm{j}(2\beta L_2 + \varphi_2 + \varphi_3)}} E_{\mathrm{f1}} \\ =& \frac{t_2}{1 - r_2 r_3 \mathrm{e}^{-\alpha_{\mathrm{ex}} L_2} \mathrm{e}^{-\mathrm{j}(2\beta L_2 + \varphi_2 + \varphi_3)}} \cdot \frac{t_1}{1 - r_1 r_2 \mathrm{e}^{-\alpha_{\mathrm{ex}} L_1} \mathrm{e}^{-\mathrm{j}(2\beta L_1 + \varphi_1 + \varphi_2)}} E_{\mathrm{i}} \end{aligned} \tag{3.78}$$

再由 E_{f2} 可得 $E_{\mathrm{f}i}$ 如下：

$$\begin{aligned} E_{\mathrm{f}i} =& \frac{t_3}{1 - r_3 r_4 \mathrm{e}^{-\alpha d - \alpha_{\mathrm{ex}} L_{\mathrm{a}}} \mathrm{e}^{-\mathrm{j}(2\beta L_{\mathrm{c}} + \varphi_3 + \varphi_4)}} E_{\mathrm{f2}} \\ =& \frac{t_3}{1 - r_3 r_4 \mathrm{e}^{-\alpha d - \alpha_{\mathrm{ex}} L_{\alpha}} \mathrm{e}^{-\mathrm{j}(2\beta L_{\mathrm{c}} + \varphi_3 + \varphi_4)}} \cdot \frac{t_2}{1 - r_2 r_3 \mathrm{e}^{-\alpha_{\mathrm{ex}} L_2} \mathrm{e}^{-\mathrm{j}(2\beta L_2 + \varphi_2 + \varphi_3)}} \\ & \cdot \frac{t_1}{1 - r_1 r_2 \mathrm{e}^{-\alpha_{\mathrm{ex}} L_1} \mathrm{e}^{-\mathrm{j}(2\beta L_1 + \varphi_1 + \varphi_2)}} E_{\mathrm{i}} \end{aligned} \tag{3.79}$$

谐振腔内的光功率由下式给出:

$$P_{\mathrm{s}} = \frac{n}{2\eta_0} |E_{\mathrm{s}}|^2 \tag{3.80}$$

式中，η_0 是电磁场的真空特性阻抗；n 为探测器材料的折射率。

η 定义为吸收光功率与入射光功率之比值，即 $\eta = P_{\mathrm{l}}/P_{\mathrm{i}}$，考虑到在实际光探测设计中，吸收系数 $\alpha_{\mathrm{ex}}(5\sim10\mathrm{cm}^{-1})$ 远小于吸收层的吸收系数 $(\alpha \geqslant 10^4\mathrm{cm}^{-1})$，因此将其忽略。这样，$\eta$ 可写成

$$\begin{aligned} \eta =& (1 - r_3^2)(1 - r_2^2)(1 - r_1^2)(1 + R_4 \mathrm{e}^{-\alpha d})(1 - \mathrm{e}^{-\alpha d}) \\ & \cdot \frac{1}{1 - 2 r_3 r_4 \mathrm{e}^{-\alpha d} \cos(2\beta L_{\mathrm{c}} + \varphi_3 + \varphi_4) + (r_3 r_4)^2 \mathrm{e}^{-2\alpha d}} \\ & \cdot \frac{1}{1 - 2 r_2 r_3 \cos(2\beta L_2 + \varphi_2 + \varphi_3) + (r_2 r_3)^2} \end{aligned}$$

$$\cdot \frac{1}{1-2r_1r_2\cos(2\beta L_1+\varphi_1+\varphi_2)+(r_1r_2)^2} \tag{3.81}$$

对于两个相向传播的光波，它们相互叠加形成的驻波将会在腔内形成光场的空间分布。因而，器件的量子效率由于受到这一光场空间分布的影响，将是器件有源层在光场中位置的函数，称为驻波效应 (SWE)。当探测器的吸收层较厚，分布在几个驻波周期以上时，驻波效应可以被忽略，而对于很薄的吸收层来说，驻波效应就必须加以考虑了。

四镜三腔光探测器的驻波效应理论推导与 RCE 光探测器的类似。驻波效应在量子效率公式中表示为有效吸收系数 α_{eff}，$\alpha_{\text{eff}}=\text{SWE}\cdot\alpha$，随着有源层位置的不同而表现为增强或减弱效应。有效吸收系数定义为：α 与场强的乘积在吸收层区域上的归一化积分。应用麦克斯韦方程的微扰分析法，考虑损耗系数并假设横断面方向是均匀的，则有效吸收系数可表示为

$$\alpha_{\text{eff}}=\frac{1/d\displaystyle\int_0^d \alpha(z)\left|E\right|^2(z,\lambda)\text{d}z}{2/\lambda\displaystyle\int_0^{2/\lambda}\left|E\right|^2(z,\lambda)\text{d}z} \tag{3.82}$$

式中，$\lambda=\lambda_0/n$；$E(z,\lambda)$ 为给定波长处腔内总场强；分母是驻波的平均值。

为获得 SWE，必须计算腔内驻波光场的分布。可以通过以下假设简化分析。

$$\text{SWE}=\frac{\alpha_{\text{eff}}}{\alpha}=\frac{1/d\displaystyle\int_{L_3}^{L_3+d}\left|E\right|^2(z)\text{d}z}{2/\lambda\displaystyle\int_0^{2/\lambda}\left|E\right|^2(z)\text{d}z} \tag{3.83}$$

其一，假设除了吸收层以外器件其他部分是无损耗的，这对于吸收层很薄，仅能吸收总功率中的很小一部分的情况是成立的。其二，忽略吸收层内 β 的变化，因为对低损耗介质而言，其介电常量的实部远大于虚部 (吸收)。最后，吸收层界面处的反射也被忽略，当考虑介电常量仅有微小变化的异质结构时，这一假设成立。

总电场 E 及其强度 $|E|^2$ 为

$$\begin{aligned} E&=E_{\text{f3}}\exp(-\text{j}\beta z)+E_{\text{b3}}\exp\left[\text{j}\beta(z-L)\right]\\ \left|E\right|^2&=\left|E_{\text{f3}}\right|^2+\left|E_{\text{b3}}\right|^2+2Re\left\{E_{\text{f3}}^*(z)E_{\text{b3}}(z)\right\} \end{aligned} \tag{3.84}$$

利用 MATLAB 软件，获得吸收腔内光场的分布，在吸收腔长为 $2\lambda_0$ 时，吸收腔内仅有某些位置能够获得最大的电场强度，如果吸收层正好处在这些位置，将会获得最大的量子效率。

3.4.3 蘑菇型光探测器

1996 年，Kato 等首次将蘑菇型结构应用于波导型 PIN 光探测器中 [33]，提出了蘑菇型波导 PIN 光探测器，在波导型光探测器中，入射光与载流子的运动方向相互垂直，探测器的效率和响应速度相互独立。此时限制该结构探测器的主要因素为 RC 时间常数。为了提高速度而减小了 PN 结面积，PN 结面积的减小导致电极接触电阻增加，这限制了器件响应速度的进一步提高。在波导结构中引入蘑菇型结构，可以通过保持 P 区和 N 区面积不变、吸收区面积减小，在减小器件结面积的同时保证较大的接触面积，器件的 RC 时间常数大大缩小。1995 年，Tan 等将蘑菇型结构引入垂直入射型光探测器 [34]，提出了空气桥结构的 PIN 光探测器；器件结构如图 3.10 所示，器件采用底入射方式，蘑菇型结构的引入减小了器件的结电容，空气桥结构有效减小了寄生电阻；实验结果表明，器件直径为 30pm 时，量子效率为 42%，响应脉冲半高宽为 2.7ps。2005 年，El-Batawy 等对蘑菇型波导光探测器进行了理论研究 [35]，优化了蘑菇型结构，证明了蘑菇型结构能有效提升器件响应速度。

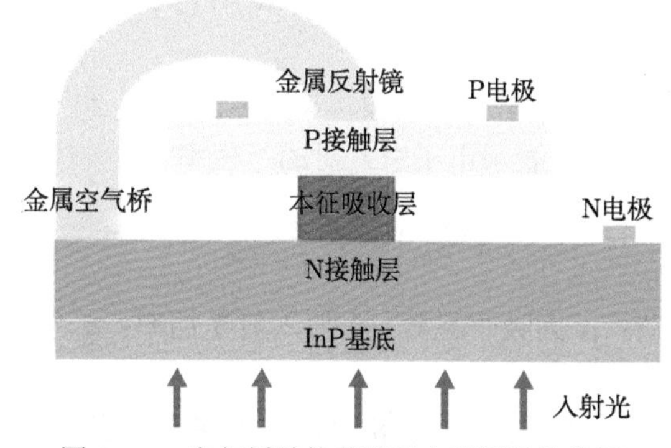

图 3.10 空气桥结构蘑菇型光探测器结构图

普通 PIN 光探测器的响应速度计算模型中，吸收区载流子的速度假定保持不变，但实际上，电子和空穴的漂移速度随着电场的变化而变化。为了更真实地模拟器件的响应速度，应当考虑电子和空穴漂移速度随电场的变化。在只考虑渡越时间，载流子漂移速度恒定的情况下，频率响应可通过求解电流连续性方程得到。因此，James 等提出了一种改进的计算模型。该模型将吸收区划分为 n 层，每层厚度为 $1/n = d$，其中任意一层的电场强度可视为一恒定值，因此载流子在某一层的运动速度为常数。求解每一层的解析值，最后结合所有层的系数即可得到由渡越时间限制的频率响应。

蘑菇型光探测器模型图如图 3.11 所示。

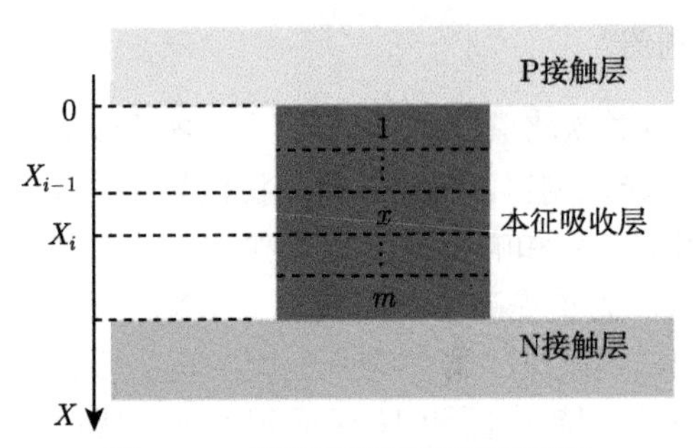

图 3.11　蘑菇型光探测器模型图

吸收区分为 n 层，第 i 层的坐标为 (x_{i-1}, x_i)，入射光可以从 P 区或是 N 区入射。探测器必须加偏压以保证整个吸收区耗尽。

电流连续性方程如下：

$$\begin{aligned}\frac{1}{v_{\mathrm{n}}}\frac{\partial \tilde{J}_{\mathrm{p}}(x,t)}{\partial t} &= -\frac{\partial \tilde{J}_{\mathrm{p}}(x,t)}{\partial x}+\tilde{G}(x,t)\\ \frac{1}{v_{\mathrm{p}}}\frac{\partial \tilde{J}_{\mathrm{n}}(x,t)}{\partial t} &= \frac{\partial \tilde{J}_{\mathrm{n}}(x,t)}{\partial x}+\tilde{G}(x,t)\end{aligned} \tag{3.85}$$

式中，v_{n} 和 v_{p} 分别表示电子和空穴漂移速度；$J_{\mathrm{n}}(x,t)$ 和 $J_{\mathrm{p}}(x,t)$ 分别表示电子电流和空穴电流；$G(x,t)$ 表示电子空穴对的产生率：

$$\tilde{G}(x)=q\alpha\frac{p}{h\nu}\mathrm{e}^{-\alpha x} \tag{3.86}$$

式中，q 为电子电荷；α 为吸收系数；p 为入射光功率；h 为普朗克常量；ν 为入射光频率。

在 $\mathrm{In_{0.47}Ga_{0.53}As}$ 材料中，电子和空穴的漂移速度依赖于电场强度和迁移率。吸收区强度由经验公式求得

$$E(x)=\frac{2U_{\mathrm{d}}}{l^2}x+\left(\frac{U-U_{\mathrm{d}}}{l}\right)\quad (U>U_{\mathrm{d}}) \tag{3.87}$$

$$U_{\mathrm{d}}=\frac{qNl^2}{2\varepsilon} \tag{3.88}$$

电子和空穴速度表达式如下：

$$\begin{cases} v_{\mathrm{n}}(E)=\dfrac{\mu_{\mathrm{n}}E+\beta v_{\mathrm{nsat}}E^{\lambda}}{1+\beta E^{\lambda}}\\ v_{\mathrm{p}}(E)=v_{\mathrm{psat}}\tanh\left(\dfrac{\mu_{\mathrm{p}}E}{v_{\mathrm{psat}}}\right)\end{cases} \tag{3.89}$$

式中，μ_n 和 μ_p 分别为电子和空穴迁移率；v_nsat 和 v_psat 分别为电子和空穴的饱和速度；$\beta = 7.4 \times 10^{-15}(\mathrm{m/V})$。载流子漂移速度与强度的关系如图 3.12 所示。

由图 3.12 可知，电子漂移速度随着电场的增加而先增加后减小，随着电场的不断增大，趋于稳定；空穴漂移速度随着电场的增加而逐渐增加，并缓慢趋于稳定。电子和空穴会在不同电场强度下分别达到最大值。所以考虑了电子空穴速度变化的模型更能真实地反映器件的性能。

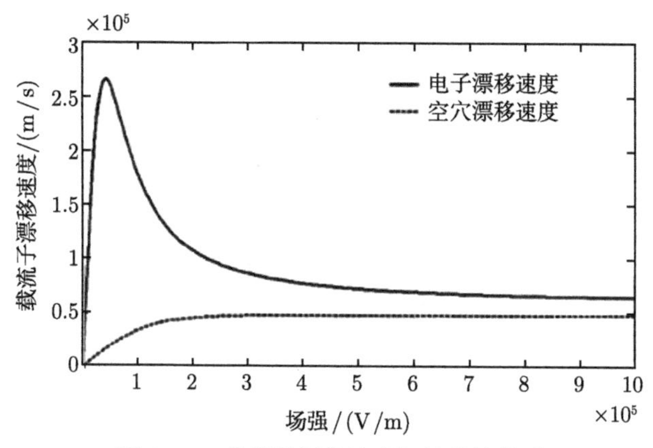

图 3.12 载流子漂移速度与场强的关系

3.4.4 金字塔型光探测器

微纳结构在光电探测领域具有重大作用，早在 2005 年，Carey 等利用飞秒激光在 SF6 气氛中制备出具有微纳结构的硅，制备了一种简易的光电二极管，通过实验测试发现，所制备的二极管在 400~1600nm 光谱范围内具有很高的光谱效应，并且响应效率与制备微纳结构时所使用的激光能量密度、气体氛围以及退火条件等众多因素有关 [36]。2012 年，美国哈佛大学与 SiOnyx 公司利用 CMOS 兼容工艺制备有微纳结构的硅红外探测器，在 1064nm 处获得高响应率和响应速度的同时具有很低的噪声，这样优越的性能占据了很大的市场 [37]。而在国内方面，具有微纳结构的硅也在光电探测领域大放异彩，比如，2013 年，王熙元等利用飞秒激光扫描硅基片后，大大提高了探测器的响应峰值 [38]。微纳结构能够在光电探测领域广泛使用，其原因主要分为两方面: 一方面是微纳结构降低了表面反射率，使得探测器能够吸收更多的光；另一方面，飞秒激光制备的微纳结构使得硅材料中掺杂了其他元素，改变了硅的禁带宽度，使得具备微纳结构的硅能够在更广的光谱范围内响应。

如图 3.13 所示，由于约 40%的入射光将进行三次反射，所以可以将反射率降低至 5%，进而大幅提高光生载流子密度，而且其微米级的大小与正金字塔尺寸相当，也不会引起复合的增加 [39-43]。正是由于这些优点，倒金字塔黑硅结构已经在光伏领域得到了长足的发展。而在光探测器领域，倒金字塔的应用却鲜有报道。

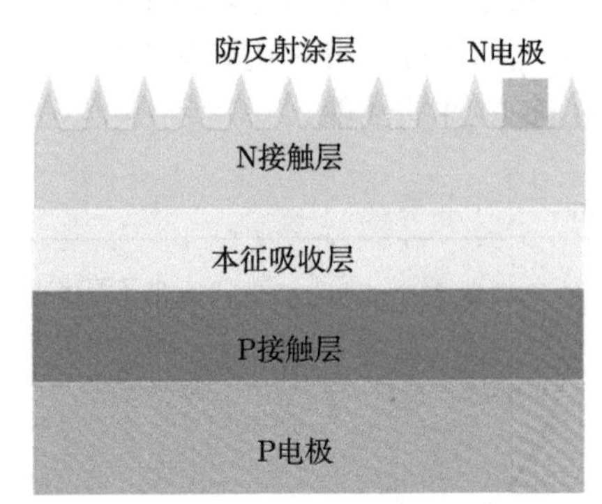

图 3.13 金字塔型微纳结构光探测器的结构示意图

1. 吸收面积增加

在平面上制备微纳结构，会使得硅的表面积增加。增加的表面积会使得其对光的吸收增加，反射减少。对于在硅表面增加的凸起微纳结构，微纳结构的表面积与其投影面积存在一个定性关系，在数学中，源面积与其投影面积存在如下关系：$S_{投影} = S_{源}\cos\theta$，其中 θ 为源平面与投影平面之间的夹角。因此在单晶硅表面制备的微纳结构会使得单晶硅的吸收面积增加。

例如，当微纳结构形状为金字塔型时，如图 3.14 所示，其中高为 H，底边长为 D，记 $H/D = e$，此时 $\cos e = \dfrac{D}{\sqrt{4H^2 + D^2}}$，则微纳结构制备前后的面积计算如下：

$$S_{前} = D^2 \tag{3.90}$$

$$S_{后} = 4\times\left(\frac{1}{2}\times a\times\sqrt{H^2+\left(\frac{D}{2}\right)^2}\right) = D\times\sqrt{4H^2+D^2} = D^2\times\sqrt{4e^2+1} \tag{3.91}$$

$$\frac{S_{后}}{S_{前}} = \sqrt{4e^2+1} \tag{3.92}$$

两者所得到的结果是一致的。从上述结果可以看出，所制造的微纳结构的深宽比 e 越大，则增加的吸收面积越大。

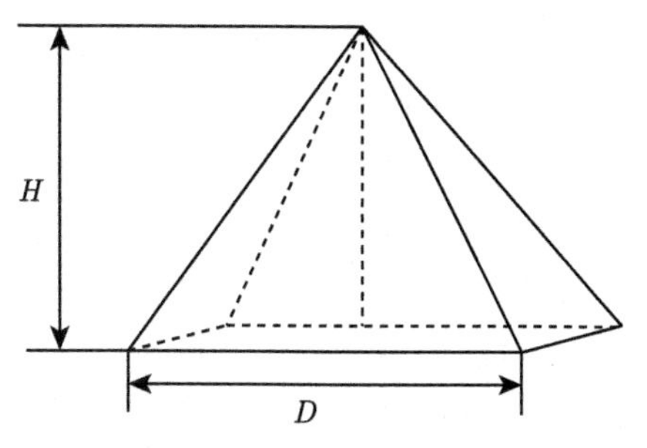

图 3.14 金字塔结构示意图

2. 多次反射

众所周知，光线从空气中入射到硅表面时，光线会发生折射以及反射，而折射光会随着在硅材料中的传播而不断被硅吸收 [38]。其中硅材料的复数折射率为

$$\boldsymbol{n}(w) = n(w) + i \cdot K(w) \tag{3.93}$$

其中，K 为消光系数。图 3.15 为光入射到硅表面的光路示意图。

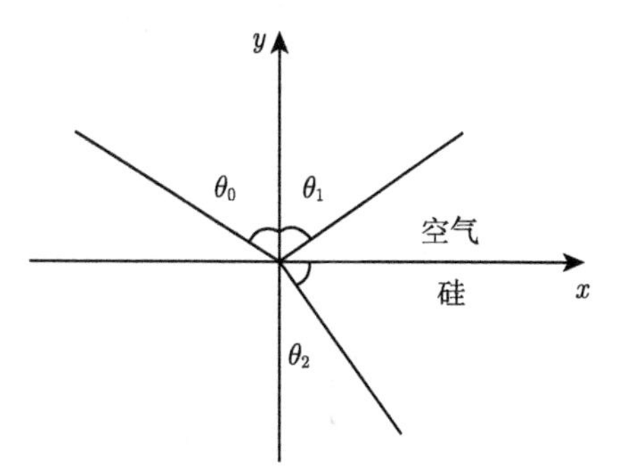

图 3.15 光入射到硅表面的光路示意图

从空气中入射到单晶硅中的电磁波，在不引入外来条件比如电流和电荷等的情况下，可以得到如下所示的麦克斯韦方程组：

$$\nabla \cdot E = 0$$

$$\nabla \cdot B = 0$$

$$\nabla \times E = -\partial B/\partial t$$

$$\nabla \times B = \mu\varepsilon\partial E/\partial t$$

由于不存在外来电荷和电流，在空气和硅两种介质的界面，电磁波电场切向分量连续；电磁波电场法向分量连续。一束能量为 2.4eV 的单色光以垂直于水平面的方向入射到顶角为 60° 的金字塔阵列中时，光线会在金字塔之间发生三次反射后反射出去，每次的入射角分别为 60°、0°、60°。光线会在各微纳结构之间多次反射，反射的次数越多，则最后反射出去的光就会越少。因此，在可能的情况下，所设计的微纳结构要尽可能地增加反射次数。

如图 3.16 所示的金字塔型陷光结构是一种微纳结构 [44–47]，这里利用半导体器件模拟软件 (TCAD) 对陷光结构 HgCdTe 红外探测器进行 0.5~5μm 波长范围内的光学特性和电学特性的数值模拟。图 3.17(a) 表明，在入射波长为 1~5μm 范围内，器件的反射率远小于 1%；并且图 3.17(b) 显示，陷光结构 HgCdTe 的量子效率维持在 90%左右，远大于非陷光结构 HgCdTe 红外探测器。

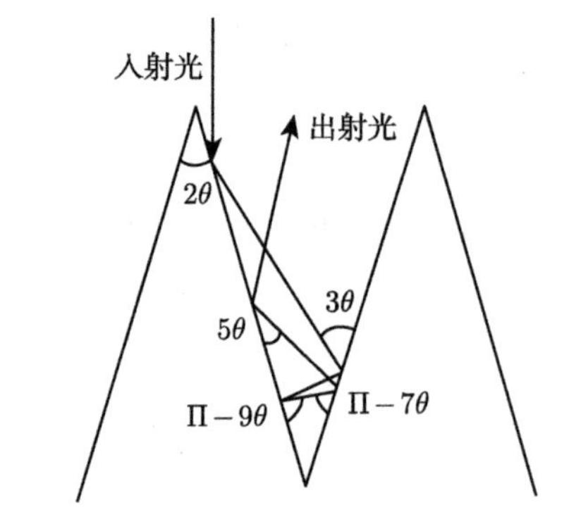

图 3.16　光多次反射时入射角度变化示意图

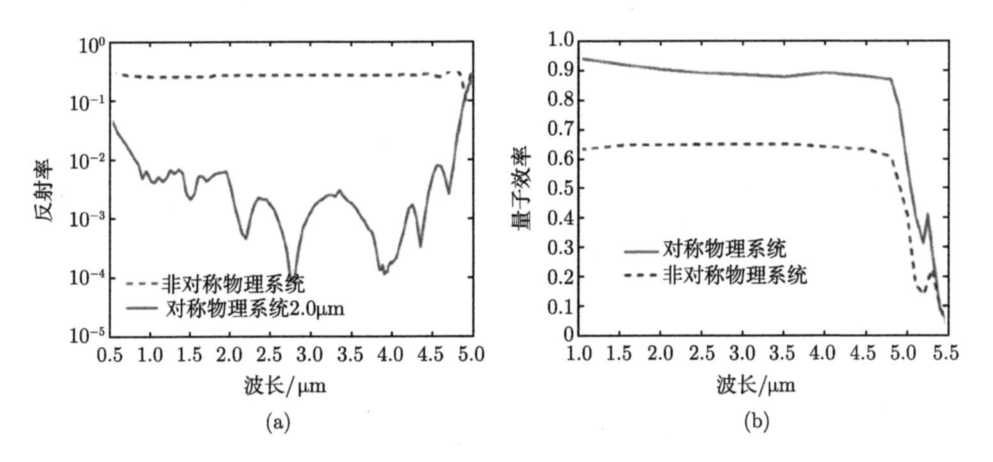

图 3.17　陷光结构与非陷光结构

(a) 反射谱；(b) 量子效率

利用谐振腔、微孔、纳米孔、光子晶体等结构来控制光探测器中的光子和载流子，可以缓解器件带宽和量子效率之间的矛盾，使两者同时得到提高。近些年，人们将微纳结构广泛用于光电器件中，利用其中的光子捕获现象提高器件性能 [48,49]。Wehner 等研究了 HgCdTe 探测器中光子捕获结构在中波长红外 (MWIR) 探测器中的使用，证明了填充因子降低的器件具有较低的暗电流，并且量子效率没有明显下降 [50]。2017 年，Yang 等发表了一系列关于具有薄吸收层的柱面孔或漏斗形状孔的高效率硅光探测器的文章，在 800~860nm 的入射波长范围内，量子效率大于 50%，脉冲响应达 30ps [51]。微纳结构的引入可以对入射光场进行调控，增加了光子与材料的相互作用，实现了吸收层中的光吸收增强。本章介绍 "倒锥形空气孔 +V-型空气槽" 空气金字塔微纳结构，详细研究倒圆锥形微纳结构的深浅、顶角大小、V-型沟槽等参数对光探测器带宽和量子效率的影响，选取最优值组合来提高器件的效率带宽积。

为了提取探测器的电学特性，模拟得到的光学特性被转化为光生载流子产生率分布。其产生率可以通过式 (3.94) 和式 (3.95) 来计算：

$$W = -\nabla S_{\mathrm{AV}} = \frac{1}{2}\sigma \left|E\right|^2 \tag{3.94}$$

$$G_{\mathrm{opt}} = \eta \frac{W}{E_{\mathrm{ph}}} \tag{3.95}$$

其中，S_{AV} 是取时间平均的坡印亭矢量；σ 是电导率；E_{ph} 是光子能量；η 是光量子效率。这些光生载流子产生率的分布结果随后被用于有限元方法 (FEM) 电学模拟的输入，从而获得量子效率和暗电流特性。这些定量计算的结果可以用于不同器件尺寸结构的模拟，并与相应的实验测量结果进行分析比较。具体来说，将式 (3.95) 中的光生载流子产生率项 G_{opt} 代入 FEM 电学模拟过程的连续性方程中。对于经典的漂移扩散过程，考虑了泊松方程和连续性方程。

$$\boldsymbol{J}_{\mathrm{n}} = qn\mu_{\mathrm{n}}\boldsymbol{E}_{\mathrm{n}} + qD_{\mathrm{n}}\nabla n \tag{3.96}$$

$$\boldsymbol{J}_{\mathrm{p}} = qn\mu_{\mathrm{p}}\boldsymbol{E}_{\mathrm{p}} - qD_{\mathrm{p}}\nabla p \tag{3.97}$$

其中，$\boldsymbol{J}_{\mathrm{n}}$ 和 $\boldsymbol{J}_{\mathrm{p}}$ 分别是电子和空穴的电流密度；n 和 p 分别是电子和空穴的浓度；D_{n} 和 D_{p} 分别是电子和空穴的扩散系数；$\boldsymbol{E}_{\mathrm{n}}$ 和 $\boldsymbol{E}_{\mathrm{p}}$ 分别是电子和空穴的有效电场强度；μ_{n} 和 μ_{p} 分别是电子和空穴的迁移率。在时域有限差分 (FDTD) 方法和 FEM 的整合中，网格的划分非常关键，电子和空穴的连续性方程中的光生载流子项是用 FDTD 计算得到的光生载流子产生率插值到 FEM 的网格中而得到的。

亚波长金字塔陷光结构在相对于衬底方向的器件正面和背面都可以采用类似的圆锥或方锥形台柱结构，以达到当接收光照时各自不同地通过光场调控来改善器件性能的目的。当光通过探测器局域在该周期性金字塔陷光结构内时，可以在低填充比条件下维持和传统台面结构器件相当的量子效率。当光通过该周期性金字塔陷光结构进入红外探测器内部时，有利于探测器获得宽带响应，并可以替代减反膜。由于这两种结构都是通过在原有器件结构上移除材料体积而实现的，从而降低了探测器的暗电流。为了分析这些器件的物理机制和光电特性，且考虑微纳结构尺度已经到了和波长接近的程度，则精确的器件模拟和设计是非常有必要的。

3.4.5　微环结构光探测器

微环谐振腔结构的两种基本结构：一种由单根直波导和单个微环组成，如图 3.18(a) 所示；另一种由两根直波导和单个微环组成 [52-56]，如图 3.18(b) 所示。

工作原理：一束宽频光波从直波导端口入射，当入射光波在微环中传输一周，相位变化为 2π 的整数倍时，即满足谐振条件的光在微环会发生谐振而得到加强，从而使得具有这个谐振频率的光聚集在微环当中；不满足谐振频率的入射光波便直接过光波导，而不在微环中发生干涉加强，呈直通状态。

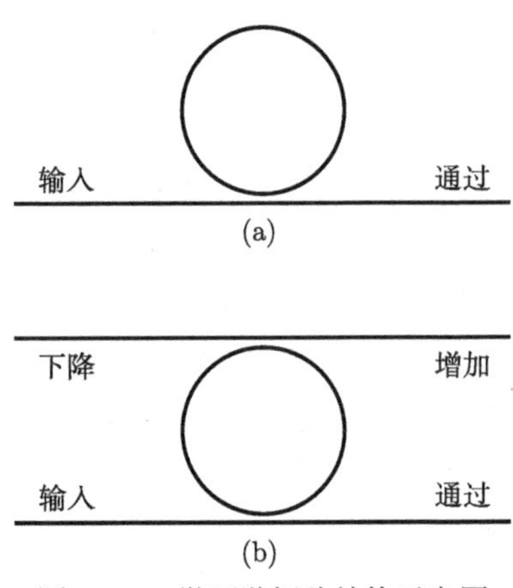

图 3.18　微环谐振腔结构示意图

1. 单个微环与单根直波导耦合

此种模型的基本结构如图 3.19 所示。输入端入射的光波频率满足谐振条件时，光便在此微环当中循环加强，此时称为谐振状态；当光波的频率不满足微环的谐振条件时，光直接通过光波导到达输出端，此时称为直通状态。

在耦合区域，即图中虚线框所示区域，存在两个耦合系数，即直接耦合系数和交叉耦合系数。直接耦合系数 τ 定义为光从直波导到直波导的透射率或者光从环形波导到环形波导的透射率；交叉耦合系数定义为光从环形波导到直波导或者光从直波导到环形波导的透射率。

当此环形谐振腔处于谐振状态时，单根波导与单个微环谐振腔的传输特性方程如下：

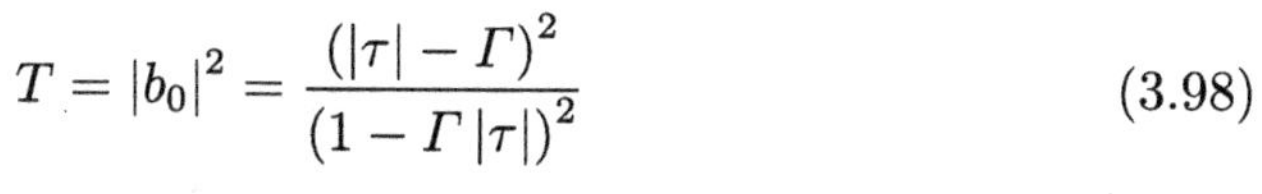

$$T = |b_0|^2 = \frac{(|\tau| - \Gamma)^2}{(1 - \Gamma|\tau|)^2} \tag{3.98}$$

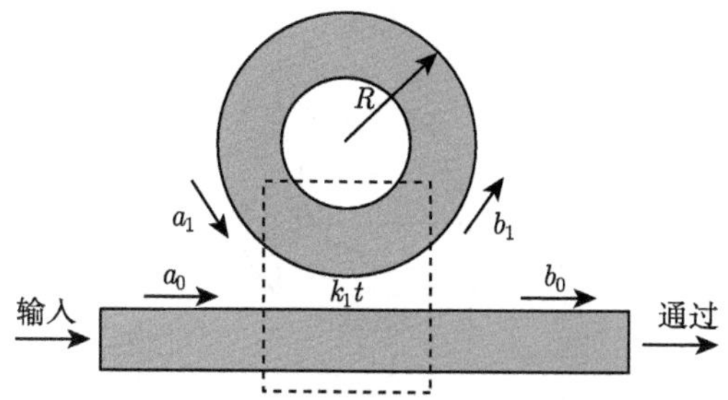

图 3.19 单个微环与单根直波导耦合模型

另外，Γ 为光在环中传输一周的损耗，包括弯曲损耗、辐射损耗和散射损耗等各种损耗机制。从表达式 (3.98) 可以看出，当光场在微环中循环一周的衰减等于光场的交叉耦合系数时，即 $\tau = t$，处于谐振状态的光透过直波导的能量为 0。此时谐振腔结构处于临界耦合状态，耦合系数称为临界耦合系数。在通常的设计中，我们总是尝试将环处于临界耦合状态，以达到最大的消光比。同时我们可以看到，当光在环中循环一周的损耗很大时，即 $|\tau| > t$，环处于欠耦合状态，环中会发生很多其他不良效应。而当光在环中循环一周的损耗小于耦合系数时，即 $|\tau| < t$，微环谐振腔结构处于过耦合状态，会导致微环的滤波效应不明显，减小微环滤波器的消光比。因此我们总是使微环滤波器处在临界耦合状态，这样才能使得谐振光波在通过端的输出完全为 0。

2. 单个微环与双直波导耦合 (图 3.20)

a_0、b_0、a_1、b_1、d、c、b_2、a_2 为环内外电场分量。

电场各个分量之间满足以下关系：

$$c = b_1 \mathrm{e}^{-a_0 L/2} \mathrm{e}^{\mathrm{j}\phi} = b_1 \Gamma \mathrm{e}^{\mathrm{j}\phi} \tag{3.99}$$

$$a_1 = d\mathrm{e}^{-a_0 L/2} \mathrm{e}^{\mathrm{j}\phi} = d\Gamma \mathrm{e}^{\mathrm{j}\phi} \tag{3.100}$$

由式 (3.98)～ 式 (3.100) 可以计算出通过端的投射公式：

$$T_1 = \left|\frac{b_0}{a_0}\right|^2 = \frac{|\tau_1|^2 + \Gamma^2 |\tau_2|^2 - 2\Gamma\tau_1\tau_2\cos\phi}{1 + \Gamma^2 |\tau_2|^2 |\tau_1|^2 - 2\tau_1\tau_2\cos\phi} \tag{3.101}$$

同理可计算出下降端的透射谱：

$$T_2 = \left|\frac{b_2}{a_0}\right|^2 = \frac{|\kappa_1|^2 |\kappa_2|^2}{1 + \Gamma^2 |\tau_2|^2 |\tau_1|^2 - 2\tau_1\tau_2 \cos\phi} \tag{3.102}$$

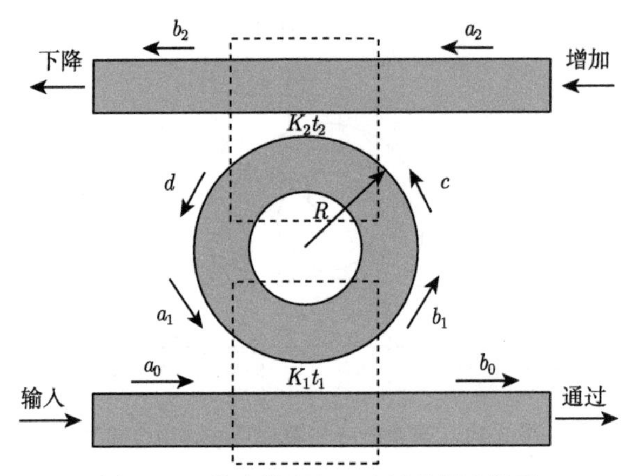

图 3.20 单个微环与双直波导耦合模型

在两个耦合区的交叉耦合系数相等且不考虑损耗的情况下，在谐振点处 (即端的透射谱 T_1=0)。这就意味着，输入端的光能量全部转运到光波导输出端，实现了特定波长的上下路。

图 3.21 为 1.5μm 微环滤波器的扫描电子显微镜 (SEM) 图。

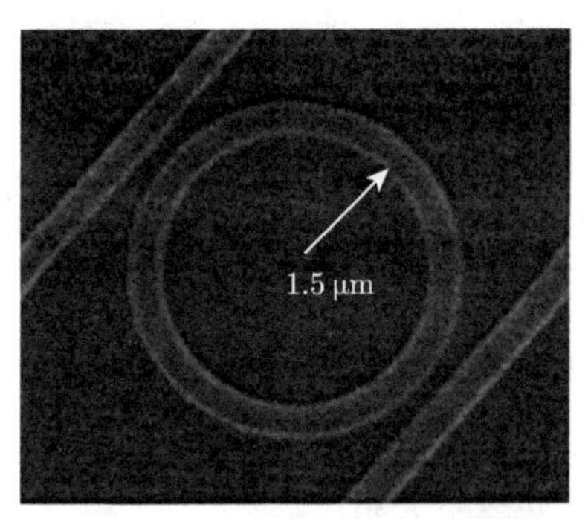

图 3.21 1.5μm 微环滤波器的扫描电子显微镜 (SEM) 图

3.5 异质集成的微纳结构半导体光探测器

3.5.1 透镜集成光探测器

光探测器的响应带宽越大，其受到的器件内部的 RC 时间效应就会越严重。因此为了提高光探测器带宽，就必须减小器件电容，这可以通过缩小器件尺寸来实现。但小尺寸光探测器会导致通光窗口的缩小，使器件存在与光纤耦合效率低的问题。因此，通过设计和优化集成微透镜的结构，可使入射光较好地会聚在器件缩小的光敏面上，以提升器件的耦合效率，从而使光探测器能够同时获得较高的带宽和外量子效率。如图 3.22 所示为集成微透镜结构的 PIN-PD 示意图，并标注了透镜尺寸参数，入射光通过该集成透镜，可使光束会聚到达光探测器的吸收层。微透镜的焦距需要大于 InP 材料的器件衬底厚度，合理大小的透镜焦距可以保证入射光能够被器件充分吸收。但是由于 InP 衬底的机械强度较低，在其厚度较薄的情况下比较脆，且很容易碎裂。另外，减薄 InP 衬底的工艺的实现比较复杂，因此需要确保该透镜的焦距能在合理范围内使入射光聚焦，不至于使 InP 片太薄而影响其机械强度和集成难度。透镜焦距 f 定义为

$$f=\frac{nR}{n-n_{\mathrm{air}}}=\frac{n(\phi^2+4h^2)}{8h(n-n_{\mathrm{air}})} \tag{3.103}$$

$$R=\frac{(\phi^2+4h^2)}{8h} \tag{3.104}$$

其中，f 为微透镜的焦距；R 为透镜的曲率半径；n 和 n_{air} 分别为透镜制作材料的折射率和空气的折射率；ϕ 为透镜的直径；h 为透镜的拱高。从式 (3.103) 可以看出，影响透镜焦距的参数主要是它的直径和拱高，对于透镜来说，其直径越大，焦距也就越大；而拱高越大，焦距也就越小。因此，为了选择焦距合适的透镜，其直径需要尽量大，拱高尽量小。

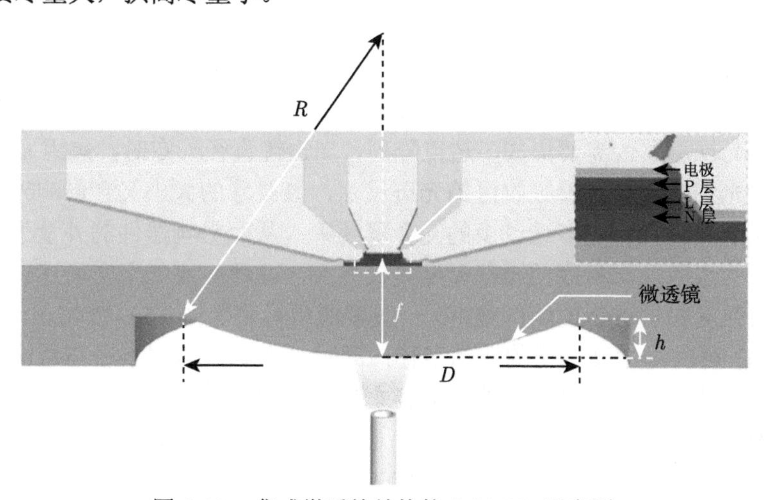

图 3.22　集成微透镜结构的 PIN-PD 示意图

由图 3.23 所示，在透镜的直径一定的情况下，随着透镜拱高的增加，透镜表面的曲率增加，透镜对入射光的透射率下降，从而会使一部分的入射光被反射，

造成器件的外量子下降。但是在透镜的直径不变的前提下，如果透镜的拱高过小，此时透镜的曲率会较低 (相当于其表面比较平缓)，这会导致透镜对入射光的收集能力下降，并且入射光会聚到焦平面点处的光斑直径较大。也就是说，在直径一定的情况下，透镜拱高越小，其焦距也就越大；相反，该透镜的径角也就越小，因此需要合理地选择器件的拱高。

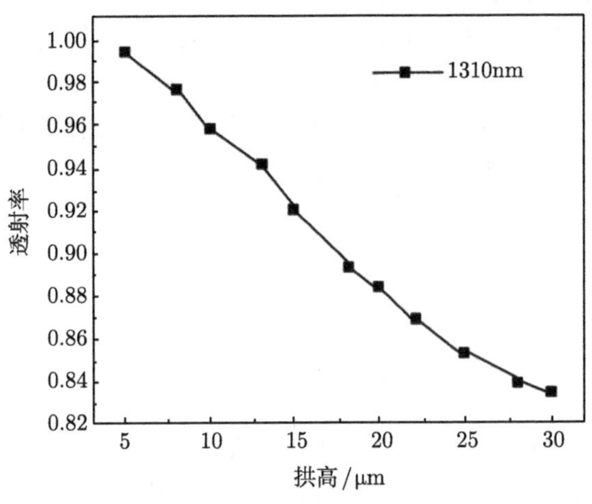

图 3.23 透镜在不同拱高下透射率的变化

图 3.24 为在相同直径下，透镜拱高依次增加时的会聚效果图，该图采用仿真软件 COMSOL 进行仿真。可以看出，随着透镜拱高的增加，其焦距会依次减小，并且其孔径角却不断增加。此外对于透镜的直径来说，目前的光模块设计得较为紧凑，集成较大直径的透镜的光探测器不利于光模块的小型化，尤其是对于阵列型的光探测器，需要集成多透镜阵列。当透镜直径一定时，焦距 f 的大小决定了入射光到达光探测器吸收区的光斑尺寸，该尺寸的大小又会影响光探测器的光敏面积上是否会有过多或过少的光会聚其中，从而影响器件的外量子效率。此外，焦距的选取还与衬底的减薄厚度直接相关，减薄衬底如上文所述，会降低衬底的机械强度和增透镜的制作难度，一般减薄后衬底保留 150~200μm。相应由公式 (3.104) 可以确定微透镜的曲率半径，同时也看到，曲率半径与透镜孔径和拱高相关。因此，需要综合考虑透镜的各个尺寸参数，经过优化得到合适的透镜尺寸，使透镜可以满足设计和工艺要求。

图 3.25 是在不同的入射光束宽度下，仿真出的透镜的会聚效率变化曲线图。从图中可以看到，当入射光束的宽度变化较小的时候，其对透镜的会聚能力的影响较小；但是当光束的宽度缩窄到一定值后，其会聚效率开始逐渐变差。从图 3.26 可以很好地看出经过光束变窄后的透镜的会聚能力的变化：光束逐渐变宽后，其

入射光开始逐渐在焦点处会聚。因此对于透镜来说，需要保持一定入射光的入射宽度，以使入射光在透镜的焦点处会聚，从而使透镜保持较好的会聚能力。

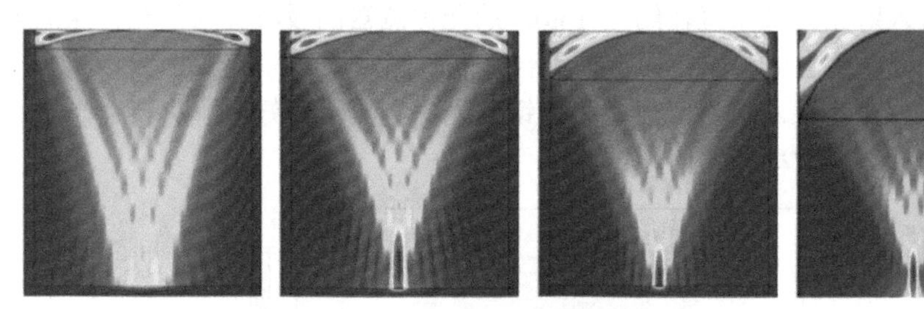

图 3.24 透镜在不同拱高下的会聚效果图 (从左向右拱高依次增大)

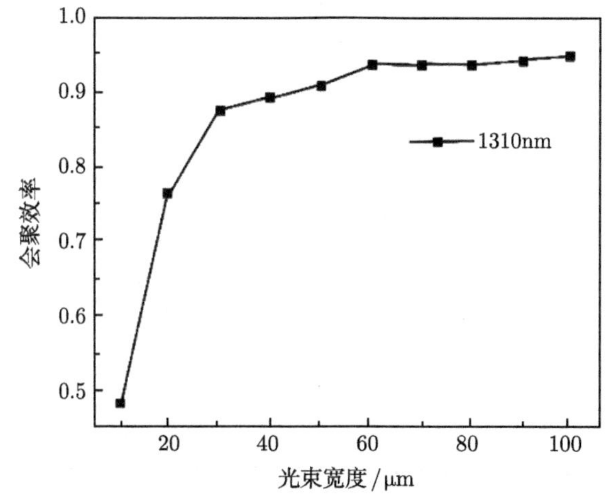

图 3.25 不同入射光束宽度对透镜会聚效率的影响

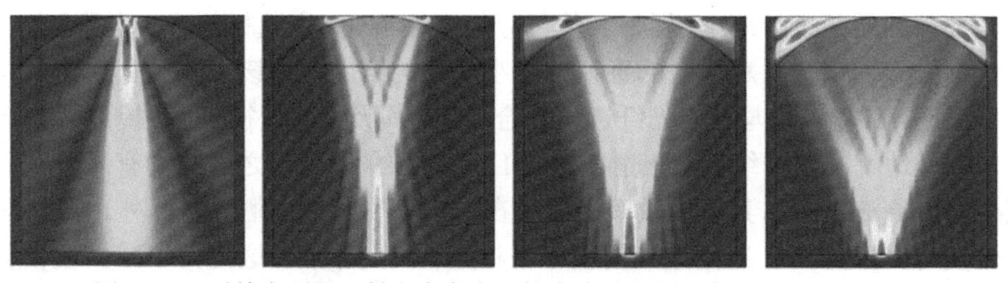

图 3.26 透镜在不同入射光束宽度下的会聚效果图 (从左向右依次增大)

图 3.27 为考虑微透镜在设计时的结构和工艺要求，经过一定优化后的会聚效果图，可以清楚地看出入射光在透镜焦点处会聚。该透镜孔径为 120μm，拱高为 12μm，从图 3.27 中可看出其焦距约为 190μm。考虑到透镜的焦距，光探测器的

InP 衬底厚度应该取为 190μm 附近，从而可保证入射光在探测器吸收区处会聚吸收。光在焦点处会聚后，从介质分界面处开始被 InGaAs 材料所吸收。该透镜可以很好地将入射光会聚在直径约为 15μm 的光探测器的吸收区内。在光探测器结构设计时，可以适当地减小台面直径到合适的范围，从而可以获得较小的结电容，提升器件的高速特性。另外，集成微透镜的光探测器可较好地解决较小光敏面积的器件与光纤耦合效率低的问题。

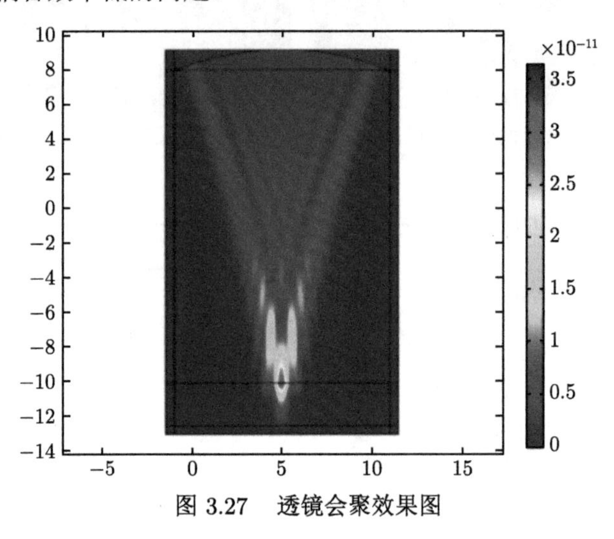

图 3.27　透镜会聚效果图

通过缩小探测器的光敏面积，可以有效减小器件的结电容，有利于大幅度提升器件的高速性能。但是对于缩小器件尺寸的光探测器，会存在耦合效率的问题，所以我们通过集成微透镜的方式使入射光会聚到器件较小的吸收区上，这相当于增加了器件的等效光敏面积。不过，器件的台面尺寸不可能无限制地缩小，这会增加实验制备时的工艺复杂度和难度。而蘑菇型的光探测器结构是将器件中间耗尽区部分的面积进行缩小，器件其他部分的直径不变。实验制备蘑菇型器件时，通过侧腐蚀来缩小器件耗尽区的直径以减小器件的结电容，该方法没有改变器件的接触面积，可较好地与单模光纤进行耦合，同时其吸收层直径较小，提高了响应速度，较好地解决了传统垂直入射 PIN-PD 带宽和量子效率之间的固有矛盾。为了实现器件高速响应，其量子效率必然会在一定程度上做出牺牲。此外，器件的响应带宽与其本身 RC 时间效应间也存在相互制约的矛盾，这使得在减少吸收层厚度的同时亦会增加器件的结电容，从而降低探测器的频率响应。通过上面对蘑菇型光探测器的结构特点的分析，提出了一种集成反射透镜的光蘑菇型探测器，一方面采用反射镜来解决蘑菇型器件结构中量子效率低的问题；另一方面通过利用蘑菇型结构的优势又能很好地抑制器件 RC 时间效应对带宽的影响，从而可以有效地解决上述传统光探测器中的矛盾。

3.5.2 集成亚波长光栅光探测器

任晓敏等提出的谐振腔增强型光探测器 [57]，通过将吸收层置于谐振腔中，光在上下反射镜间来回反射，十分有效地提高了光的利用效率，很好地平衡了量子效率和响应速率之间的矛盾，可以同时获得高响应速率、高量子效率。RCE 光探测器的问世，是光探测器发展史上的一大进步，同时有望成为下一代光通信系统中最有竞争力的光接收机核心芯片之一。传统 RCE-PD 的性能主要取决于分布式布拉格光栅的反射率。然而，很难找到合适的具有高折射率差的材料来制造用于 1550nm 波长的 DBR。通常的做法是将基于 GaAs 的 DBR 连接到 RCE-PD。但是，高反射率反射镜通常需要超过 20 对 DBR 才能生长，难以保证外延生长的稳定性。另一种方法是北京邮电大学任晓敏老师最先提出的使用 InP/空气来形成高折射率差光栅 (HCG)。首先生长 InP 和 InGaAs，然后对 InGaAs 层进行侧面刻蚀来形成空气层。由于 InP 与空气之间的高折射率差，则可以用最少的层实现极高的反射率，但侧蚀刻工艺难以控制，容易出现过蚀的情况。目前很多研究人员着眼于利用高折射率差光栅的高反射率，通过特殊键合工艺与有源器件连接，以实现对 RCE-PD 的性能的提升。

图 3.28 展示出四种光栅与光探测器集成结构。2017 年和 2020 年，Chen 分别发表了关于集成高反射率 DBR 镜的 UTC-PD 和集成反射会聚的高折射率差亚波长同心圆光栅的 UTC-PD[58,59]，通过高反射率的下反射镜，弥补 UTC 量子效率极低的缺点，可以实现带宽和量子效率的平衡。两个器件实现光电子集成的方式都是通过 BCB 树脂将上方探测器与下方反射镜相连接。BCB 树脂具有良好的平坦化性能、电绝缘性能和热稳定性，目前已经广泛应用于半导体器件的键合、钝化、封装等多个方面，是实现光电子集成的重要键合工具之一。2017 年，Chen 的器件的反射镜由 20 对 1/4 波长厚度的 GaAs/AlGaAs 堆栈而成，DBR 反射率与堆栈的层数成正比，当 DBR 对数为 20 对时，反射率已经能达到 90%, 考虑到工艺的复杂度，最终确定反射镜对数为 20。该器件最终在 1560nm 波长下获得了 0.88A/W 的响应度，1550nm 波长、−6V 偏压下的带宽为 13.87GHz，器件直径为 40μm，饱和电流为 50mA。Chen 在 2019 年设计的集成亚波长光栅的光探测器与 2017 年的器件键合方式相似，反射镜为非周期同心圆亚波长光栅，该光栅将光巧妙地会聚在探测器的吸收层，取得了良好的效果，40μm 直径的 UTC-PD 最终在实验中实现了 −3V 偏压下 18GHz 的 3dB 带宽，响应度为 0.86A/W。

丹麦技术大学光子工程系 Learkthanakhachon 等在 2016 年通过仿真和实验获得了混合 Ⅲ-V/SOI RCE-PD[60]，该光探测器由 InP 材料的高折射率光栅、混合光栅反射器以及空气腔组成，该器件的量子效率接近理论极限 100% 。2019 年，Zeng 等提出了一种背入射的 RCE-PD[61]，利用 InP 高折射率光栅作为上反射镜，空气与半导体的交界面充当下反射镜，优化了器件的层厚度，最终在 1550nm 处实现了 82%的量子效率，偏压为 −3V 时 3dB 带宽为 34GHz。

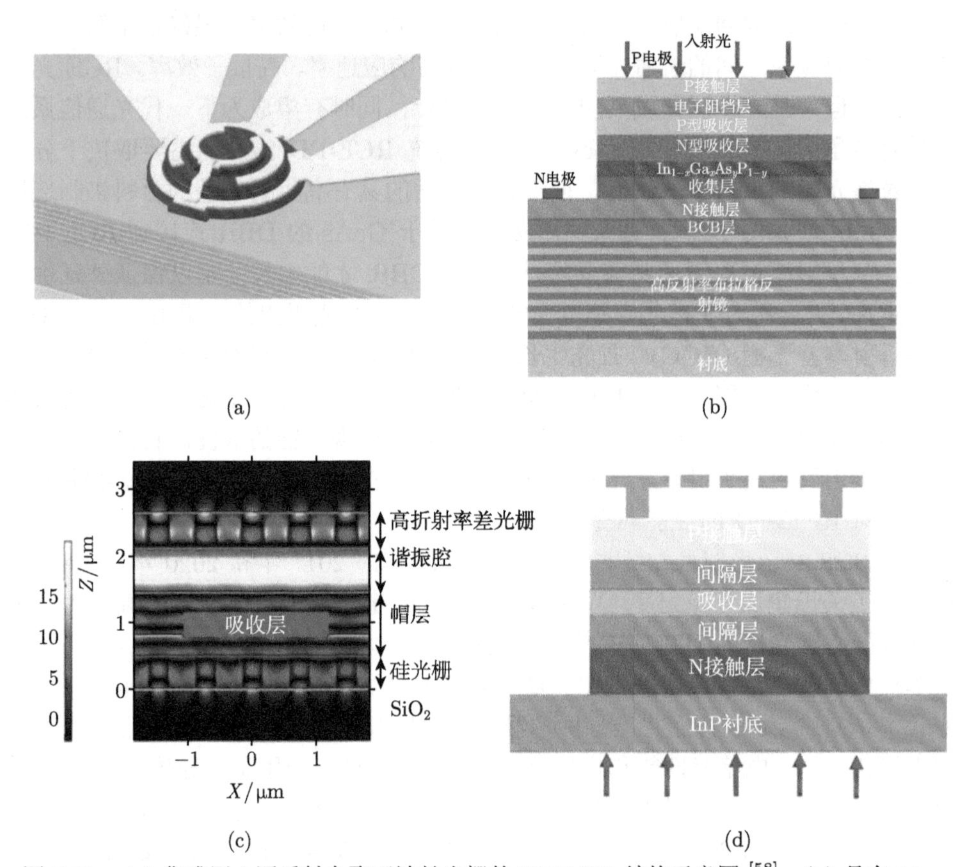

图 3.28 (a) 集成同心圆反射会聚亚波长光栅的 UTC-PD 结构示意图 [58]；(b) 具有 12μm 的反射会聚光栅光场仿真 [59]；(c)Ⅲ-V/SOI 集成光探测器的电场强度分布 [60]；(d) 背入射 RCE 横截面示意图 [61]

3.5.3 集成分束器的光探测器阵列

正如前文中提到的，单个光探测器的品质因数之间的权衡一直限制其整体性能。对于单个光探测器，台面通常被设计得面积小、厚度薄，以获得低电容和小载流子传输时间。但是减小台面的面积会导致高光电流密度并导致低饱和电流。在之前的研究中，有关学者提出了具有大带宽和高饱和光电流的分布式光电二极管阵列来克服这种权衡 [62-64]。利用高功率入射光并接入几个离散的光探测器，对光电流进行求和，同时保持总电容等于单个光电二极管的电容 [65]。在这种配置中，每个光探测器元件产生的信号在沿传输线传播时具有不同的延迟和损耗。传播长度的差异则需要额外的补偿技术来解决相位失配问题。

这里对对称连接的光探测器阵列与传统的行波光探测器阵列 (TW-PDA) 进行了比较 [66](分别称为并联 PDA 和串联 PDA)。对称连接光探测器阵列 (SC-PDA) 中的光探测器元件共享相同的信号传播长度并且没有相位失配，只要光信号的相位匹配即可。另一方面，由于 SC-PDA 受累加电容的影响，其高速性能受到影响，单个具有较大有源面积的 PD 可以达到与 SC-PDA 相同的带宽和饱和电流。但是，SC-PDA 具有较大的表面积与体积比，有利于散热。由于 SC-PDA 大多数应用在高功率器件中，则器件的散热问题至关重要。然而，PDA 需要多根光纤或光纤阵列来耦合光，因此增加了设备的耦合复杂性。

两元件法向入射背照式对称连接 UTC-PD 阵列集成了基于亚波长光栅的分束器 (SWG-BS)，基于 SOI 的 SWG-BS 将入射光分成两束并将它们分别聚焦在 PD 上，如图 3.29 所示。这种设计简化了耦合复杂性并自动匹配光信号的相位。

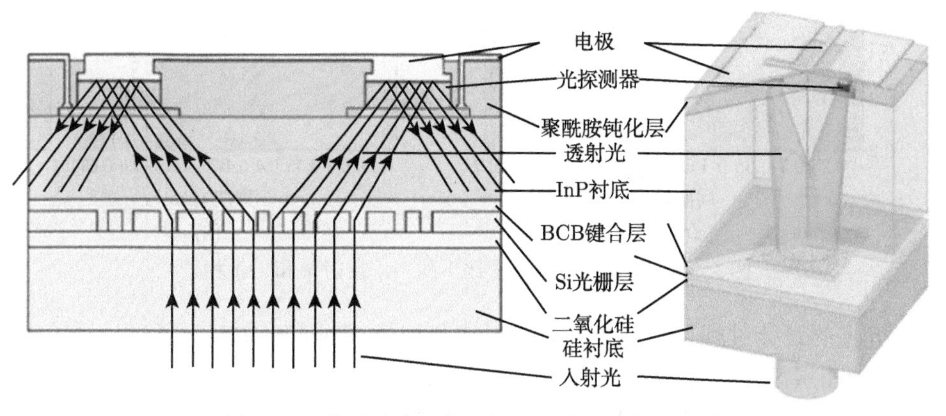

图 3.29　集成分束器的光探测器阵列结构示意图

PD 元件的外延结构生长在半绝缘 InP 衬底上。吸收层厚度选择为 600nm，以确保对高射频功率输出的高响应度。吸收层采用分级掺杂，在吸收层中建立电场，加速光生电子。InP 收集层经过轻微的 N 掺杂以提供电荷补偿 [67]。

由于高折射率差亚波长光栅 (HCG) 的周期比入射光的波长小，则只有零级衍射光可以传播到远场，而其他高级衍射光成为隐失波。因此可以将通过 HCG 零级衍射光集中形成会聚效果，这种现象为输入平面和输出平面内部传播模式的干扰，也可以被解释为“漏模共振”[66]。

基于 HCG 的偏振选择聚焦透镜的设计程序已在其他文献中有报道，这表明实现聚焦功能或其他性能的非周期光栅取决于波前的相位分布，并且局部相位仅取决于聚焦区域周围光栅条的局部几何形状。因此，要设计具有聚焦功能的 HCG

分束器，关键步骤是选择能够在反射平面上实现特定相位分布同时保持高反射率的光栅单元。仿真基于严格耦合波分析 (RCWA) 方法数值计算周期性 HCG 的反射光的反射率和波前相位 [67,68]。

反射率和反射相移随光栅周期 Λ 和占空比 η 变化的模拟结果如图 3.30 所示。之后，一个重要的步骤是找出具有高反射率的最佳结构参数集 $(\Lambda_{\mathrm{n}}, \eta_{\mathrm{n}})$(例如 $|r|>95\%$)；反射光的相应相位应覆盖高反射率区域内的整个 2π 变化范围。必须降低整个 2π 范围内的反射率下限，以使整个相位谱是连续的，所有相位都可以从中选择。

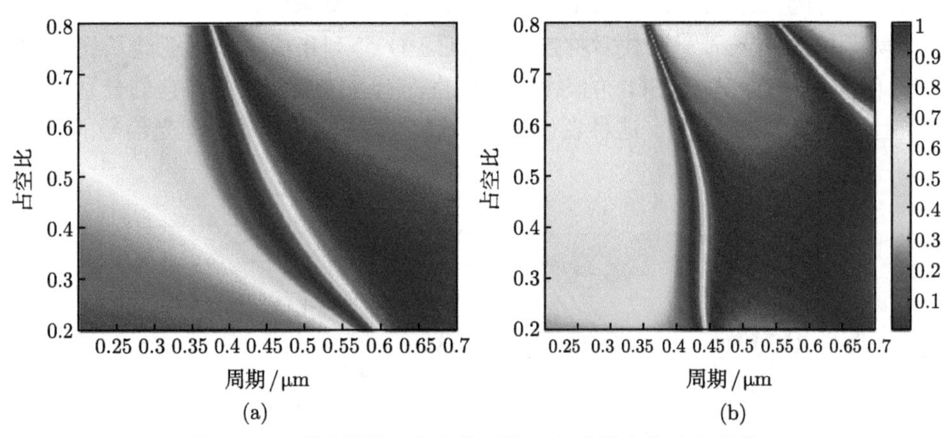

图 3.30 不同周期、占空比下的 (a) 反射率和 (b) 相位

光栅的设计过程可以通过搜索反射率和相位查找表来实现。通过设计 SWG-BS 的光栅层厚度、周期和占空比，可获得高透射率的 SWG-BS，然后根据实际情况选择合适的 SWG-BS 尺寸，以最大化耦合效率。

3.5.4 等离子体光探测器

对于半导体薄膜而言，当用特定光照到其表面修饰的亚波长金属纳米结构时，该入射光会被束缚在金属表面，与金属表面的电子相互作用，发生表面等离子极化，使金属纳米结构表面的电子相互作用，在一端聚集。发生了极化后的金属纳米结构会产生一个内电场，对电子的运动方向施加一个相反的回复力，而电子在内电场下往反方向运动时，也产生了一个方向相反的内电场。电子在两极化电场下往复振荡，会形成一种电磁波。该电磁波进入半导体薄膜后，其强度会在垂直方向上以指数衰减，传播尺度往往为纳米，在水平方向上的传播尺度则往往是微米。当光的频率与金属纳米颗粒的电子振荡的频率相耦合时，极化程度大大提高，产生的电磁波在水平方向会发生增强，强于入射光能量，并可能影响到相邻的纳米金属离子，这样在半导体薄膜内部的宏观水平方向上就表现出因金属纳米粒子而引起连续的电磁波增强效应，从而激发电子–空穴对，提高光响应 [69]。

Ag 的纳米结构在紫外区域有基于表面等离子基元模式的共振消光峰，此时的 Ag 纳米结构，在尺寸较大时 (大于 100nm) 可以与紫外光产生共振极化等离子激元效应 [70]，且如果纳米结构为椭球或三角形颗粒等不对称结构及长短轴比例变大，会使 Ag 在紫外区域的共振消光峰明显增强 [71,72]。基于以上现象，可以通过调控 Ag 纳米颗粒的大小、形状来对薄膜共振峰进行调整，通过不同的涂敷、粘贴等方法固定到光探测器上，从而对特定波长或者一定调谐范围内的光探测器的吸收进行增强。

硅基光探测器以其成熟的工艺和优异的性能，在遥感成像、天文学、农业、制药、环境监测和导航设备等领域有着重要的应用价值。但是近年来，随着光探测器的需求市场越来越大，对其性能的要求越来越严格。从半导体材料到器件结构的选择，光探测器都面临着新的机遇与挑战。有研究者开始将金属纳米颗粒的局域等离子体共振效应与光探测器相结合，表面等离子体共振是在金属和电介质界面处，入射光场在适当的条件 (能量与动量匹配) 下引发金属表面的自由电子相干振荡的一种物理现象 [73]。它能够有效地提升器件吸收光子的能力，加快热电子的注入，改善器件的响应速度、探测率和灵敏度。但目前应用于光探测器中的等离子体共振结构多为单层，这就大大限制了器件的可提升空间。如图 3.31 所示为一种双层金纳米颗粒 (AuNP) 等离子体共振结构与硅肖特基 (Schottky) 光探测器的结合。这种更加有效的双层等离子体共振结构是在单层等离子体共振基础上的进一步改进，利用石墨烯的超薄厚度，使得上下两层金纳米颗粒之间产生较强的表面等离子体共振效应，从而更好地吸收光子能量。通过 SEM 图像能够清晰地观察出这种上下两层金纳米颗粒结构，并对器件进行了电学性能的对比和测试，计算了器件的响应速度、探测率和响应上升时间/下降时间。另外，通过有限元模拟对这种双层金纳米颗粒结构进行了电场强度的模拟和分析。

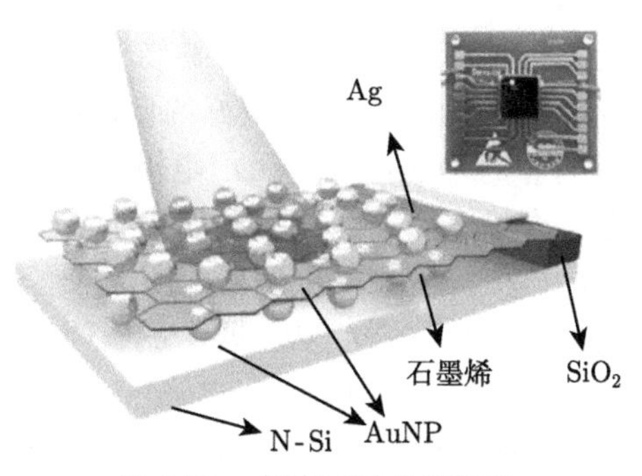

图 3.31　等离子体光探测器

与以往一维等离子体共振结构不同，双层 Au 纳米颗粒/石墨烯等离子体共振增强硅肖特基结光探测器的研究是利用石墨烯作为双层金纳米颗粒的“支架”，构建了这种独特的二维混合结构。通过几组电学性能实验对比和理论模拟发现，这种器件结构能够更有效地吸收光子能量，在可见光波段提升了器件的响应速度、探测率等性能指标。

3.5.5　MSM 光探测器

金属–半导体–金属 (MSM) 结构由两个肖特基结电极组成，该结构往往需要用光刻的手段来制造电极，工艺相对更加复杂，但器件集成度更高。其电极间距小，提高了响应速度，但 MSM 结构的响应度较低。MSM 型探测器的工作状态为加偏压的状态，工作时加的偏压影响着 MSM 结构中的紫外探测器耗尽区的范围，因此，探测器的一些特性参数与工作时的偏压有关 [74]。

2010 年，Jandow 等用直流溅射技术，在聚碳酸酯 (PC) 塑料基板上沉积了 ZnO 薄膜，并用 Ni 作为电极制备了一种 MSM 结构的紫外探测器，计算出电极势垒高度为 0.675eV，器件在工作偏压为 5V，紫外光波长为 385nm 时，暗态电流和光电流分别为 1.04μA 和 93.8μA，器件的最大响应率能达到 1.59A/W[75]。2014 年，Chen 等在研究 ZnMgO/Ag 纳米团簇体系时，发现了可调谐杂化四极等离子激子与 ZnMgO 激子的强耦合；通过调节表面 Ag 纳米颗粒的尺寸，可以使等离子激子与 ZnMgO 激子的能量匹配，实现近带边缘紫外辐射区的增强；并利用模拟研究了不同 Ag 纳米球体尺寸结构在紫外波段的消光光谱，发现当 Ag 纳米球尺寸较大时，表现出基于表面等离子基元效应的紫外消光峰，并且其电场分布有明显的对称性 [76]。

2014 年，Tian 用磁控溅射法制备 MSM 结构的 ZnO 薄膜紫外探测器，在器件的 ZnO 薄膜上溅射 Pt 纳米颗粒后，该探测器的响应度从 0.836A/W 提高到 1.306A/W。此外，ZnO 薄膜在紫外波段的吸收部分增强。结果表明，Pt 纳米颗粒表现出的表面等离子基元效应在提高紫外探测器的性能上有较显著的效果 [77]。2014 年，Chen 等实现了一种新型的具有非对称结构的 MSM 结构的 ZnO 基光探测器，如图 3.32 所示，该探测器表现出较好的自供电性能，在 ZnO 薄膜表面的电极为一种不同指宽的非对称的叉指电极，电极与 ZnO 之间的肖特基势垒因电极尺寸不同，从而存在内建电场，因此，在零伏的偏压下有探测功能，且随着电极的不对称性的提高，该探测器在零伏偏压下的响应度增大，在电极宽度比为 20:1 时，器件的零伏时的响应为 20mA/W，展示了一种基于不对称金属自供电型半导体紫外探测器的新思路 [78]。2014 年，Çalışkan 利用射频磁控溅射法在硅基底上沉积了 ZnO 薄膜，并采用了光刻方法制备了 Pt/Au 触点，制备了 MSM 型紫外探测器；该器件在 340nm 的紫外光、100V 的工作偏压时，暗电流为 1pA，响应率为 0.35A/W，且器件响应上升时间为 22ps，下降时间为 8ns，低暗电流密度和高速响应的原因是膜的形态导致了大量的复合中心 [79]。

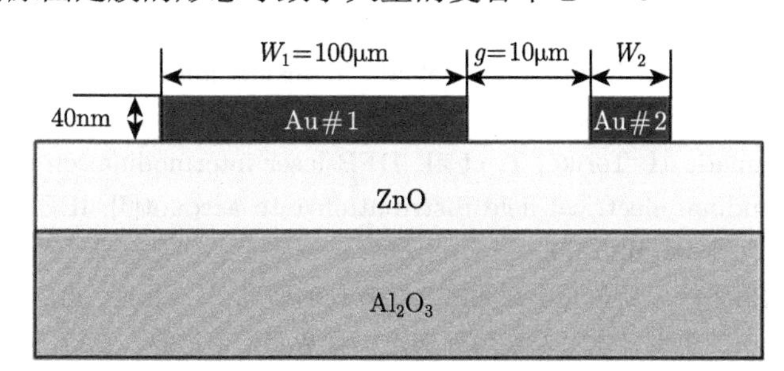

图 3.32 不对称电极设计结构示意图

参 考 文 献

[1] Beling A, Campbell J C. High-speed photodiodes[J]. IEEE Journal of Selected Topics in Quantum Electronics, 2014, 20(6): 57-63.

[2] Williams K J, Esman R D, Dagenais M. Nonlinearities in p-i-n microwave photodetectors[J]. Journal of Lightwave Technology, 1996,14(1): 84-96.

[3] Ghione G. Semiconductor Devices for High-Speed Optoelectronics[M]. Cambridge: Cambridge University Press, 2009.

[4] Kato K. Ultrawide-band/high-frequency photodetectors[J]. Microw. Theory Tech., 1999, 47(7): 1265-1281.

[5] 白成林, 范鑫烨, 房文敬, 等. Ⅲ-V 族光探测器及其在光纤通信中的应用 [M]. 北京：科学出版社, 2016.

[6] Kato K, Susumu H, Kawano K, et al. Design of ultrawide-band, high-sensitivity p-i-n protodetectors [J]. Electron, 1993, 76(22): 14-221.

[7] 陶启林. 波长 1.3μm 高速光探测器研究 [D]. 成都: 电子科技大学，2000.

[8] Xia F, Thomson J K, Gokhale M R, et al. An asymmetric twin-waveguide high-bandwidth photodiode using a lateral taper coupler[J]. IEEE Photonics Technology Letters, 2001, 13(8):845-847.

[9] Ishibashi T, Shimizu N, Kodama S, et al. Uni-traveling-carrier photodiodes[C]// Ultrafast Electronics and Optoelectronics, 1997.

[10] 王莹. InGaAs(P)/InP 近红外单光子探测器暗计数特性研究 [D]. 济南: 山东大学, 2017.

[11] Rogalski A, Martyniuk P. InAs/GaInSb superlattices as a promising materialsystem for third generation infrared detectors[J]. Infrared Phys. Tech., 2006, 48: 39.

[12] Nguyen J, Ting D Z, Hill C J, et al. Dark current analysis of InAs/GaSb superlattices at low temperatures[J]. Infrared Phys. Tech., 2009, 52:317.

[13] Gopal V, Plis E, Rodriguez J B, et al. Modeling of electrical characteristics of midwave type Ⅱ InAs/GaSb strain layer superlattice diodes[J]. J. Appl. Phys., 2008, 104: 124506.

[14] Sze S M, Ng K K. Physics of Semiconductor Devices[M]. New Jersey: Wiley, 2006.

[15] Pan H, Wang X, Beling A, et al. Characterization and optimization of inGaAs/InP photodiodes with high saturation current[J]. 2007 International Conference on Numerical Simulation of Optoelectronic Devices, 2007, 79: 24-28.

[16] Yonetani H, Ushijima I, Takada T, et al. Transmission characteristics of DFB laser modules for analog applications[J]. Journal of Lightwave Technology, 1993, 11:147-153.

[17] Okuda T, Yamada H, Torikai T, et al. DFB laser intermodulation distortion analysis taking longitudinal electrical field distribution into account[J]. IEEE Photonics Technology Letters, 1994, 6:27-30.

[18] 费嘉瑞. 光通信系统中新型光电探测器及其阵列的研究 [D]. 北京: 北京邮电大学, 2018.

[19] 李蕾. 光通信中的重要技术及发展趋势构建 [J]. 数字通信世界，2017(5): 73, 74.

[20] Ren X, Campbell J C. Theory and simulations of tunable two-mirror and three-mirror resonant cavity photodetectors with a built-in liquid-crystal layer[J]. IEEE J. Quantum Electron, 1996, 32: 2012-2025.

[21] Ren X, Campbell J C. A novel structure: One mirror inclined three-mirror cavity high performance photodetector[J]. Technical Proceedings: International Topic Meeting on Photoelectronics, 1997, 1:81-84.

[22] Huang Y, Cheng H, Qi W, et al. Analysis of a one mirror inclined three-mirror cavity photodetector for high-speed application[J]. Chinese Optics Letters, 2005, 3(1): 53-56.

[23] Wang Q, Huang H, Wang X Y, et al. Theoretical analyses and experimental investigations of InP-based one-mirror-inclined three-mirror-cavity photodetector[J]. Chinese Journal of Lasers, 2005(8): 1045-1049.

[24] Xu Y F, Huang Y Q, Huang H, et al. Multi-quantum-well InGaNAs/GaAs one mirror inclined three-mirror cavity photodetector operating at 1.3 μm[J]. Journal of Optoelectronics Laser, 2009, 20(1): 12-15.

[25] 徐玉峰, 黄永清, 黄辉, 等. 1.3μm InGaNAs/GaAs 多量子阱 “一镜斜置三镜腔” 光探测器 [J]. 光电子. 激光, 2009,20(1):12-15.

[26] Huang H, Zhang R, Wang Q, et al. Wavelength-selective photodetector with integrated vertical taper structure[C]// Optical Fiber Communication Conference, 2002: 73.

[27] Huang H, Ren X, Wang X, et al. Theory and experiments of a tunable wavelength-selective photodetector based on a taper cavity[J]. Applied Optics, 2006, 45:8448-8453.

[28] Hui H, Ren X, Wang Q, et al. Wavelength-selective photodetectors operating at long wavelength[C]// Optoelectronic Materials and Devices. International Society for Optics and Photonics, 2006.

[29] Lv J, Huang H, Huang Y, et al. A monothically integrated dual-wavelength tunable photodetector based on a taper GaAs substrate[J]. IEEE Transactions on Electron Devices, 2007, 55(1):322-328.

[30] Lv J, Huang H, Huang Y, et al. Design and fabrication of a novel monothically integrated dual-wavelength tunable photodetector[J]. Proc. SPIE, 2007(11): 1807-1810.

[31] Huang H, Huang Y, Ren X. Ultra-narrow spectral linewidth photodetector based on taper cavity[J]. Electronics Letters, 2003, 39(1):113-115.

[32] 黄永清, 段晓峰, 王伟, 等. 单片集成长波长四镜三腔谐振腔增强型 (RCE) 半导体光探测器 [C]// 中国光学学会 2010 年光学大会论文集, 2010.

[33] Kato K, Akatsu Y. Ultra-wide-band long-wavelength photodetectors[J]. Optical & Quantum Electronics, 1996, 28(5): 557-564.

[34] Tan I H, Sun C K, Giboney K S, et al. 120-GHz long-wavelength low-capacitance photodetector with an air-bridged coplanar metal waveguide[J]. IEEE Photonics Technology Letters, 1995, 7(12):1477-1479.

[35] El-Batawy Y M, Deen M J. Analysis, Circuit modeling, and optimization of mushroom waveguide photodetector (mushroom-WGPD) [J]. Journal of Lightwave Technology, 2005, 23(1):423-431.

[36] Carey J E, Crouch C H, Shen M, et al. Visible and near-infrared responsivity of femtosecond-laser microstructured silicon photodiodes[J]. Optics Letters, 2005, 30(14): 1773-1775.

[37] Pralle M U, Carey J E, Homayoon H, et al. IR CMOS: ultrafast laser-enhanced silicon-imaging[J]. Proceedings of SPIE - The International Society for Optical Engineering, 2012，8353(2):124-134.

[38] 王熙元, 黄永光, 刘德伟, 等. 飞秒激光与准分子激光制作碲掺杂硅探测器 [J]. 中国激光, 2013, 40(3): 1-4.

[39] Shi J, Xu F, Zhou P, et al. Refined nano-textured surface coupled with SiN_x layer on the improved photovoltaic properties of multi-crystalline silicon solar cells[J]. Solid State Electronics, 2013, 85:23-27.

[40] Lu Y T, Barron A R. Anti-reflection layers fabricated by a one-step copper-assisted chemical etching with inverted pyramidal structures intermediate between texturing and nanopore-type black silicon[J]. Journal of Materials Chemistry A, 2014, 2(30):12043-12052.

[41] Hu W D, Chen X S, Ye Z H, et al. An improvement on short-wavelength photoresponse for a heterostructure HgCdTe two-color infrared detector[J]. Semiconductor Science and Technology, 2010, 25(4):045028.

[42] Schaake H F, Kinch M A. High-operating-temperature MWIR detector diodes[J]. Journal of Electronic Materials, 2008, 37(9):1401-1405.

[43] Hu W D, Chen X S, Ye Z H, et al. A hybrid surface passivation on HgCdTe long wave infrared detector with in-situ CdTe deposition and high-density hydrogen plasma modification[J]. Applied Physics Letters, 2011, 99(9): 091101.

[44] Wang J, Chen X, Hu W, et al. Temperature dependence characteristics of dark current for arsenic doped LWIR HgCdTe detectors[J]. Infrared Physics & Technology, 2013, 61(5):157-161.

[45] Lin X, Ding Z U, Wang W P, et al. Investigation on the operation enhancement of HgCdTe photon-trapping detector[J]. Laser & Infrared, 2017, 47(12): 6-11.

[46] Khaleque A, Mironov E G, Hattori H T. Analysis of the properties of a dual – core plasmonic photonic crystal fiber polarization splitter[J]. Appl. Phys. B, 2015, 121(4):

523-532.

[47] Xu K, Chen Y, Okhai T A, et al. Snyman. Micro optical sensors based on avalanching silicon light-emitting devices monolithically integrated on chips[J]. Opt. Mater. Express, 2019, 9(10): 3985-3997.

[48] Gao Y, Cansizoglu H, Polat K G, et al. Photon-trapping microstructures enable high-speed high-efficiency silicon photodiodes[J]. Nat Photonics, 2017, 11(5): 301-308.

[49] 陈海波, 黄永清, 黄辉, 等. 半导体环形激光器的输出耦合及阈值增益分析 [J]. 光电子・激光, 2007, 18(5): 543-546.

[50] Wehner J G A, Smith E P G, Venzor G M, et al. HgCdTe photon trapping structure for broadband mid-wavelength infrared absorption[J]. J Electron Mater., 2011, 40(8): 1840-1846.

[51] Gao Y, Cansizoglu H, Polat K G, et al. Photon-trapping microstructures enable high-speed high-efficiency silicon photodiodes[J]. Nature Photonics, 2017(11): 301-309.

[52] Abaeiani G, Ahmadi V, Saghafi K. Design and analysis of resonant cavity Enhanced-Waveguide photodetectors for microwave photonics applications[J]. IEEE Photon. Technol. Lett, 2006, 18(15): 1597-1599.

[53] Hu F, Huang Y, Duan X, et al. Design and analysis of InGaAs PIN photodetectors integrated on silicon-on-insulator racetrack resonators[C]// International Symposium on Advanced Optical Manufacturing & Testing Technologies, 2012.

[54] Ünlü M S, Strite S. Resonant cavity enhance photonic device[J]. J. Appl. Phys., 1995, 78: 607-639.

[55] Murtaza S S. Short-wavelength, high-speed, Si-based resonant-cavity photodetector[J]. IEEE Photonics Technology Letters, 1996, 8(7): 927-929.

[56] Jervase J A, Zebda Y. Characteristic analysis of resonant-cavity-enhanced (RCE) photodetectors[J]. IEEE Journal of Quantum Electronics, 1998, 34(7): 1129-1134.

[57] Ren X, Huang H, Chong Y, et al. 1.57-μm InP-based resonant-cavity-enhanced PD with InP/air-gap Bragg reflectors[J]. Microwave & Optical Technology Letters, 2004, 42(2): 133-135.

[58] Chen Q, Huang Y, Zhang J X, et al. Uni-traveling-carrier photodetector with high-reflectivity DBR mirrors[J]. IEEE Photonics Technology Letters, 2017, 99: 1.

[59] Chen Q, Fang W, Huang Y, et al. Uni-traveling-carrier photodetector with high-contrast grating focusing-reflection mirrors[J]. Applied Physics Express, 2020, 13(1):016503-016508.

[60] Learkthanakhachon S, Taghizadeh A, Park G C, et al. Hybrid Ⅲ-V/SOI resonant cavity enhanced photodetector[J]. Optics Express, 2016, 24(15): 16512.

[61] Zeng K, Duan X, Huang Y, et al. Design and study of a long-wavelength monolithic high-contrast grating resonant-cavity-enhanced photodetector[J]. Optoelectronics Letters, 2019, 15(4): 250-254.

[62] Cross A S, Zhou Q, Beling A, et al. High-power flip-chip mounted photodiode array[J]. Opt. Express, 2013, 21: 9967-9973.

[63] Beling A, Chen H, Pan H, et al. High-power monolithically integrated traveling wave photodiode array[J]. IEEE Photonics Technology Letters, 2009, 21(24): 1813-1815.

[64] Beling A, Bach H, Mekonnen G G, et al. High-speed miniaturized photodiode and parallel-fed traveling-wave photodetectors based on InP[J]. IEEE Journal of Selected Topics in Quantum Electronics, 2007, 13(1): 15-21.

[65] Goldsmith C, Magel G, Baca R. Principles and performance of traveling-wave photodetector arrays[J]. IEEE Trans. Microw. Theory Tech., 1997, 45(8): 1342-1350.

[66] Fang W, Huang Y, Duan X, et al. High-reflectivity high-contrast grating focusing reflector on silicon-on-insulator wafer[J]. Chinese Physics B, 2016, 25(11): 114213.

[67] Fang W, Huang Y, Fei J, et al. Concentric circular focusing reflector realized using high index contrast gratings[J]. Optics Communications, 2017, 402: 572-576.

[68] Moharam M G, Grann E B, Pommet D A, et al. Formulation for stable and efficient implementation of the rigorous coupled-wave analysis of binary gratings[J]. Journal of the Optical Society of America A, 1995, 12(5): 1068-1076.

[69] 李玉玲, 阚彩侠, 王长顺, 等. 金纳米棒组装体表面等离子体共振耦合效应的 FDTD 模拟 [J]. 物理化学学报, 2014, 30(10):10.

[70] 卢维尔, 董亚斌, 李超波, 等. 原子层沉积生长速率的控制研究进展 [J]. 无机材料学报, 2014, 4: 345-351.

[71] Hou X, Fang Y. Surface-enhanced Raman scattering of single-walled carbon nanotubes on modified silver electrode[J]. Journal of Light Scattering, 2008, 69(4): 1140-1145.

[72] 石志远. Ag 纳米线/ZnO 薄膜紫外光探测器的制备与光电性能研究 [D]. 哈尔滨: 哈尔滨工业大学.

[73] 何淑娟, 李晶晶, 李振, 等. 双层 Au 纳米颗粒/石墨烯等离子体共振增强 Si 肖特基结光探测器的研究 [J]. 电子元件与材料, 2018, 37(8): 6.

[74] Zhang S, Zhang S, Yu J, et al. ZnO MSM photodetectors with Ru contact electrodes[J]. Journal of Crystal Growth, 2005, 20(1): 53-55.

[75] Jandow N N, Yam F K, Thahab S M, et al. Characteristics of ZnO MSM UV photodetector with Ni contact electrodes on poly propylene carbonate (PPC) plastic substrate[J]. Current Applied Physics, 2010, 10(6): 1452-1455.

[76] Chen H Y, Liu K W, Jiang M M, et al. Tunable hybridized quadrupole plasmons and their coupling with excitons in ZnMgO/Ag system[J]. Journal of Physical Chemistry C, 2014, 118(1): 679-684.

[77] Tian C, Jiang D, Li B, et al. Performance enhancement of ZnO UV photodetectors by surface plasmons[J]. Acs Applied Materials & Interfaces, 2014, 6(3): 2162-2166.

[78] Chen H Y, Liu K W, Chen X, et al. Realization of a self-powered ZnO MSM UV photodetector with high responsivity using an asymmetric pair of Au electrodes[J]. Journal of Materials Chemistry C, 2014, 2(45):9689-9694.

[79] Çalışkan D, Bütün B, Çakır M C, et al. Low dark current and high speed ZnO metal-semiconductor-metal photodetector on SiO_2/Si substrate[J]. Applied Physics Letters, 2014, 105(16): 7433.

第 4 章　微纳结构半导体光探测器的仿真分析

人工微结构可以通过改变微结构的几何参数和排列方式，来改变和控制波场的性质，在近几十年中逐渐成为学者们研究的热点。一些基于人工微结构的研究领域，如超材料、超表面和声子拓扑绝缘体，已经出现了许多新的应用和现象。对于波场的不同维度 (相位、振幅、频率或极化) 的操纵，通过超表面可以在亚波长尺度上轻松实现。波场操纵方式具有由一维向多维的发展趋势，这为光子器件实现小型化、集成化等优点提供了良好的基础 [1]。

微结构具有独特的光学性能和物理现象，能够对电磁场进行调控，利用微结构对光电器件进行改造从而提高器件性能，是当前发展的热点之一。20 世纪 80 年代中期，光学与微电子技术交叉形成了“二元光学”这一前沿研究领域 [2]。近年来，人们不断对光栅、超表面等微结构的二元衍射光学元件进行研究，对入射光场的幅度、相位等进行调控，从而达到光束的偏转、会聚或达到平滑光功率密度等效果。在光探测器的表面或内部制作光子晶体等微结构，可以起到和衍射元件类似的作用，入射光在其中发生衍射、共振等效应，具有光子捕获功能。将这些功能与光探测器结合，可以弥补由光纤出射端光场发散而造成的光斑面积远大于光探测器的光敏面面积，以及由准直不精确等而造成的入射到器件中光功率的损失问题，提高器件耦合效率及其外部量子效率。研究表明，具有光子捕获结构的光子晶体光探测器可以同时具有高速和高量子效率的特点。

综上所述，可以对微结构 (集成) 光探测器进行设计，有效缓解传统 PIN 光探测器在 3dB 带宽和量子效率之间存在的矛盾，使光探测器具有高速和高响应度的特性，可用于超高速、超长距离光纤通信系统以及数据中心互传中。

4.1　入射光场分布对光探测器性能的影响

本节以入射光场分布作为研究对象，基于载流子漂移–扩散模型和泊松方程以及交流小信号分析模型，在深入研究不同入射光分布对载流子分布及器件内电场分布影响的基础上，总结其带宽随光场分布的变化规律，提出通过设计入射光场分布而提高器件带宽的方法。与其他针对整个外延层结构的优化 (这里称为器件的垂直优化方法) 不同，本章利用入射光场的分布对器件中载流子的分布进行水平操控，由此对器件性能进行优化，称为“水平优化”方法。

光场强度定义为光场中某处能流密度的期望值，与振幅的平方成正比，下文中简称为光强。有研究表明，单模光纤或多模光纤出射端的光场强度呈现类高斯分布。类高斯光束中心光强较高，周围光强依次降低，光斑形状如图 4.1 所示，其光束强度随光束横截面半径的变化可由式 (4.1) 确定：

$$I(r) = I(0)\exp\left(-r^2/\omega_0^2\right) \tag{4.1}$$

其中，$I(r)$ 为半径 r 处的光场强度，$r=0$ 时取得最大值 $I(0)$，即该表达式表示的高斯分布光以 $r=0$ 为对称轴，且在此处达到光强的峰值；ω_0 为模场半径，通常取相对强度 0.135 处的直径值，如图 4.1(a) 所示，该值表征了高斯光束曲线的宽窄。通过设置其光强峰值、束腰宽度、光强分布对称轴的位置等参数，可以实现对入射光的唯一设定。光强分布的宽窄由 ω_0 表示：ω_0 越小，光强分布曲线越宽，光功率的分布越集中；反之，ω_0 越大，光强分布曲线越宽，光功率的分布越均匀。本书中最窄的高斯分布光为 ω_0，取 1μm，书中称为标准高斯分布光；当 ω_0 取 150μm 时，高斯分布光近似为均匀分布光。

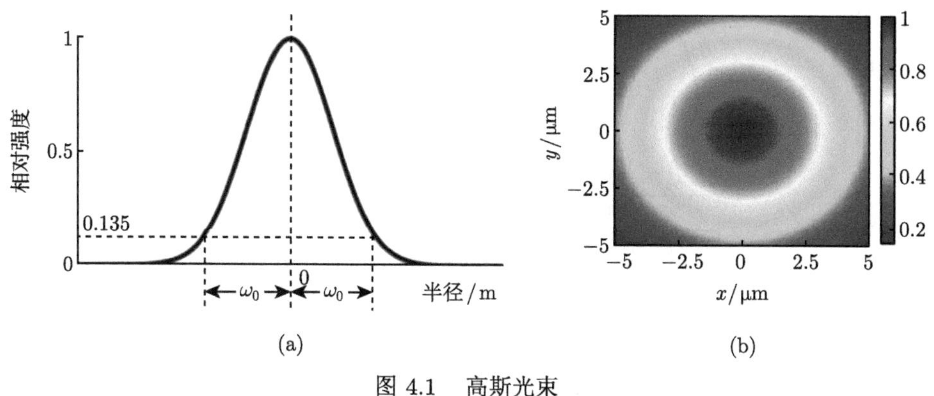

图 4.1 高斯光束

(a) 分布曲线；(b) 分布图

这里首先针对光强峰值相同或光功率相同时光探测器的轴线与高斯分布光对称轴重合 (称为“共轴”) 时的光场进行设置，然后设计环形分布光 (称为“非共轴”)，对不同入射光场分布情况下的光探测器的带宽进行仿真分析。环形入射光场光功率为中间低、周围高，光强密度剖面为双高斯 (M 形) 分布，在仿真中环形光由偏移后的高斯分布的光沿轴旋转一圈得到，这里称为“高斯环形光”，如图 4.2(b) 所示，在实际应用中可以通过特殊光纤或衍射元器件得到。

本章从入射光束同峰值不同分布与入射光束同功率不同分布两个方面进行分析。四种峰值光强相同的高斯入射光束的光场分布，如图 4.3(a) 所示。当高斯入射光束的峰值光强相同时，研究在不同偏压下 UTC-PD 的 3dB 带宽随束腰半径

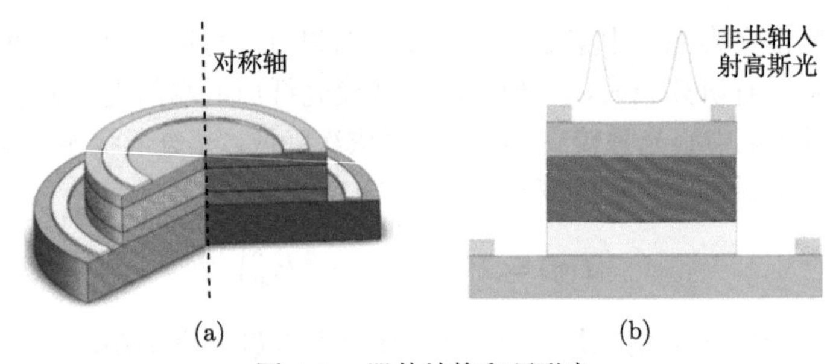

图 4.2 器件结构和环形光

(a) 器件结构；(b) 环形光

的变化规律。四种入射功率相同的高斯入射光束的光场分布，如图 4.3(b) 所示。当高斯入射光束的入射功率相同时，研究在不同光场分布的入射光束对于光探测器高速响应特性的影响。当入射光束的功率相同时，功率集中的高斯入射光束的峰值光强远高于平面入射光束。

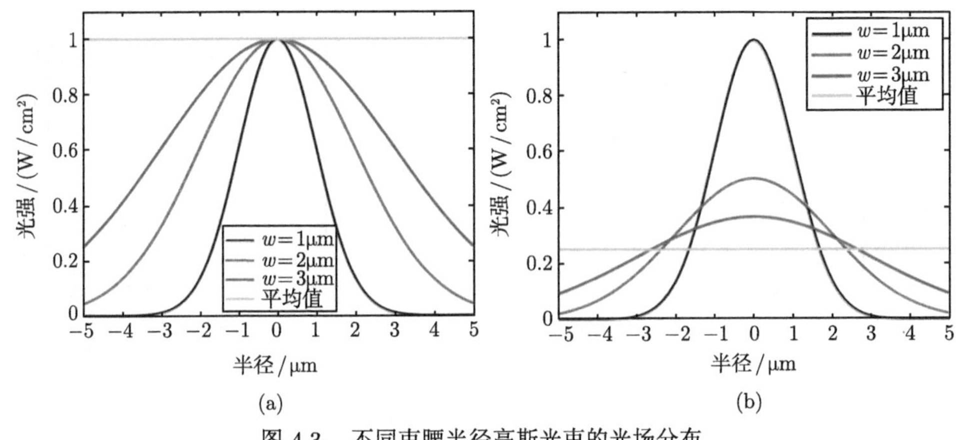

图 4.3 不同束腰半径高斯光束的光场分布

(a) 峰值光强相同；(b) 入射功率相同

4.1.1 入射光场分布对 PIN 光探测器的影响

入射光在到达吸收层后会产生电子–空穴对，电子和空穴分离后，向两侧金属电极运动并被吸收即形成电流。同时，电子和空穴的分离在器件中形成内建电场，这个空间电荷场与偏置场略有抵消。假设器件为理想光探测器，通过解麦克斯韦方程组，可以得到电子和空穴的外电流。在吸收层和 N 接触层中间插入一个间隔层，如图 4.4 所示，P 电极为环形电极，入射光由 P 侧垂直入射到器件。器件直径为 10μm，采用高掺杂的 $In_{0.53}Ga_{0.47}As$ 作为欧姆接触层，吸收层 $In_{0.53}Ga_{0.47}As$ 厚度为 400nm，为本征掺杂，外延层结构参数如表 4.1 所示。为了提升器件的高速特性，引入了厚度为 1500nm 的 $InGa_{0.35}AsP_{0.76}$ 作为间隔层，以均衡电子、空穴的输运时间；同时，由于耗尽区变长，RC 时间常数降低了，详细分析如下。

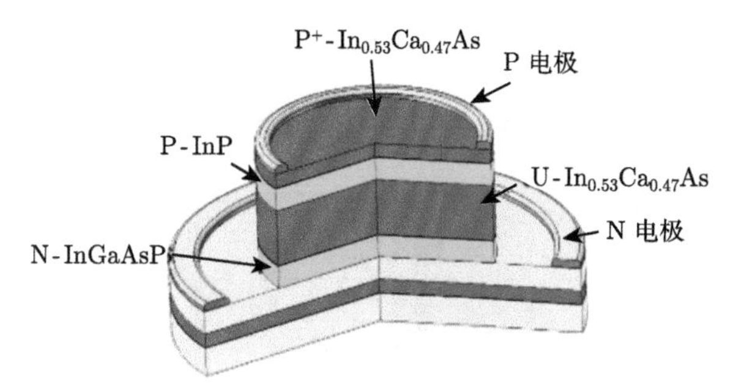

图 4.4　器件外延层结构

表 4.1　器件外延层结构参数

材料	名称	掺杂类型	掺杂浓度/cm^{-3}	厚度/nm
InGaAs	P 接触层	P	1×10^{19}	0.1
InP	P 层	P	6×10^{18}	0.3
InGaAs	吸收层	U	1×10^{15}	0.4
InGaAsP	间隔层	N	1×10^{15}	1.5
InP	N 层	N	5×10^{18}	0.3
InGaAs	刻蚀截止层	N	1×10^{19}	0.1
InP	衬底	N	1×10^{18}	—

电子和空穴的漂移距离分别为 T_A+T_D 以及 T_A，如图 4.5 所示，这样可以平衡电子和空穴的渡越时间。不同于普通的 PIN 光探测器，此时产生的电流可以改写为 I_e 和 I_h：

$$I_e(t)=\frac{v_e}{T_A+T_D}\int_0^{T_A+T_D}\mathrm{d}z\rho_e(t) \tag{4.2}$$

$$I_h(t)=\frac{v_h}{T_A}\int_0^{T_A}\mathrm{d}z\rho_h(t) \tag{4.3}$$

在式 (4.2) 和式 (4.3) 中，T_A 是 InGaAs 吸收层的厚度；T_D 是 InGaAsP 空间层厚度；v_e 是电子速率；v_h 是空穴速率。如果入射光是均匀的，则内部电场在水平方向上几乎没有分量，T_A 和 T_D 近似于吸收层和空间层的厚度。当内部电场存在梯度分布时，其在水平方向上有明显的分量，载流子的输运距离将大于层厚度，导致载流子的渡越时间增加，或者载流子在垂直方向上的速度减小。这时 T_A 和 T_D 变为“统计距离”，v_e 和 v_h 变为“统计速率”，在水平分量较明显时，用矢量模表示统计速率更为准确：

$$
\begin{aligned}
v_{\mathrm{e}} &= |v_{x\mathrm{e}}\boldsymbol{x} + v_{y\mathrm{e}}\boldsymbol{y} + v_{z\mathrm{e}}\boldsymbol{z}| \\
v_{\mathrm{h}} &= |v_{x\mathrm{h}}\boldsymbol{x} + v_{y\mathrm{h}}\boldsymbol{y} + v_{z\mathrm{h}}\boldsymbol{z}|
\end{aligned}
\tag{4.4}
$$

式中，$\boldsymbol{x}$，$\boldsymbol{y}$ 和 $\boldsymbol{z}$ 为单位矢量；v_x，v_y 和 v_z 是 x，y，z 方向的分量。

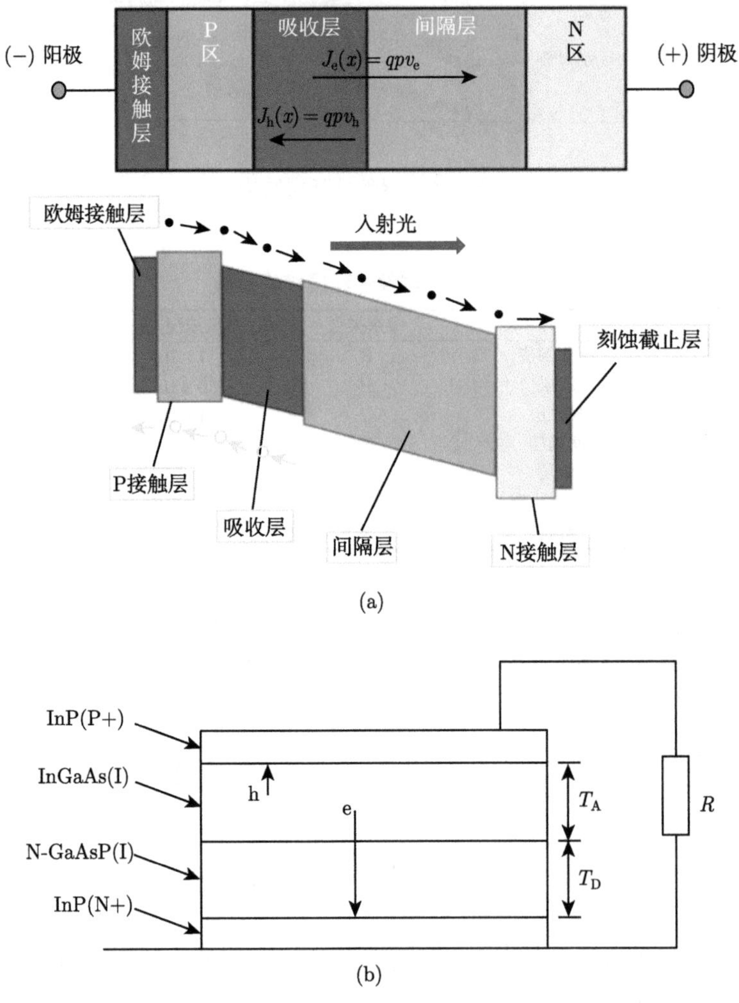

图 4.5 PIN-PD 的 (a) 能带图和 (b) 载流子输运情况

器件的电容也是影响带宽的因素之一，工作在反向偏压下的 PIN 光探测器主要考虑结电容。当没有入射光时，势垒电容可以等效为一个平行板电容，电容的大小与耗尽层的宽度成反比，所以受所加偏压影响，随 PN 结面积的增加而线性增加。当有入射光时，扩散进耗尽区的少子在内建电场作用下漂移过 PN 结。由于耗尽层中存在移动的载流子，此时需要加入平行板电容以外的因素才能对电容进行精确描述。将吸收层化分为单位长度，并考虑其中的掺杂离子电荷量 (Q_1)、堆积在 PN 结两侧的光生载流子电荷量 (Q_2) 和移动于耗尽区的光生载流子电荷量 (Q_3) 三部分 [3]，入射到光探测器的光功率记为 P，其达到直流饱和时的入射光功率记为 P_{sat}，势垒电容可表示如下：

$$C=\frac{\mathrm{d}Q}{\mathrm{d}U}=\frac{\mathrm{d}Q_1}{\mathrm{d}U}+\frac{\mathrm{d}Q_2}{\mathrm{d}U}-\frac{\mathrm{d}Q_3}{\mathrm{d}U}$$

$$=\begin{cases}\dfrac{\varepsilon S}{x_n}, & P=0\\ \dfrac{\varepsilon S}{x_n}+Sq\displaystyle\int_0^{x_0}\left(\frac{\partial n(x)}{\partial U}\right)\mathrm{d}x, & 0<P<P_{\mathrm{sat}}\\ \dfrac{\varepsilon S}{x_n}+Sq\displaystyle\int_0^{x_0}\left(\frac{\partial n(x)}{\partial U}\right)\mathrm{d}x-S\cdot\frac{\mathrm{d}\left(J/v\cdot x_n\right)}{\mathrm{d}U}, & P_{\mathrm{sat}}\leqslant P\end{cases} \tag{4.5}$$

在器件达到饱和之前，随着载流子浓度的增加，结电容也增加。综合载流子渡越时间和电容 RC 时间常数，器件的归一化频率响应可用下面的公式来计算，其中 $I(\omega)$ 是光生电流，C_{J} 和 C_{P} 分别是结电容和寄生电容 [4]：

$$\tau(\omega)=10\lg\left(\frac{I(\omega)}{I(0)\sqrt{1+\omega^2\left(R_{\mathrm{s}}+R_{\mathrm{L}}\right)^2\left(C_{\mathrm{P}}+C_{\mathrm{J}}\right)^2}}\right)^2 \tag{4.6}$$

从上述理论分析得知，通过改变入射方式来改变器件内部载流子分布，从而改变电场分布，加速载流子的运动，降低电容，是提高光探测器高速特性的方法之一。

1. 相同峰值的光共轴入射

针对直径为 10μm 的 PIN 光探测器，当光“共轴”入射到光探测器上时，光强在靠近器件对称轴附近的中心区域高，在周围区域低。分别取高、低光强峰值为 $2\times10^4\mathrm{W/cm^2}$ 和 $1\times10^3\mathrm{W/cm^2}$，标准高斯分布光 ($\omega_0=1\mu\mathrm{m}$) 和均匀分布光 ($\omega_0=150\mu\mathrm{m}$) 入射到光探测器时的 3dB 带宽如图 4.6(a) 所示。由图可知，在器件的线性区内入射光强对器件的带宽只是稍有影响，相较而言，光的分布对器件的带宽更为明显，均匀光的带宽比高斯分布光的更高。这里分别使用 ω_0 大小不同的三种高斯分布光和均匀光，在不同入射光强峰值时计算光探测器带宽，所得结果如图 4.6(b) 所示。图 4.6(b) 明确显示出，相同峰值的光入射时，光越均匀，器件带宽越高；而随着入射光光强峰值的增加，光探测器带宽有所下降 (如曲线右端所示)，而均匀光带宽的下降更快些，也就是说更早地到达饱和点。仿真结果说明，相同峰值的光入射时，均匀光产生更高的带宽；随着光强峰值的增加，在均匀光照射下的器件更容易饱和，因为此时均匀光的入射总功率较大。光场分布影响光探测器带宽，而器件饱和性是由入射光的总功率决定的。

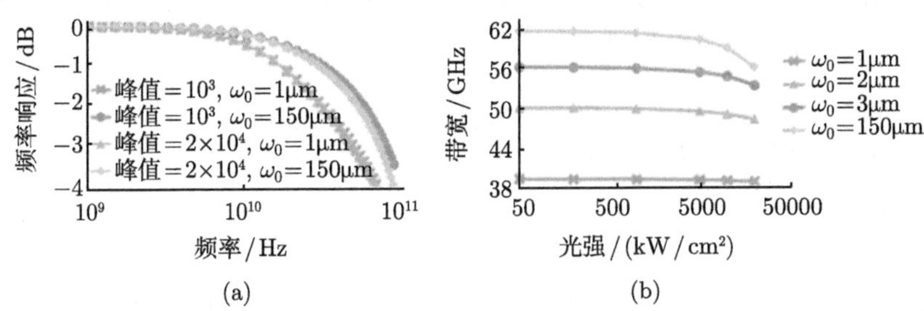

图 4.6　PIN-PD 的 (a) 不同光强峰值和束腰半径的频率响应以及 (b) 带宽随光强与束腰半径的变化

2. 相同功率的光共轴入射

光探测器为轴对称圆柱台面型结构，光由 P 端正入射到器件表面，入光面为光探测器的整个有源区，所以光功率相同可以等效为光强分布曲线在器件直径范围内的线积分结果相同。图 4.7(a) 中是当入射光功率大小分别为 5.9mW 和 0.06mW 时，标准高斯分布光 ($\omega_0 = 1\mu m$) 和均匀分布光 ($\omega_0 = 150\mu m$) 入射到光探测器时的 3dB 带宽。由图 4.7(b) 可知，在器件的线性区内入射光功率对器件的带宽仅稍有影响；相较而言，光的分布对器件带宽影响更显著，且均匀分布光比高斯分布光的带宽高。图 4.7(b) 表明三种不同束腰大小高斯分布光和均匀分布光产生的带宽随入射光功率的变化，可以看出，相同功率的光入射时，ω_0 越大，光探测器带宽越高。随着入射光功率的增加，光探测器带宽有所下降 (如曲线右端所示)，而且下降的速度几乎相同，这是由于入射光功率保持相同，也再次验证

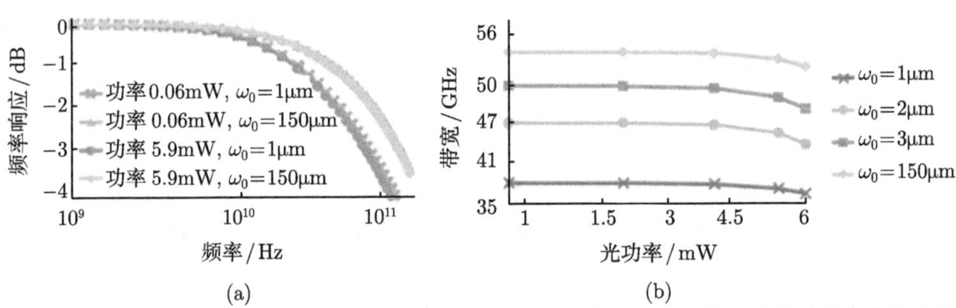

图 4.7　PIN-PD 的 (a) 不同光功率和束腰半径的频率响应以及 (b) 带宽随光功率与束腰半径的变化

饱和是由入射到光探测器的总功率决定的。仿真结果说明，相同功率的光入射时，均匀光产生更高的带宽；由于入射光功率大小相同，所以不同分布的入射光使器件饱和的速度相同。

在 −3V 偏压下，入射光功率为 1.5mW 时，直径 10μm 的 PIN-PD 在均匀光入射时带宽为 56GHz，相较于最小束腰高斯分布光入射时，带宽提高了 47.37%。同时，功率相同时均匀入射光的输出电流最大，因此响应度也是最高的。入射均匀光时器件的响应度为 0.315A/W，相较于束腰最小的高斯分布光提升 166.95%。

4.1.2 入射光场分布对 UTC 光探测器的影响

这里采用的 UTC-PD 结构如表 4.2 所示，器件半径为 10μm，与 1997 年首次提出的传统 UTC-PD 相比，此结构在吸收层与收集层之间加入了三个过渡层：InGaAs、InGaAsP 以及 InP。过渡层能够降低吸收层与收集层之间的能带势垒，从而增加电子的传输效率 [5]。

表 4.2 UTC-PD 的外延层结构参数

材料	厚度/nm	掺杂浓度/cm^3
InGaAs	50	3×10^{19}
InGaAsP (Q1.4)	20	2×10^{19}
InGaAs	220	1×10^{18}
InGaAs	8	1×10^{15}
InGaAsP (Q1.1)	16	1×10^{15}
InP	6	1×10^{15}
InP	7	1×10^{18}
InP	263	1×10^{16}
InP	50	5×10^{18}
InGaAs	10	1.5×10^{19}
InP	500	1.5×10^{19}

1. 相同峰值的光共轴入射

当反向偏压为 1V 时，半径为 5μm 的 UTC-PD 的 3dB 带宽在不同光束下随光强峰值的变化如图 4.8 所示。当均匀入射光强为 4×10^5W/cm^2 时，UTC-PD 的 3dB 带宽为 63.21GHz。随着束腰半径 ω 的减小，UTC-PD 的 3dB 带宽逐渐增加。当高斯入射光的 ω 分别为 3μm、2μm、1μm 时，UTC-PD 分别在 6×10^5W/cm^2、7×10^5W/cm^2、8×10^5W/cm^2 的入射光强下的 3dB 带宽分别为 63.27GHz、64.88GHz、69.88GHz。随着束腰半径 ω 的减小，UTC-PD 的 3dB 带宽逐渐增大。这是因为随着束腰半径 ω 的减小，入射光束的功率分布更加集中，这将导致器件光生载流子集中于吸收层的中心部分。因此光生载流子会沿径向扩散或漂移到光探测器的边缘，可以降低吸收层中的空间电荷效应，使光探测器的带宽提高。

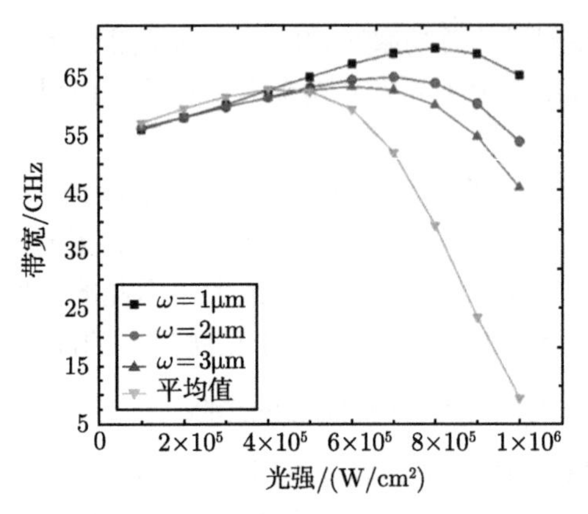

图 4.8　UTC-PD 带宽随光强与束腰半径的变化

半径为 5μm 的 UTC-PD 分别在 0V、0.5V 以及 2V 反向偏压下，3dB 带宽随不同入射光束的变化如图 4.9 所示。随着偏压的增加，UTC-PD 的带宽出现上升的趋势。因为高偏压会使光探测器的电场增加，从而提升载流子的输运速率，所以光探测器具有更好的高速性能。当反向偏压为 0V，均匀入射光束的光强为 4×10^5W/cm^2 时，UTC-PD 的 3dB 带宽为 63.09GHz。当束腰半径 ω 为 1μm，入射光束的光强为 6×10^5W/cm^2 时，UTC-PD 的 3dB 带宽为 51.97GHz。当反向偏压为 2V，均匀入射光束的光强为 6×10^5W/cm^2 时，UTC-PD 的 3dB 带宽为 66.46GHz。当束腰半径 ω 为 1μm，入射光束的光强为 1×10^6W/cm^2 时，UTC-PD 的 3dB 带宽为 77.91GHz，提升了约 17.23%。

当反向偏压较小时，UTC-PD 在束腰半径较小的入射光束下带宽较小。这是由于反向偏压的下降，所以 UTC-PD 的非中心区域电场较小且载流子浓度较低，光生载流子在吸收层中扩散或漂移至吸收层边缘的时间大幅增加，从而光探测器

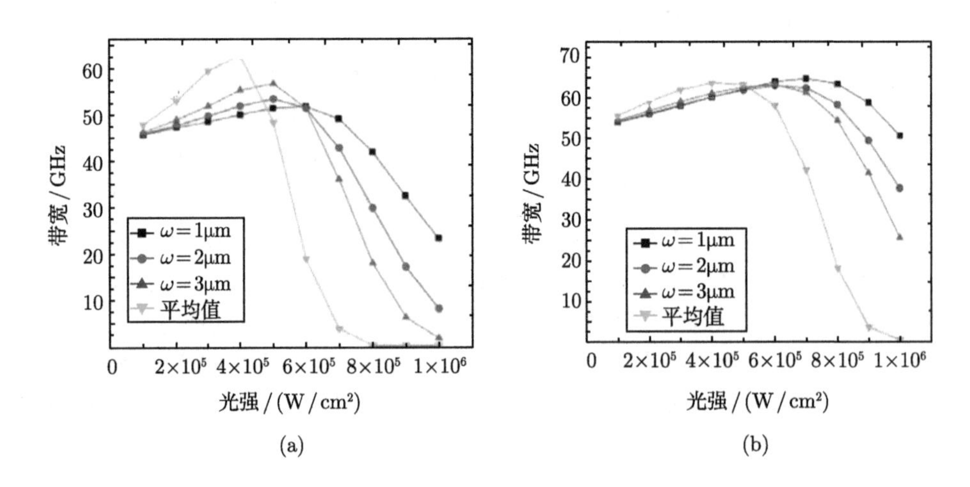

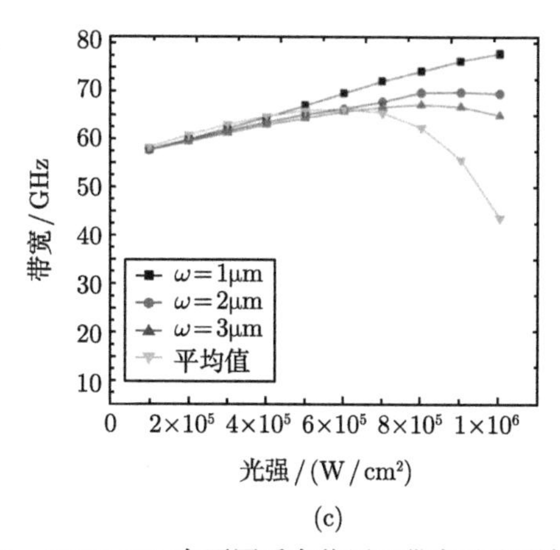

(c)

图 4.9 UTC-PD 在不同反向偏压下带宽随光强的变化

(a) 反向偏压为 0V；(b) 反向偏压为 0.5V；(c) 反向偏压为 2V

的高速性能下降。随着反向偏压的增大，光探测器的内部电场强度得到提升，光生载流子在吸收层四周的输运时间减小，中心区域的光生载流子可以更快地向四周扩散，从而缓解空间电荷效应，提升 UTC-PD 的高速性能。

2. 相同功率的光共轴入射

对半径 5μm 的 UTC-PD 进行研究，四种不同束腰半径高斯入射光束的光功率分别为 78.53mW、235.61mW 以及 471.23mW，平均光束的光强分别为 1×10^5W/cm^2、3×10^5W/cm^2、6×10^5W/cm^2，束腰半径 ω 为 1μm 时高斯光束的峰值光强为 4×10^5W/cm^2、1.2×10^6W/cm^2、2.39×10^6W/cm^2。当反向偏压为 1V 时，半径 5μmUTC-PD 的 3dB 带宽随入射光束光功率的变化如图 4.10 所示。当光功率为 78.53mW 时，UTC-PD 在束腰半径 ω 为 1μm 时的高斯光束下带宽较高。随着光功率的增加，UTC-PD 在束腰半径较小的高斯光束下的带宽快速下降，而在平均入射光束下的带宽较为平稳。因为随着光功率增加，高斯入射光束的峰值光强较高，使吸收层中心区域的载流子浓度提升，导致空间电荷效应增强，UTC-PD 的高速性能下降。

随着反向偏压的改变，光探测器的 3dB 带宽与入射光功率的关系也会有变化。在 0V、0.5V 与 2V 反向偏压下，半径 5μm 的 UTC-PD 的 3dB 带宽随入射光束功率的变化如图 4.11 所示。随着反向偏压的增加，UTC-PD 的带宽有所提升。当 UTC-PD 工作在低偏压时，UTC-PD 在平均入射光束下的带宽高于束腰半径较小的高斯入射光束。随着反向偏压的增加，UTC-PD 的带宽有所改善，原因与同峰值光束下器件带宽变化的分析相同。

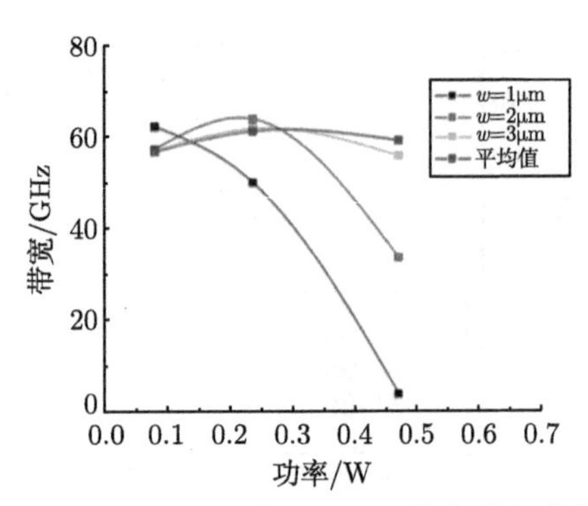

图 4.10 UTC-PD 不同束腰半径下带宽随光功率的变化

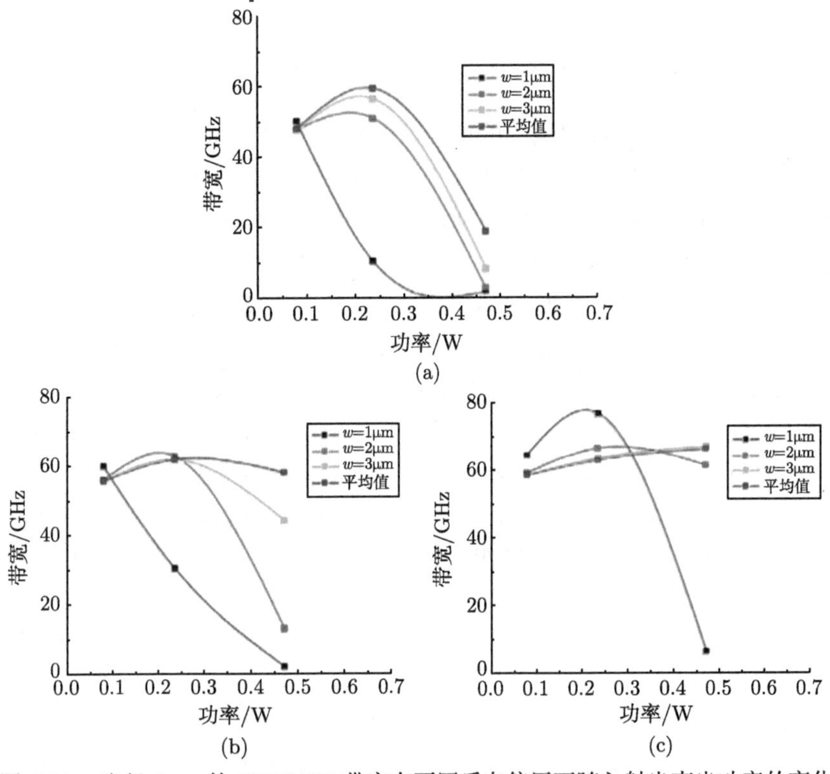

图 4.11 半径 5μm 的 UTC-PD 带宽在不同反向偏压下随入射光束光功率的变化

(a) 反向偏压为 0V；(b) 反向偏压为 0.5V；(c) 反向偏压为 2V

4.1.3 入射光场分布对微纳结构光探测器的影响

对于垂直入射的光探测器，已经提出了许多方案来提高带宽。一方面，可以通过减少有源区的面积或延长耗尽层的长度来降低电容。另一方面，还可以通过减少载波的传输时间来提高带宽，直接减小吸收层的厚度来减小载流子的渡越时间。通过在 UTC-PD 上添加特殊的外延层，可以进一步提高光探测器的带宽。但这些优化方法都是对于外延层结构的改进。从上述分析可以看出，入射光场的分布对 PIN-PD 与 UTC-PD 的性能影响较大。微纳结构可以对光场进行调控，所以入射光场分布对微纳结构光探测器的影响更大。引入合适的微纳结构，能够有效地调控入射光场分布，从而提升光探测器的性能。

微纳结构光探测器具有独特的光学性能和物理现象，通过不同的微纳结构，可以对电磁场进行相对应的调控。利用微纳结构对光场分布进行调整，从而提升光探测器的 3dB 带宽。微纳结构近几年来一直是研究的热点，不断对光栅、超表面等微纳结构进行研究，对入射光场的分布、强度与相位进行调整，从而达到光束偏转、反射与会聚等效果。利用谐振腔、微孔、纳米孔、光子晶体等结构来控制光探测器中的光子和载流子，可以缓解光探测器 3dB 带宽和量子效率之间的矛盾，同时获得较高的带宽和量子效率。近些年，人们将微结构广泛用于光电器件中，利用其中的光子捕获现象提高器件性能。因此，本章采用集成微纳结构与刻蚀微纳结构的方式，对入射光场分布进行调控，分析入射光场对微纳结构光探测器性能的影响。

4.2 基于亚波长光栅的 RCE 微纳结构光探测器

为了更加灵活、巧妙地解决 PIN 型探测器在带宽、响应度、响应速度等多方面相互制约的问题，国内外学者提出了许多微纳结构光探测器。本节详细论述一种基于亚波长光栅的 RCE 微纳结构光探测器，对其进行理论分析与数值模拟。该微纳结构光探测器由顶部光栅型上反射镜、PIN 光探测器和分布式布拉格下反射镜 (Distributed Bragg Reflector，DBR) 共同组成。新型非周期高折射率差亚波长光栅 (High Contrast Subwavelength Grating，HCSG) 上反射镜由局部湿法氧化后形成的 Al_2O_3 间隔层和非周期 GaAs 光栅组成，实现了 850nm 波段 TM 模式偏振光的高反射会聚特性，反射率达到了 86.5%，且在 1.5μm 焦距处实现了光束会聚。下反射镜由周期 GaAs 光栅和 GaAs/$Al_{0.9}Ga_{0.1}As$ 周期交替的 DBR 组成。其中，周期 GaAs 光栅对入射光有偏振选择特性，横向磁 (TM) 模式偏振光的透射率为 96.1%，而横向电 (TE) 模式偏振光的透射率仅有 3.7%。利用传输矩阵理论方法仿真分析了光探测器的量子效率与半高宽，其量子效率达到 71.8%，半高全宽接近于 0.1nm。该微纳结构有效地缓解了光探测器量子效率和响应速度之间的矛盾，为下一代光通信系统的发展提供了良好的基础。

4.2.1 亚波长光栅的理论方法

本节主要介绍研究 HCSG 的理论方法及其所能实现的功能特性，所研究的理论方法包括严格耦合波理论方法 [6]、模式匹配法 [7,8] 和有限元理论方法 [9,10]。严格耦合波理论方法是用来设计分析周期型 HCSG 的理论基础；而有限元理论方法不仅是用来分析设计非周期型 HCSG 的理论基础，还是用来对光栅结构建模仿真的重要理论基础。亚波长光栅实现的功能特性主要包括周期型 HCSG 的高反射高透射和偏振选择功能特性，非周期型 HCSG 的反射会聚、偏振敏感和光束偏转等功能特性。研究 HCSG 的功能特性可以为下一步与光电子器件集成打下良好的基础。

1. *严格耦合波分析理论分析方法*

严格耦合波分析 (Rigorous Coupled Wave Analysis，RCWA) 理论方法在 20 世纪 80 年代由 Moharam 和 Gaylord 教授所提出 [11]，是一种有用且高效的电磁场理论。RCWA 是用来分析光束在周期型光栅中传播时周期性折射率变化结构对光束的影响 [12,13]。利用 RCWA 理论方法来分析周期型 HCSG 的衍射效率，需要首先将光束在入射区域和透射区域的电磁场分布特性通过麦克斯韦方程组的形式表述出来；其次将光栅区域的介电常量进行准确的傅里叶变换，从而能有助于推导出耦合波微分方程组；最后在不同介质层区域的交界位置求解每个衍射级次的传播常数和振幅，因为光波建立密切关系的重要位置是处在不同介质层中间的交界面处，所以要得到的性能参数是由不同介质层交界面处电磁场的连续条件求得的。

对于一维条形周期型 HCSG 来讲，只需研究光波在 x-z 方向上的衍射特性及光场分布，在 y 方向上可视为光栅条是无限延伸的，从而 y 方向上的光栅结构参数可忽略不计。图 4.12 为一维条形周期型 HCSG 的结构示意简图，以电场垂直于 y 方向的 TM 模式的偏振光为例，波长为 λ 的 TM 模式偏振入射光从光栅器件的上方以入射角 θ 入射到器件的光栅层区域，经过光栅层区域对入射光的衍射等光现象处理后，光波到达出射区域。如图 4.12 所示，其中区域 I 为入射光区域，其一般的介质为折射率是 $n_1 = 1$ 的空气；区域 Ⅱ 为光栅层区域，由无数个周期宽度为 p 的周期小单元组成，而每一个周期小单元 p 是由包裹光栅条的低折射率介质空气和折射率为 n_{r} 的光栅条所组成的，其中光栅层区域的光栅条宽度为 b，厚度为 t_{g}；区域 Ⅲ 是出射光区域，通常也称为光栅的衬底，出射光区域材料的折射率为 n_{s}。在这些结构参数中，光栅条周期 p、宽度 b 和厚度 t_{g} 是影响光

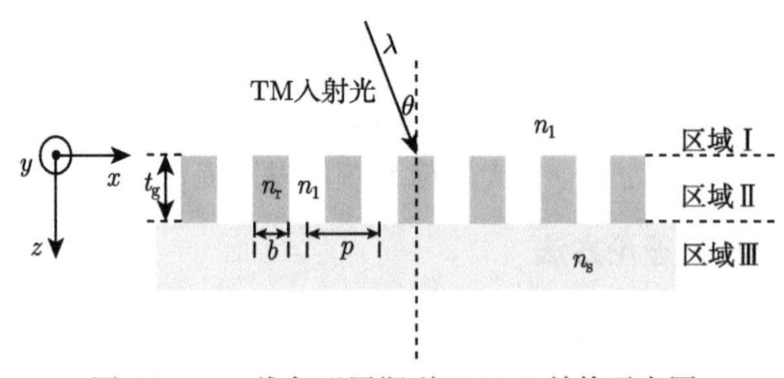

图 4.12 一维条形周期型 HCSG 结构示意图

栅器件性能特性的重要数值，因此在后面的设计、分析和讨论中需要重点研究。

波长为 λ 的 TM 模式偏振入射光入射到光栅器件时，由于不考虑 y 方向上的结构参数及光现象，则只受 x 和 z 方向上变量影响的归一化磁场可表示为

$$H_{\text{inc},y} = H(\theta, x, z) = \exp[-\mathrm{j}k_0 n_1 (x\sin\theta + z\cos\theta)] \tag{4.7}$$

式中，θ 为入射光波的入射角度，即入射光线与 z 轴的夹角；k_0 为传播常数 (光在真空中的传播常数)，由 $2\pi/\lambda_0$ 计算得出；n_1 为区域 I 中介质的折射率。

如图 4.12 所示，TM 模式偏振入射光经过区域 I 的入射区域到达区域 Ⅱ 的光栅层时，由于光栅层的衍射作用，入射光波的路线改变，形成了透射到区域 Ⅲ 的透射光和反射到区域 I 的反射光两种形式，二者的归一化磁场强度可表示为

$$H_{\mathrm{I},y} = H_{\text{inc},y} + \sum_i R_i \exp[-\mathrm{j}(k_{xi}x - k_{\mathrm{I},zi}z)] \tag{4.8}$$

$$H_{\mathrm{III},y} = \sum_i T_i \exp(-\mathrm{j}\{[k_{xi}x - k_{\mathrm{III},zi}(z-d)]\}) \tag{4.9}$$

式中，k_{xi} 是在 x 轴方向上第 i 级衍射波的分量；$k_{\mathrm{I},zi}$ 和 $k_{\mathrm{III},zi}$ 分别是在 z 轴方向上第 i 级反射波和透射波的分量；R_i 和 T_i 分别为归一化后第 i 级反射波和透射波的磁场强度。其中 k_{xi}、$k_{\mathrm{I},zi}$ 和 $k_{\mathrm{III},zi}$ 的表达式分别为

$$k_{xi} = k_0[n_1\sin\theta - \mathrm{i}(\lambda_0/P)] \tag{4.10}$$

$$k_{\mathrm{I},zi} = \sqrt{k_0^2 n_1^2 - k_{xi}^2}, \quad k_{xi} < k_0 k_1 \tag{4.11}$$

$$k_{\mathrm{III},zi} = \sqrt{k_0^2 n_s^2 - k_{xi}^2}, \quad k_{xi} > k_0 k_s \tag{4.12}$$

其中利用麦克斯韦方程将反射区域 I 和透射区域 Ⅲ 的电场表示为 [14]

$$E = \left(-\frac{\mathrm{j}}{\omega\varepsilon_0 n^2}\right)\nabla\times\mathrm{H} \tag{4.13}$$

式中，ω 为区域 I 中入射光的角频率；ε_0 为真空中的介电常量；n 为各个区域内介质材料的折射率。

这里主要是分析光栅层对入射光波的影响，因此在区域 Ⅱ 中利用傅里叶变换对 x 方向中的电场分量和 y 方向中的磁场分量进行计算表达，可表示为

$$E_{\mathrm{II},x} = \mathrm{j}\sqrt{\frac{\mu_0}{\varepsilon_0}}\sum_i S_{xi}(z)\exp(-\mathrm{j}k_{xi}x) \tag{4.14}$$

$$H_{\mathrm{II},y} = \sum_i U_{yi}(z)\exp(-\mathrm{j}k_{xi}x) \tag{4.15}$$

式 (4.14) 中，μ_0 为真空中的磁导率；ε_0 为真空中的介电常量；$S_{xi}(z)$ 为第 i 级衍射波在光栅层区域 Ⅱ 中电场的谐波幅值。式 (4.15) 中，$U_{yi}(z)$ 为第 i 级衍射波在光栅层区域 Ⅱ 中磁场的谐波幅值。利用麦克斯韦方程将式 (4.14) 和式 (4.15) 表示为

$$\frac{\partial E_{\mathrm{II},x}}{\partial z} = -\mathrm{j}\omega\varepsilon_0\mu_0 H_{\mathrm{II},y} + \frac{\partial E_{\mathrm{II},x}}{\partial x} \tag{4.16}$$

$$\frac{\partial H_{\mathrm{II},y}}{\partial z} = -\mathrm{j}\omega\varepsilon_0 E_{\mathrm{II},x} \tag{4.17}$$

可得到耦合波方程组：

$$\frac{\partial^2 U_y}{\partial (k_0 z)^2} = [EB] + [U_y] \tag{4.18}$$

式中，E 为利用介电常量的谐波分量计算得出的矩阵；B 为由 $B = K_x E^{-1} K_x - I$ 计算得到的矩阵，其中 I 为单位矩阵，K_x 为第 i 个对角元素是 k_{xi} 的对角矩阵。

由以上各式可求得入射光波在经过光栅器件后，到达区域 I 的反射光波的反射效率 $\eta_{\mathrm{r}i}$ 和到达区域 Ⅲ 的透射光波的透射效率 $\eta_{\mathrm{t}i}$。将光栅层区域与反射层和透射层区域交界处的磁场连续条件代入耦合波方程组中，可得出反射率和透射率的表达式：

$$\eta_{\mathrm{r}i} = |R_i|^2 \operatorname{Re}\left(\frac{k_{\mathrm{I},zi}}{k_0 n_1 \cos\theta}\right) \tag{4.19}$$

$$\eta_{\mathrm{t}i} = |T_i| \operatorname{Re}\left(\frac{k_{\mathrm{III},zi}}{n_3^2} \cdot \frac{n_1}{k_0 \cos\theta}\right) \tag{4.20}$$

式中，Re 为所取数值的实部。

RCWA 理论方法是将光栅区域入射光波的各个衍射级次按照傅里叶级数的形式展开，然后通过光栅区域的边界条件限制来得到衍射波的电磁场分布，所以光波特征函数的展开级次会影响所计算的准确度 [15]。但是，自 RCWA 理论方法应用于求解光栅衍射特性以来，一直作为一种有效理论分析方法被广泛应用。其中求解光栅衍射特性的过程的确较为烦琐和复杂，但目前借助 MATlAB 软件已经可以计算 TM 模式的偏振入射光的反射率及透射率，有效地提高光波在光栅区域的计算效率和准确性。TE 模式的偏振入射光和 TM 模式的偏振入射光的分析方法相似，因此这里不再详细阐述。RCWA 是分析光栅性能的重要理论依据，也是本书中设计各种光栅结构的理论基础。

2. 模式匹配理论分析方法

傅里叶模态分析法是一种用来研究一维光栅的简单而有效的分析方法，模态分析方法和严格耦合波理论分析方法的研究思路基本一致，都是用来研究分析一维条形周

期型光栅结构的理论方法；有所不同的是，模态分析法是将电磁场遵从光波的模式进行展开分析，而不是按照光栅区域内光波的衍射级次进行展开分析 [16]。模态分析方法是将光波的模系数进行直接明了的分析研究，能将光栅区域内部的物理现象进行详细的阐述分析，因此通过模态分析法能够精确地表达出模式的分析结果。

图 4.13 为单层周期型 HCSG 结构示意简图，光栅是在 x 方向上按相同周期排列分布的，在 y 方向上可示意为无限延伸的，z 方向表示为光束的入射方向。区域 I 表示入射区域和反射区域，区域 Ⅱ 表示光栅层区域，区域 Ⅲ 表示透射区域 [17]。以 TM 模式的偏振光为例，当入射光垂直入射到光栅层区域时，经过光栅层的衍射，最终反射光反射到入射区域 I，而透射光则从透射区域 Ⅲ 中出射到光栅器件下方。

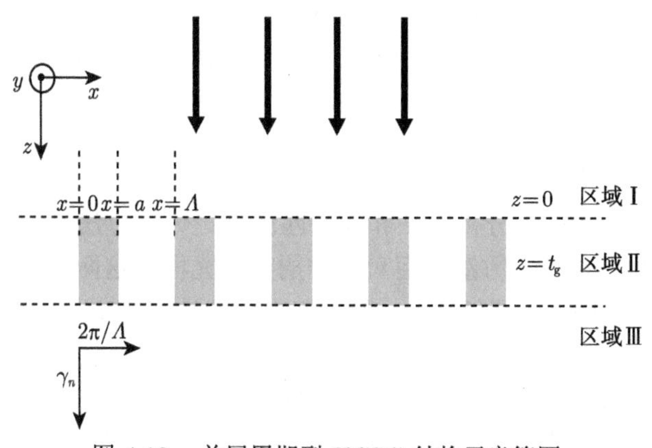

图 4.13　单层周期型 HCSG 结构示意简图

在区域 I 中，磁场和电场是由入射光波和反射光波共同组成的，因此磁场和电场可分别表示为

$$H_y^{\mathrm{I}}(x,z)=\mathrm{e}^{-\mathrm{j}k_0 z}-\sum_{n=0}^{\infty}r_n H_{y,n}^{\mathrm{I}}(x)\mathrm{e}^{+\mathrm{j}\gamma_n z},\quad z<0 \tag{4.21}$$

$$E_y^{\mathrm{I}}(x,z)=\sqrt{\frac{\mu_0}{\varepsilon_0}}\mathrm{e}^{-\mathrm{j}k_0 z}+\sum_{n=0}^{\infty}r_n E_{y,n}^{\mathrm{I}}(x)\mathrm{e}^{+\mathrm{j}\gamma_n z},\quad z<0 \tag{4.22}$$

而在 n 阶反射波中，磁场和电场表达式分别为

$$H_{y,n}^{\mathrm{I}}(x)=\cos\left[\frac{2n\pi}{\Lambda}\left(x-\frac{a}{2}\right)\right] \tag{4.23}$$

$$E_{y,n}^{\mathrm{I}}(x)=\frac{\gamma_n}{k_0}\sqrt{\frac{\mu_0}{\varepsilon_0}}H_{y,n}^{\mathrm{I}}(x) \tag{4.24}$$

$$\gamma_n^2=k_0^2-\left(\frac{2n\pi}{\Lambda}\right)^2 \tag{4.25}$$

式 (4.25) 中，γ_n 为 n 阶传播常数；k_0 为传播常数，可由 $2\pi/\lambda_0$ 计算得出。从式 (4.25) 可以得出，当 Λ 小于波长 λ_0 时，高阶模式都是隐失波，因此为零，只剩零阶模式的传播常数，故在 HCSG 中零阶模式的衍射波占主导作用 [18]。

在区域 Ⅲ 的透射区域中，透射光的磁场和电场分别表示为

$$H_y^{\mathrm{III}}(x,z)=\sum_{n=0}^{\infty}\tau_n H_{y,n}^{\mathrm{III}}(x)\mathrm{e}^{-\mathrm{j}\gamma_n(z-t_{\mathrm{g}})},\quad z>t_{\mathrm{g}} \tag{4.26}$$

$$E_y^{\mathrm{III}}(x,z)=\sum_{n=0}^{\infty}\tau_n E_{y,n}^{\mathrm{III}}(x)\mathrm{e}^{-\mathrm{j}\gamma_n(z-t_{\mathrm{g}})},\quad z>t_{\mathrm{g}} \tag{4.27}$$

根据能量守恒定律，入射到光栅区域的所有级次的衍射波总和应为 1，但是，除 0 级衍射波外其他级次的衍射波都为隐失波，因此，如果不考虑光栅层吸收等损耗因素，则 0 级衍射波方向的光波透射率与反射率绝对值的和应为 1。

3. *有限元理论分析方法*

前文分析的 RCWA 分析方法和模态匹配理论分析方法都是用来研究分析一维条形周期型光栅结构的方法，而对于非周期型光栅，这两种分析方法将不再适用，所以对于非周期型光栅结构，一般采用有限元法 (FEM) 分析方法来研究 [19]。FEM 理论分析方法是把整个所要求解的部分转化分成有限个小的求解单元，通过相似的理论模拟对所要求解的现实的物理系统进行计算。非周期型 HCSG 的各个小单元的周期和占空比等参数都不一致，因此把光栅层区域的每一个非周期小单元分开求解，然后再推导出整个光栅层的结构性质。FEM 理论分析方法的核心是将想要求的离散空间分成有限个互不相关的小的离散空间来运算，接着选择一些插值点来取代差值中的某些变量，以此组成线性方程组来求解，这些插值点往往从求解的单元空间中来选择，由此即可得所要研究的结果。

图 4.14 为一维非周期型 HCSG 结构示意简图，从结构示意图中选取一个非周期结构的小单元用 FEM 理论方法来进行解释分析。其中，λ 为入射光的波长，θ 为入射光的入射角度，Λ 为每一个小单元的周期，Ω 为求解域，Γ_1、Γ_2、Γ_3、Γ_4 分别为非周期小单元的边界，将每一个非周期小单元看作一个有限元。最终，将偏微分方程中的因变量用插值点来取代，组成线性方程组，再用加权余量法或变分原理来求解方程得出结果。

以 TM 模式的偏振入射光为例，TM 模式下的控制方程可表示为

$$\frac{\partial^2\varphi}{\partial^2 x}+\frac{\partial^2\varphi}{\partial^2 z}+k_0^2\varepsilon_{\mathrm{r}}(x,z)\varphi=0 \tag{4.28}$$

式中，k_0 为自由空间中光的波数，$k_0^2=\omega^2\varepsilon_0\mu_0$；$\varepsilon_{\mathrm{r}}$ 是光栅介质的相对介电常量。

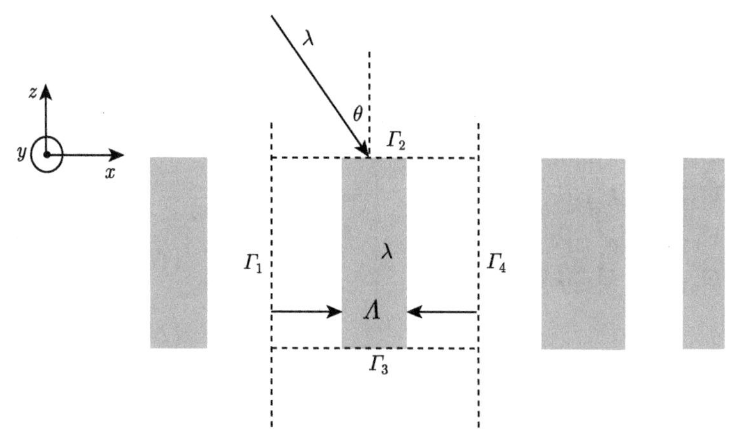

图 4.14 单层非周期型 HCSG 结构示意图

因此可以将边值问题转化为变分问题，通过变分原理得

$$\begin{cases} \delta F(\varphi)=0 \\ \varphi=p \end{cases} \tag{4.29}$$

可得到等价泛函表示为

$$F(\varphi)=\frac{1}{2}\iint\limits_{\Omega}\left[\left(\frac{\partial\varphi}{\partial x}\right)^2+\left(\frac{\partial\varphi}{\partial y}\right)^2+k_0^2\varepsilon_{\mathrm{r}}\varphi^2\right]\mathrm{d}\Omega+\int_{\Gamma}\left(\frac{1}{2}\varphi\gamma(\varphi)-q\varphi\right)\mathrm{d}\Gamma \tag{4.30}$$

式中，$\gamma(\varphi)$ 是有限元边界条件中的相关算子。之后将求解域 Ω 转化表示成节点基三角元形式，其中每一个单元中的场可表示为

$$\varphi^{(\mathrm{e})}(x,z)=\sum j=\varphi_j^{(e)}(x,z) \tag{4.31}$$

式中，$\varphi_j^{(e)}(x,z)$ 为与节点基三角元 (e) 有关的展开系数。经过计算可得到

$$[k]\{\varphi\}-\sum_{a=1}^{4}\sum_{\varepsilon}{}'\int_{\Gamma a}\{N\}\frac{\partial\varphi}{\partial n}\bigg|_{\Gamma a}\mathrm{d}\Gamma=\{0\} \tag{4.32}$$

式中，$[k]$ 为复数矩阵；$\{\varphi\}$ 为 φ 元素在 Ω 解域中的节点上的数值。然后利用算式将有限元的边界进行运算处理，最终可得到

$$\begin{bmatrix} [k]_{00}[k]_{01}[k]_{02}[k]_{03}[k]_{04} \\ [k]_{10}[k]_{11}[k]_{12}[k]_{13}[k]_{14} \\ [k]_{20}[k]_{21}[k]_{22}[k]_{23}[k]_{24} \\ [k]_{30}[k]_{31}[k]_{32}[k]_{33}[k]_{34} \\ [k]_{40}[k]_{41}[k]_{42}[k]_{43}[k]_{44} \end{bmatrix} \begin{bmatrix} \{\varphi\}_0 \\ \{\varphi\}_1 \\ \{\varphi\}_2 \\ \{\varphi\}_3 \\ \{\varphi\}_4 \end{bmatrix} = \begin{bmatrix} \{0\} \\ -\sum_e{}' \int_{\Gamma_1} \{N\} \left.\frac{\partial \varphi}{\partial x}\right|_{\Gamma 1} \mathrm{d}z \\ \sum_e{}' \int_{\Gamma_2} \{N\} \left.\frac{\partial \varphi}{\partial x}\right|_{\Gamma_2} \mathrm{d}z \\ \sum_e{}' \int_{\Gamma_3} \{N\} \left.\frac{\partial \varphi}{\partial z}\right|_{\Gamma_3} \mathrm{d}x \\ \sum_e{}' \int_{\Gamma_4} \{N\} \left.\frac{\partial \varphi}{\partial z}\right|_{\Gamma_4} \mathrm{d}x \end{bmatrix} \tag{4.33}$$

由此，有限元的本征模可表示为

$$\varphi^{\mathrm{inc}}(x, z) = \mathrm{e}^{-\mathrm{j}\beta_0 x}\mathrm{e}^{\mathrm{j}\gamma_0 z} \tag{4.34}$$

式中，β_0 为布洛赫波数，由 $\beta_0 = k_0 \sin\theta$ 计算得出；而 γ_0 是由 $\gamma_0 = k_0 \cos\theta$ 计算得出的。将边界条件代入式 (4.34)，可以求出每个小单元的节点值，即可把电场值求出来，最终可求出光栅区域的透射系数和反射系数。

本书对一维非周期亚波长光栅的仿真模拟是用 COMSOL Multiphysics[20] 仿真分析软件来完成的,COMSOL Multiphysics 仿真软件的模拟仿真依据就是 FEM 理论分析方法。该软件能直接通过简单的图示来展现出所分析模拟的光栅模型的物理场变化，并且通过对光栅模型材料和结构参数等变量的修改来实现符合要求的功能特性。但是在用 COMSOL Multiphysics 仿真软件做电场或磁场的模拟设计时，要注意所设计的物理模型的内部网格形状和网格所划分的精细程度。如果网格划分较大，则会使仿真结果不够精确；网格划分较小、较密，虽然可以提高精确度但对服务器算力要求较高，因此要做出合理的网格划分。而对于网格形状而言，一般采用的网格形状都会根据所设计的物理模型来进行选择。对所设计的非周期性 HCSG 物理模型的边界条件也是有界定约束的，为了避免入射光束在物理模型的边界处反射或透射干涉从而影响最后的仿真结果，因此在物理模型仿真区域的周围添加了完美匹配层 (Perfect Matching Layer，PML)[21]，通过在完美匹配层的外部添加散射边界条件，可以进一步提高仿真计算的精确度。

4. 波前相位控制原理

图 4.15 为反射会聚型 HCSG 的平面结构原理示意图，该图在 y 方向上可无限延伸，因此只分析 x-z 平面即可。该结构可分为入射区域、光栅层区域和反射区域，因为研究反射会聚型光栅，故入射区域和反射区域都在同一侧即光栅层下方区域。TM 偏振模式的入射光从底部垂直入射到光栅层区域，光栅层是由光栅条和空气交替排列构成的，入射光束的相位被 HCSG 的相位调控特性所改变，从而

使得入射光束传播方向发生了变化，最终使得出射光束重新反射到入射区域 (反射区域) 并实现出射光束的会聚功能。

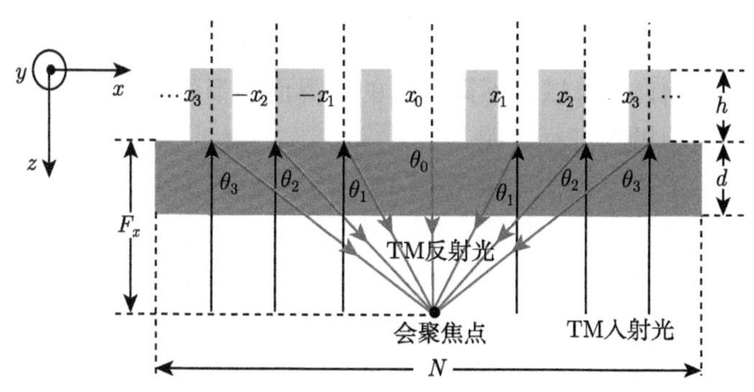

图 4.15　反射会聚型 HCSG 的平面结构原理示意图

会聚型 HCSG 的功能特性是基于相位调控特性原理设计的，以 x_0 为中心对称轴线，只需要计算对称轴一侧的光栅数据，光栅参数用变量 x 表示且每个周期的光栅参数用 x_0, x_1, $\cdots$, x_n 表示，θ_i 表示反射光方向与垂直入射光方向的夹角，F_x 表示焦距即光栅层区域到会聚焦点的距离。因此 x 轴方向上反射光的电场强度为

$$E(\theta_i, x, z) = E(x, z)\exp[\mathrm{j}k_0(x\sin\theta_i + z\cos\theta_i)] \tag{4.35}$$

式中，k_0 为常数，即光在真空环境中的传播常数，可由 $2\pi/\lambda_0$ 计算得出；光栅层区域的厚度和衬底厚度均为常数，因此不用考虑，只需考虑影响相位变化的 x 方向上的变量，故相位值为

$$\varphi(x) = k_0 \cdot x\sin\theta_i + c \tag{4.36}$$

这里，c 为常数；对相位 $\varphi(x)$ 求微分后 [22]，得到

$$\varphi'(x) = k_0\sin\theta_i \tag{4.37}$$

根据图 4.15 中反射光线的传输线路可得

$$\sin\theta_i = \frac{\varphi'(x)}{k_0} = \frac{x}{\sqrt{x^2 + F_x^2}} \tag{4.38}$$

式中，F_x 为焦距，对式 (4.38) 里的 $\varphi'(x)$ 进行积分计算得到

$$\varphi(x) = \int \varphi'(x)\mathrm{d}x = k_0\sqrt{(x^2 + F_x^2)} + \varphi(x_0) \tag{4.39}$$

由此可得反射会聚时的每个周期所对应的相位分布值 $\varphi(x)$，且非周期光栅层区域的相位分布呈抛物线形式。

4.2.2 RCE 光探测器的性能分析

1. F-P 腔特性

F-P 腔全称为法布里–珀罗谐振腔，其基本结构由两个反射截面构成，反射截面可以是两个镜面，也可以是不同介质的分界面。下面将分别就 F-P 腔的传输特性以及热光调谐的机理进行说明。

一个简化 F-P 腔的光传输如图 4.16 所示，设该 F-P 腔的腔体材料折射率为 n_c，光的吸收系数为 α，入射端的折射率为 n_1、出射端的折射率为 n_2，E 为入射光场；l 代表着腔长；t_1 与 r_1 分别表示入射光进入 F-P 腔时的透射系数及反射系数；t_1' 与 r_1' 分别表示腔体出射到入射端的透射系数及反射系数；t_2'、r_2' 分别表示腔体出射到出射端的透射系数及反射系数 [23]。

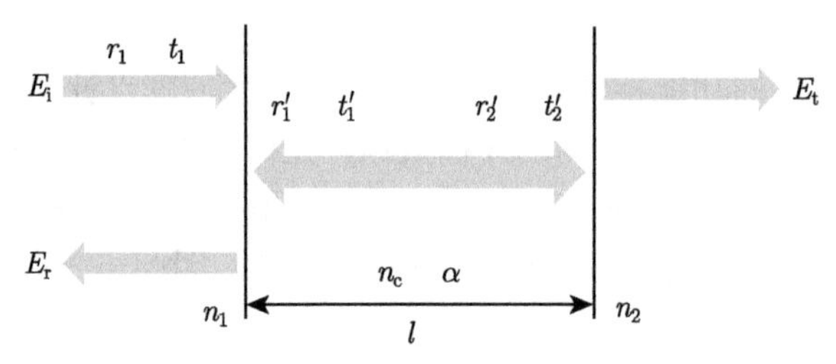

图 4.16 F-P 腔的光传输示意图

垂直入射光所产生的透射光场和反射光场分别为

$$
\begin{aligned}
E_{\mathrm{t}} &= t_1 t_2 \mathrm{e}^{-\alpha l} \mathrm{e}^{\mathrm{i}\theta/2} \left(\sum_{n=1}^{\infty} (r_1' r_2')^n \, \mathrm{e}^{-2n\alpha l} \mathrm{e}^{\mathrm{i}n\theta} \right) E_{\mathrm{i}} \\
E_{\mathrm{r}} &= \left[r_1 + t_1 t_1 t_2' \mathrm{e}^{-2\alpha l} \mathrm{e}^{\mathrm{i}\theta} \left(\sum_{n=0}^{\infty} (r_1' r_2')^n \, \mathrm{e}^{-2\mu\alpha l} \mathrm{e}^{\mathrm{i}n\theta} \right) \right] E_{\mathrm{i}}
\end{aligned}
\tag{4.40}
$$

其中腔体的相位因子为

$$
\theta = -\frac{4\pi n_{\mathrm{c}} l}{\lambda} \tag{4.41}
$$

可见，当相位差为 2π 的整数倍时，所有的透射波相位相同，形成强的输出光束，对应的透射波长为

$$
\lambda_{\mathrm{T}} = \frac{2nl\cos\theta}{m}, \quad m = 1, 2, 3, \cdots \tag{4.42}
$$

分析垂直光波入射 F-P 腔的透射光谱，需要进行如下假设：入射端材料和出射端材料相同，因此有 $n_1 = n_2 = n_0$，$t_1 t_1' = t_2 t_2' = T$，$r_1 r_1' = r_2 r_2' = R$；两个

反射镜是无损的，即 $t_1 = t_1' = \sqrt{T}$，$r_1 = r_1' = \sqrt{R}$，$T + R = 1$。T 和 R 分别为两镜的透射率和反射率。根据上面的两个假设，式 (4.40) 可以简化为

$$\begin{aligned} \frac{E_\mathrm{t}}{E_\mathrm{i}} &= \frac{T\mathrm{e}^{-\alpha l}\mathrm{e}^{\mathrm{i}\theta/2}}{1 - R\mathrm{e}^{-2\alpha l}\mathrm{e}^{\mathrm{i}\theta}} \\ \frac{E_\mathrm{r}}{E_\mathrm{i}} &= \frac{\sqrt{R}\left(1 - \mathrm{e}^{-2\alpha l}\mathrm{e}^{\mathrm{i}\theta}\right)}{1 - R\mathrm{e}^{-2\alpha l}\mathrm{e}^{\mathrm{i}\theta}} \end{aligned} \tag{4.43}$$

光功率与光场分布的平方成正比，因此对应整个 F-P 腔的透射光功率比和反射光功率比分别为

$$\frac{I_\mathrm{t}}{I_\mathrm{i}} = \frac{T^2\mathrm{e}^{-2\alpha l}}{\left(1 - R\mathrm{e}^{-2\alpha l}\right)^2 + 4R\mathrm{e}^{-2\alpha l}\sin^2(\theta/2)} \tag{4.44}$$

$$\frac{I_\mathrm{r}}{I_\mathrm{i}} = \frac{R\left(1 - \mathrm{e}^{-2\alpha l}\right)^2 + 4R\mathrm{e}^{-2\alpha l}\sin^2(\theta/2)}{\left(1 - R\mathrm{e}^{-2\alpha l}\right)^2 + 4R\mathrm{e}^{-2\alpha l}\sin^2(\theta/2)} \tag{4.45}$$

由式 (4.44) 和式 (4.45) 可知，F-P 腔的透射光谱与镜面反射率的关系如图 4.17 所示。

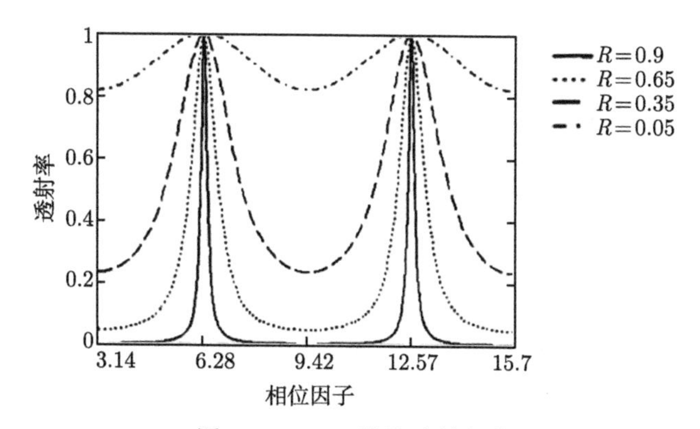

图 4.17　F-P 腔的透射光谱

由 F-P 腔的透射光谱曲线可以看出，式 (4.42) 得出的正是腔体的共振波长，当相位因子为 2π 的整数倍时，由于相长干涉，对应的波长发生了共振，形成了较强的透射光波。此外，F-P 腔的滤波特性与界面反射率 R 有关，反射率 R 越大，则透射光谱越尖锐，滤波性能越好。

表征 F-P 腔的参数有自由谱宽度 (FSR)、带宽 (BW)、腔的精细常数 (F) 以及通道间隔度 (C)。FSR 定义为共振峰之间的频率间隔：

$$\mathrm{FSR} = v_{m+1} - v_m = \frac{c}{2n_\mathrm{c}l} \tag{4.46}$$

F-P 腔的带宽通常用共振峰的半高全宽 (FWHM) 来表示，在 R 较高的情况下，$4R/(1-R)$ 足够大，则有

$$\mathrm{BW}=\frac{2(1-R)}{\sqrt{R}} \tag{4.47}$$

腔的精细常数 F 定义为自由谱宽度和带宽的比值，即

$$F=\frac{\mathrm{FSR}}{\mathrm{BW}}=\frac{2\pi}{\mathrm{BW}}=\frac{\pi\sqrt{R}}{1-R} \tag{4.48}$$

通道间隔度定义为透射光强度最大值和最小值之比，即

$$C=10\lg\frac{I_{\max}}{I_{\min}}=10\lg\left[1+\left(\frac{2F}{\pi}\right)^{2}\right] \tag{4.49}$$

2. 波长选择性

当 RCE 光探测器在其非谐振波长位置时，由于相消干涉，前向传输的光波与后向反射的光波会减小，从而不会进行有效的光电转换。在谐振波长 ($2\beta_{\mathrm{L}}+\varphi_1+\varphi_2=2m\pi$，$m=1,2,3,\cdots$) 的位置处时，RCE 光探测器会具有远高于其他位置的光电效应，因此 RCE 光探测器具有一定的波长选择性。

$$F=\frac{\mathrm{FSR}}{\Delta\lambda_{1/2}}=\frac{\pi\left(R_1R_2\right)^{1/4}\mathrm{e}^{-\alpha d/2}}{1-\sqrt{R_1R_2}\mathrm{e}^{-\alpha d}} \tag{4.50}$$

其中，精细常数 F 是自由谱宽度 FSR 与频谱响应半峰值宽度的比值，它反映了器件响应的波长选择特性 [24]。自由谱宽度是指两个谐振波长之间的距离：

$$\mathrm{FSR}=\frac{\lambda^2}{2n_{\mathrm{eff}}(L+L_{\mathrm{eff},1}+L_{\mathrm{eff},2})} \tag{4.51}$$

其中，n_{eff} 为有效折射率；$L_{\mathrm{eff},1}$ 为反射镜的有效光学长度，它反映了相位对波长的依赖程度，底镜与顶镜分别由下标 1，2 表示，有效光学长度的计算公式为

$$L_{\mathrm{eff},i}=\frac{1}{2}\frac{\partial\psi_i}{\partial\beta}\quad(i=1,2,\cdots) \tag{4.52}$$

从式 (4.52) 可以看出，器件的精细常数即器件的波长选择特性与 DBR 反射镜的反射率成正相关，而与吸收层的厚度成负相关。

3. 频率响应

通过上面的分析，可以推出吸收层的光场分布函数，从而继续分析吸收层光功率的分布问题，可以得出 $E_1^2(x)$ 为

$$|E_1(x)|^2 = \frac{t_1^2 \cdot |E_\mathrm{t}|^2}{1 - 2r_1 r_2 \mathrm{e}^{-2ad-\alpha_a(L_{p1}+L_1+L_2+L_3+L_4+L_{p2}+L_s)}\cos\theta + r_1^2 r_2^2 \mathrm{e}^{-2[a_a(L_{p1}+L_1+L_2+L_3+L_4+L_{p2}+L_s)+2ad]}} \tag{4.53}$$

$$\cdot f_1(x) f_1(x) = \mathrm{e}^{-\alpha x} + A_1 \mathrm{e}^{\alpha x} + A_2 \cos(B_1 x + B_2)$$

$$\begin{aligned} A_1 &= r_2^2 \mathrm{e}^{-2\left[\alpha_{ed}(L_2+L_3+L_4+L_{p2}+L_N)+\frac{3}{2}ad\right]} \\ A_2 &= 2r_2 \mathrm{e}^{-\left[\alpha_{ax}(L_2+L_3+L_4+L_{p2}+L_N)+\frac{3}{2}\alpha d\right]} \\ B_1 &= 2\beta \\ B_2 &= -\left[\psi_2 + 3\beta d + \beta_{ex}\left(2L_2 + 2L_3 + 2L_4 + 2L_{p2} + 2L_N\right)\right] \end{aligned} \tag{4.54}$$

由上面的式子可以看出，吸收层 d 处的光功率分布分别由函数 $f_1(x)$ 决定。$f_1(x)$ 为光功率分布函数，决定了光生载流子在两个吸收层的分布，因而决定了器件的高速响应性能。

吸收层中的电子和空穴满足连续性方程：

$$\begin{aligned} \frac{\partial p(x,t)}{\partial t} + v_\mathrm{p}\frac{\partial p(x,t)}{\partial x} &= g(x,t) \\ \frac{\partial n(x,t)}{\partial t} + v_\mathrm{n}\frac{\partial p(x,t)}{\partial x} &= g(x,t) \end{aligned} \tag{4.55}$$

其中，$n(x,t)$ 和 $p(x,t)$ 分别是自由电子和空穴在 x 位置、t 时间的瞬时浓度；v_n 和 v_p 分别为电子和空穴的漂移速率，当反向偏压较大时，v_n 和 v_p 为一个常数，在 $\mathrm{In_{0.53}Ga_{0.47}As}$ 中，$v_\mathrm{n} = 7.5\times10^4\mathrm{m/s}$，$v_\mathrm{p} = 5\times10^4\mathrm{m/s}$[25]。为了简化计算，后面的计算我们都使用常数。$g(x,t)$ 为实际的电子和空穴产生率。假设光探测器接收的光信号为正弦调制所产生，则 $g(x,t)$ 可以表示为

$$g(x,t) = g_0 f(x)\left[1 + m\mathrm{e}^{\mathrm{j}\omega t}\right] \tag{4.56}$$

式中，g_0 为常数；m 为调制深度；ω 为调制信号的角频率。$p(x,t)$ 和 $n(x,t)$ 可以表示为

$$\begin{aligned} p(x,t) &= p_0(x) + p_1(x)\mathrm{e}^{\mathrm{j}\omega t} \\ n(x,t) &= n_0(x) + n_1(x)\mathrm{e}^{\mathrm{j}\omega t} \end{aligned} \tag{4.57}$$

式中，$P_0(x)$ 和 $n_0(x)$ 分别为 $p(x,t)$ 和 $n(x,t)$ 的直流分量；$p_1(x)$ 和 $n_1(x)$ 分别为 $p(x,t)$ 和 $n(x,t)$ 的交流分量。

$$\begin{aligned}&\frac{d_{p1}(x)}{dx}+\mathrm{j}\frac{\omega}{v_{\mathrm{p}}}p_1(x)=\frac{mg_0}{v_{\mathrm{p}}}f(x)\\&\frac{d_{n1}(x)}{dx}+\mathrm{j}\frac{\omega}{v_{\mathrm{n}}}n_1(x)=\frac{mg_0}{v_{\mathrm{n}}}f(x)\end{aligned}\tag{4.58}$$

在边界处，有 $p(d)=0$，$n(0)=0$，求方程满足的边界条件的解，有

$$\begin{aligned}p_1(x)=&\frac{mg_0}{v_{\mathrm{p}}}\mathrm{e}^{-(\mathrm{j}\omega/v_{\mathrm{p}})x}\\&\cdot\left\{\begin{aligned}&\frac{\mathrm{e}^{[(\mathrm{j}\omega/v_{\mathrm{p}})-\alpha]x}-\mathrm{e}^{[(\mathrm{j}\omega/v_{\mathrm{p}})-\alpha]d}}{\mathrm{j}\omega/v_{\mathrm{p}}-\alpha}+A_1\frac{\mathrm{e}^{[(\mathrm{j}\omega/v_{\mathrm{p}})-\alpha]x}-\mathrm{e}^{[(\mathrm{j}\omega/v_{\mathrm{p}})-\alpha]d}}{\mathrm{j}\omega/v_{\mathrm{p}}+\alpha}\\&+A_2\mathrm{e}^{(\mathrm{j}\omega/v_{\mathrm{p}})x}\frac{\dfrac{\mathrm{j}w}{v_{\mathrm{p}}}\cos(B_1x+B_2)+B_1\sin(B_1x+B_2)}{B_1^2-\left(\dfrac{\omega}{v_{\mathrm{p}}}\right)^2}\end{aligned}\right\}\end{aligned}\tag{4.59}$$

$$\begin{aligned}n_1(x)=&\frac{mg_0}{v_{\mathrm{n}}}\mathrm{e}^{(\mathrm{j}\omega/v_{\mathrm{n}})x}\left\{\frac{\mathrm{e}^{-[(\mathrm{j}\omega/v_{\mathrm{n}})+\mu]x}-1}{(\mathrm{j}\omega/v_{\mathrm{n}})+\alpha}+\frac{\mathrm{e}^{-[(\mathrm{j}\omega/v_{\mathrm{n}})-\mu]x}-1}{(\mathrm{j}\omega/v_{\mathrm{n}})-\alpha}\right.\\&+A_2\mathrm{e}^{-(\mathrm{j}\omega/v_{\mathrm{n}})x}\frac{\dfrac{\mathrm{j}\omega}{v_{\mathrm{n}}}\cos(B_1x+B_2)-B_1\sin(B_1x+B_2)}{B_1^2-\dfrac{w}{v_{\mathrm{n}}}}\\&\left.-A_2\frac{\dfrac{\mathrm{j}\omega}{v_{\mathrm{n}}}\cos B_2-B_1\sin b_2}{B_1^2-\dfrac{w}{v_{\mathrm{n}}}^2}\right\}\end{aligned}\tag{4.60}$$

由公式 (4.55)~(4.60) 推出电流密度公式

$$\begin{aligned}J_1(w)&=\frac{q}{d}\int_0^d[v_{\mathrm{p}}p(x,t)+v_{\mathrm{n}}n(x,t)]\mathrm{d}x\\&=\frac{q}{d}\int_0^d[v_{\mathrm{p}}p_0(x,t)+v_{\mathrm{n}}n_0(x,t)]\mathrm{d}x\\&\quad+\frac{q}{d}\int_0^d[v_{\mathrm{p}}p_1(x,t)+v_{\mathrm{n}}n_1(x,t)]\mathrm{d}x\cdot\mathrm{e}^{\mathrm{j}\omega t}\end{aligned}$$

$$= J_{01} + J_{s1}(w)\mathrm{e}^{\mathrm{j}\omega t}$$

$$J_{s1}(w) = \frac{q}{d}\int_0^d [v_\mathrm{p}p_1(x) + v_\mathrm{n}n_1(x)]\mathrm{d}x \tag{4.61}$$

双吸收层 RCE 探测器为 PINIP 对称型结构，可以在电路上看作两个普通 PIN 探测器等效电路的并联电路 [26]，所以器件产生的总的电流密度为

$$J_s(w) = J_{s1}(w) + J_{s2}(w) \tag{4.62}$$

由此可得 3dB 带宽表达式：

$$F(w) = 20\lg\left|\frac{J_s(w)}{J_s(0)}\right| \tag{4.63}$$

考虑 RC 的影响：

$$F_{RC}(w) = 20\lg\left|\frac{\dfrac{J_s(w)}{J_s(0)}}{\sqrt{1+\omega^2R^2C^2}}\right| \tag{4.64}$$

其中，结电容为

$$C = \frac{\varepsilon_\mathrm{ig}\varepsilon_\mathrm{ip}\varepsilon_0 A}{\varepsilon_\mathrm{ig}d + \varepsilon_\mathrm{ip}(L_1 + L_2)} \tag{4.65}$$

式中，ε_ig 和 ε_ip 分别为隔离层和吸收层的介电常量；A 为器件有源区面积。

4.2.3 周期型 HCSG-RCE 光探测器的设计与仿真

图 4.18 为 850nm 周期型 HCSG-RCE 光探测器的纵截面结构示意图，入射方向为底入射，表 4.3 为整体器件的层结构的结构参数以及掺杂情况。最下层是 GaAs 衬底，衬底上方是 DBR 反射镜层，DBR 由 13 对 GaAs/$\mathrm{Al_{90}GaAs}$ 材料构成；DBR 层的上方是 N 层，N 层的材料是 2.2μm 厚的 N 型掺杂 GaAs；N 层上方是吸收层，吸收层的材料是厚度为 3.5μm 的本征 GaAs；GaAs 吸收层上方是厚度为 0.02μm 的 $\mathrm{Al_0CaAs}$ 到 $\mathrm{Al_{20}GaAs}$ 缓冲层；缓冲层上方是 P 接触层，P 接触层由 0.2μm 厚的 P 型掺杂 $\mathrm{Al_{20}GaAs}$ 组成；P 接触层上方是 0.02μm 厚的 $\mathrm{Al_{20}GaAs}$ 到 $\mathrm{Al_{90}GaAs}$ 缓冲层；缓冲层上方是新型间隔层，新型间隔层材料是厚度为 300nm 的高 Al 组分的 $\mathrm{Al_{90}GaAs}$ 材料经局部湿法氧化得到的 $\mathrm{Al_2O_3}$；新型间隔层上方是光栅层，顶镜光栅层由厚度为 250nm 的 GaAs 周期型 HCSG 结构组成。

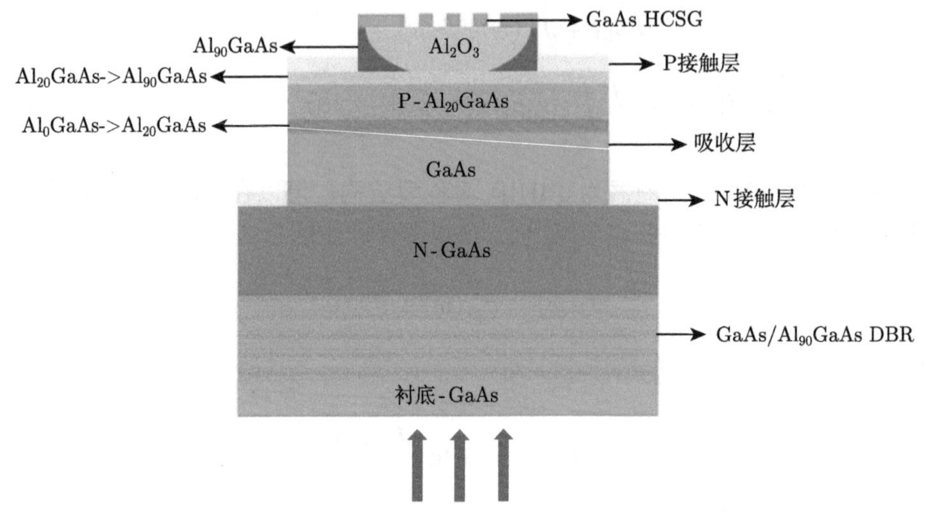

图 4.18　850nm 周期 HCSG-RCE 光探测器的纵截面结构示意图

表 4.3　器件的层结构参数

材料	功能	厚度/μm	掺杂	浓度/cm^{-3}
GaAs	HCSG	0.25	未掺杂	—
$Al_{90}GaAs$	间隔层	0.3	未掺杂	—
$Al_{20}GaAs$->$Al_{90}GaAs$	—	0.02	P	$> 5\times10^{19}$
$Al_{20}GaAs$	P^+	0.2	P	$> 5\times10^{19}$
Al_0GaAs->$Al_{20}GaAs$	—	0.02	P	$> 5\times10^{19}$
GaAs	吸收层	3.5	未掺杂	$< 1\times10^{14}$
GaAs	N^+	2.2	N	$> 4\times10^{18}$
GaAs/$Al_{0.9}Ga_{0.1}As$	DBR	1.66	未掺杂	—
GaAs	衬底	—	—	—

入射光束从器件的底部垂直入射时，光波首先经过 GaAs 材料的吸收层，经过器件吸收层的光吸收后，未被吸收的光波穿过吸收层到达顶部的新型周期 HCSG 反射镜，光波被反射镜反射，然后再次进入吸收层以实现谐振吸收，从而提高光探测器的量子效率。利用新型周期 HCSG 对光束的偏振不敏感和高反射率特性，增强了 RCE 光探测器对光束的吸收强度。通过顶部光栅层开口区域对高 Al 组分的间隔层进行湿法氧化，形成新型周期 HCSG，大大提高了集成结构的稳定性，简化了器件的制备步骤及方法。

1. 顶部新型周期 HCSG 的仿真设计

图 4.18 展示了所设计的新型周期 HCSG 的结构简图，顶部 GaAs 材料的光栅和被湿法氧化后的 Al_2O_3 材料的衬底共同构成新型 HCSG 结构，实现对光束的偏振不敏感特性，当 850nm 的入射光从光探测器底部入射到 HCSG 时，新型

HCSG 对 TM 与 TE 模式偏振光都实现了高反射率特性。通过严格耦合波理论方法来仿真分析光栅的反射率值和占空比值，来确定所需的周期和占空比。在新型 HCSG 对 TM 模式偏振光和 TE 模式偏振光都实现高反射率的前提下，选择光栅层的厚度为 250nm，衬底的厚度为 300nm，分析比较了 TM 与 TE 模式偏振光的周期、占空比和反射率的关系图，最终确定新型周期结构 HCSG 的周期和占空比。如图 4.19 所示，(a) 为新型周期 HCSG 结构 TM 模式偏振光的占空比和周期与反射率关系图，图中红色区域即为高反射率区域；(b) 为新型周期 HCSG 结构 TE 模式偏振光的占空比和周期与反射率关系图。图 4.19 为选取新型周期结构 HCSG 参数的数据表，在选取合适的数据点时，需要使 TM 和 TE 模式偏振光同时具有较高的反射率。在上述条件下，选择的数据点区域为图中黑点标记处所示，新型周期 HCSG 结构的周期为 443nm，占空比为 0.57。

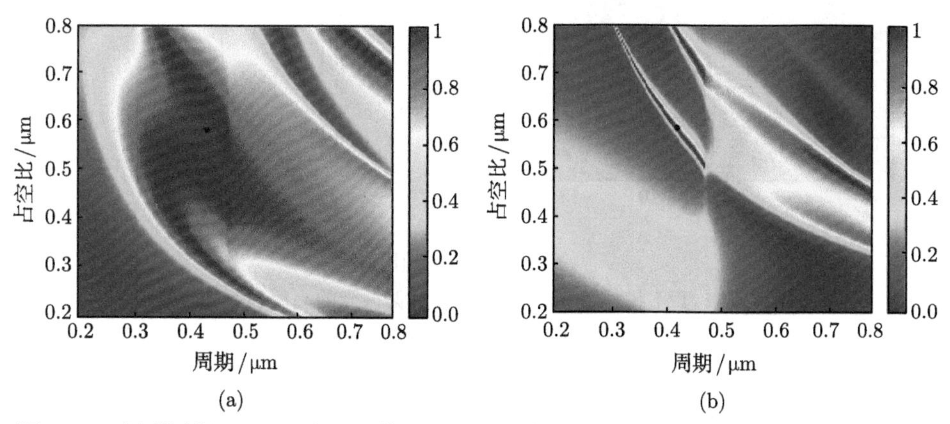

图 4.19 新型周期 HCSG 对 TM 偏振光和 TE 偏振光的周期、占空比和反射率的关系图

(a) TM 模式偏振光；(b) TE 模式偏振光

这里利用基于有限元理论方法的 COMSOL 软件，对所设计的新型周期结构的 HCSG 进行仿真分析，为了后期计算新型周期 HCSG 的 TM 模式和 TE 模式偏振光的反射率，在仿真的过程中使用了完美匹配层和散射边界条件。图 4.20 为新型周期结构 HCSG 的电场强度分布图，入射光方向为箭头所示的方向。其中，图 4.20(a) 为对 TM 模式偏振光高反射率特性的电场分布和反射率图，图 4.20(b) 为对 TE 模式偏振光高反射率特性的电场分布和反射率图。新型周期结构 HCSG 对从下方入射的光束具有偏振不敏感特性，且实现了高反射率特性，在新型周期 HCSG 结构的反射表面，TM 模式偏振光的反射率达到 99%以上，TE 模式偏振光的反射率达到 98%以上，表明所设计的新型周期结构 HCSG 具有良好的偏振不敏感和高反射率特性，符合所要实现的功能要求 [27]。

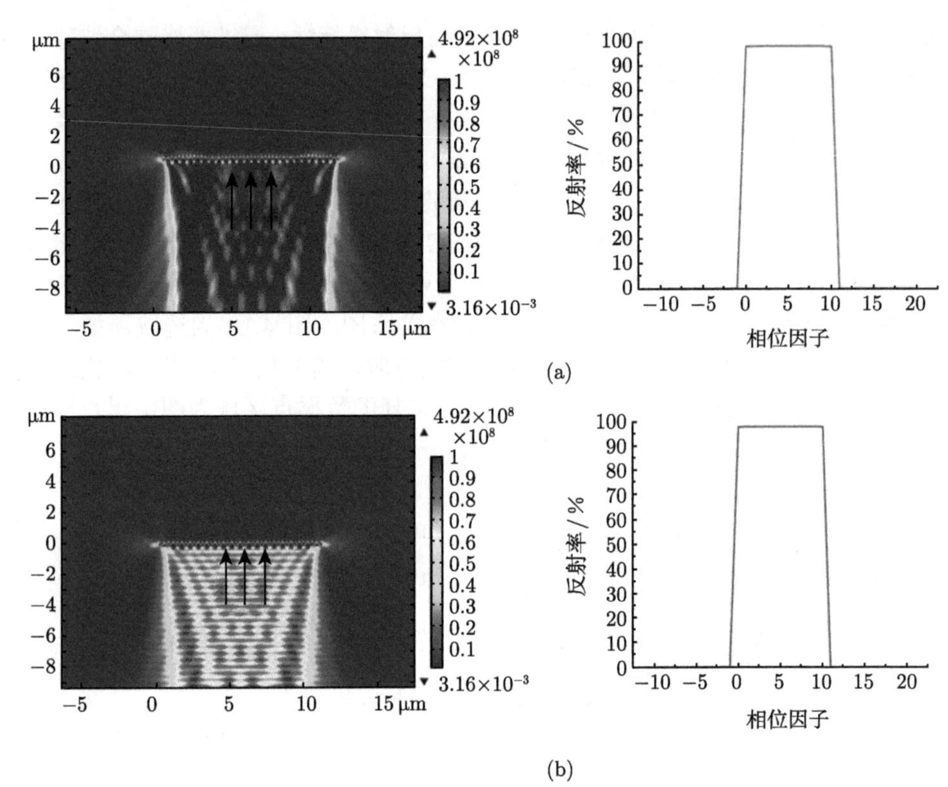

图 4.20　TM 模式偏振光和 TE 模式偏振光的高反射率特性图

(a) TM 模式偏振光；(b) TE 模式偏振光

2. 器件底部 DBR 反射镜的仿真设计

本章在对基于新型周期结构 HCSG RCE 光探测器的设计中，还用到 $GaAs/Al_{0.9}Ga_{0.1}As$ 材料的 DBR 来充当器件的下反射镜，以此实现高反射特性。对于 DBR 反射镜而言，DBR 的对数越多，则反射镜的反射率越高，但是较多对数的 DBR 又会给光电器件的制备带来一定的难度。

基于本章设计的光电器件结构中所用到的 DBR 材料，经对比，此器件结构采用 13 对 $GaAs/Al_{0.9}Ga_{0.1}As$ 材料交替排列的 DBR 来充当器件的下反射镜。利用基于传输矩阵理论方法的 Mathcad[28,29] 软件对器件的 DBR 下反射镜进行仿真分析，图 4.21 为 DBR 下反射镜的反射率图，可以看到 13 对 $GaAs/Al_{0.9}Ga_{0.1}As$ 材料的 DBR 反射镜对 850nm 波段的入射光的反射率达到 98%以上。图 4.22 所示为用基于有限元理论方法的 COMSOL 仿真软件对所设计的 $GaAs/Al_{0.9}Ga_{0.1}As$ 材料的 DBR 反射镜电场强度的仿真分析，DBR 反射镜厚度约为 1.66μm，由电场强度分布图可得出，所设计的 DBR 具有较高的反射率且距离反射镜越近的位置反射强度越强。

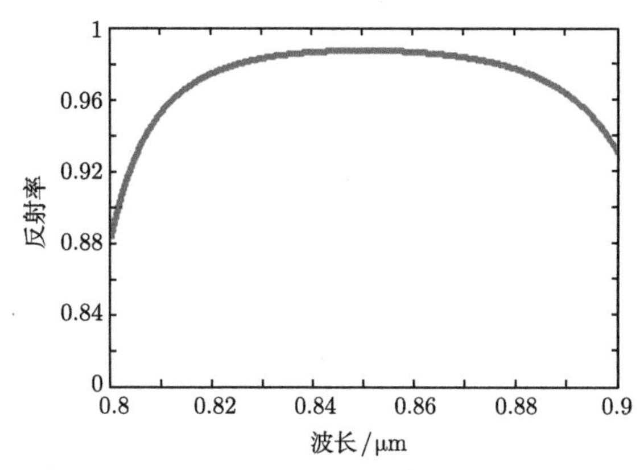

图 4.21 $GaAs/Al_{0.9}Ga_{0.1}As$ 材料 DBR 反射率图

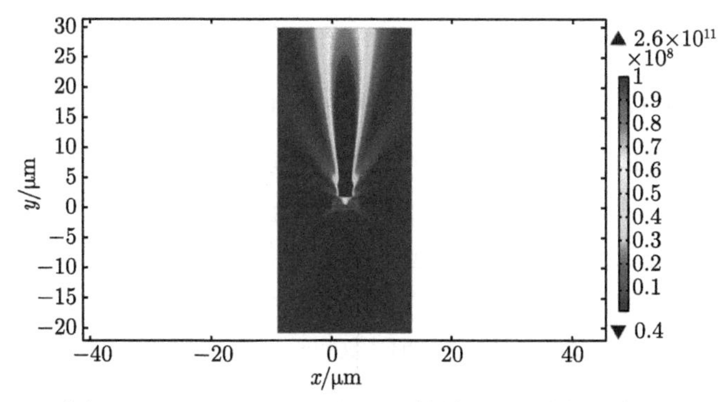

图 4.22 $GaAs/Al_{0.9}Ga_{0.1}As$ 材料 DBR 电场强度图

3. 集成器件的性能仿真及分析

采用基于传输矩阵理论方法的 Mathcad 软件对基于新型周期 HCSG 的 RCE 光探测器的量子效率进行仿真计算及结果分析。光探测器的最底部是衬底，底部 DBR 反射镜由 13 对 $GaAs/Al_{0.9}Ga_{0.1}As$ 材料周期性组成，N 型电极层是由厚度为 2.2μm 的 N 型掺杂 GaAs 材料组成，吸收层由厚度为 3.5μm 的 GaAs 材料组成，P 型电极层由厚度为 0.2μm 的 P 型掺杂 $Al_{20}GaAs$ 材料组成，间隔层由厚度为 0.3μm 的高 Al 组分 $Al_{90}GaAs$ 材料组成，可以被局部湿法氧化成 Al_2O_3，顶部反射镜由厚度为 0.25μm 的 GaAs 周期型亚波长光栅结构组成。其中，考虑到材料生长时晶格匹配度问题，在吸收层与 P 型电极层、P 型电极层与间隔层中间分别加入两层厚度为 0.02μm 的材料生长缓冲层。图 4.23 所示为基于新型周期 HCSG-RCE 光探测器在 850nm 波段处的量子效率。采用 Mathcad 仿真软件，通过传输矩阵、折射率矩阵和相位矩阵等多种理论方法，对光探测器的量子效率进行计算仿真。如图 4.23 所示，光探测器在 850nm 处的量子效率达到了 69.6%，半高全宽接近于 0.1nm。

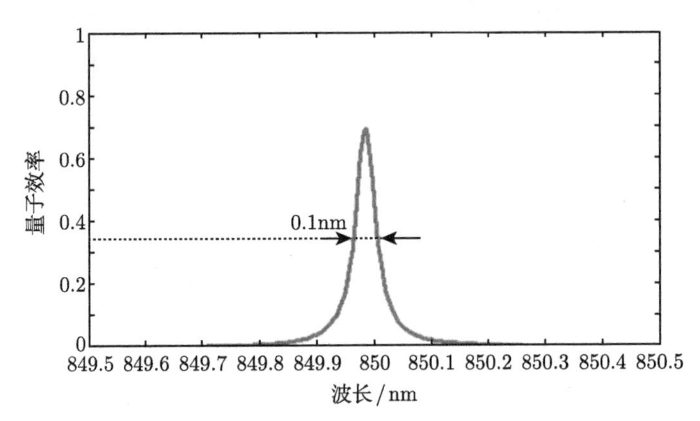

图 4.23 RCE 光探测器量子随波长变化图

4.2.4 非周期型 HCSG-RCE 光探测器的设计与仿真

在基于新型周期 HCSG-RCE 光探测器的基础上，对其进行优化改良。本章设计并仿真一种基于新型非周期 HCSG 的 RCE 光探测器，采用局部湿法氧化工艺，使 Al_2O_3 间隔层与 GaAs 光栅层具有高折射率差对比，从而形成对入射光束具有高反射和会聚特性的新型非周期 HCSG，作为 RCE 光探测器的顶镜；器件中间部分为 PIN 探测结构，其中较薄的吸收层增强了器件的量子效率；光探测器的底部是 DBR 反射镜和对入射光具有偏振选择特性的周期型 GaAs 光栅层。其中，GaAs 光栅层对 TM 偏振光具有高透射特性，对 TE 偏振光具有低透射特性。该光探测器将新型非周期 HCSG 当作上反射镜，可以有效提升其量子效率与 3dB 带宽。同时，降低了器件的制备难度，提高了集成器件的稳定性，为光探测器的高性能、高集成度提供了良好的基础。

1. 高反射率会聚型 HCSG 的结构设计

图 4.24 是高反射率会聚型非周期 HCSG 结构简图，矩形为 GaAs 材料的光栅，四周被空气所包围，Λ 为周期，$\varphi(x_i)(i=\cdots,-2,-1,0,1,2,\cdots)$ 为相位。非周期型 HCSG 是由高折射率材料和低折射率材料共同组成的。高折射率材料被低折射率材料所包围，从而构成了一种具有高反射率、高折射率等特性的光栅结构。由于光栅与周围介质存在高折射率差，不同波长的入射光会在零衍射级中产生相消干涉或相长干涉。因此，光栅将不存在非零级衍射，从而产生了高反射或高透射的特性。非周期 HCSG 具有波前相位控制特性，因此其相位具有空间依赖

性，每个周期的不同参数会影响非周期 HCSG 的相位分布，即影响光栅的宽度和光栅中间的空气隙的宽度。所以，通过修改这些参数可以确定光束的相位，从而使光束实现高透射率、高反射率、偏振敏感和反射会聚等。当光栅的厚度设置为确定参数时，随着光栅的宽度和周期发生变化，不同宽度的光栅会独立地对入射光束进行相位调制，从而影响入射光束的反射率、透射率和出射光束路径。非周期 HCSG 具有偏振敏感、高反射率和反射会聚等特点，可以用作器件的反射镜结构。

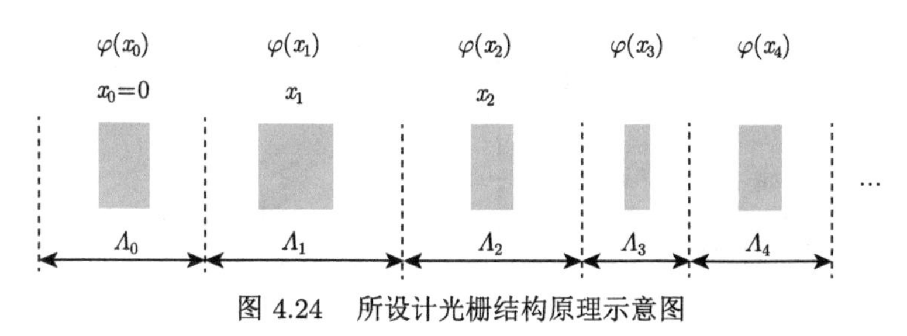

图 4.24 所设计光栅结构原理示意图

图 4.25 为非周期 HCSG 结构示意图。光栅由非周期的 GaAs 材料组成，下层是由 Al_2O_3 组成的间隔层，Al_2O_3 是由高 Al 组分的 AlGaAs 经局部湿法氧化后形成的。该光栅结构主要具有偏振敏感、高反射率和反射会聚特性。光栅内的箭头方向为入射光方向，下方的箭头方向为出射光方向。当 850nm 的入射光从非周期 HCSG 的下侧入射时，非周期 HCSG 会使光的传播相位发生变化，在非周期 HCSG 的下方反射会聚出 TM 偏振模式的出射光。

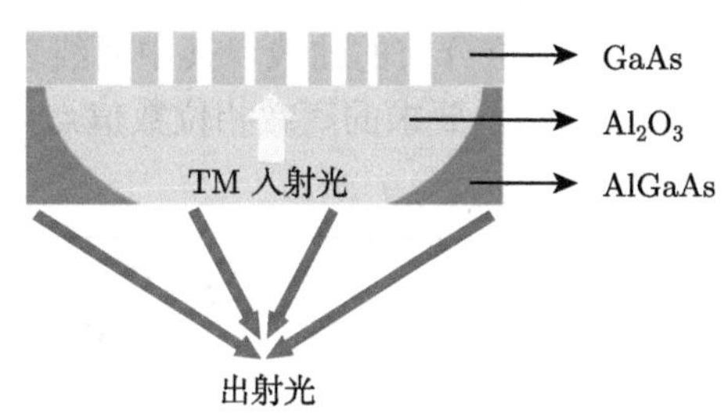

图 4.25 带有 Al_2O_3 衬底的非周期 HCSG 结构示意图

利用严格耦合波理论方法确定所需结构的反射率和相位值，从而确定光栅的厚度和宽度，这里采用 MATLAB 软件来进行数值运算。经过计算光栅可随衬底的不同具有不同厚度，考虑到要将新型非周期 HCSG 集成到光电器件上需要采用较薄的厚度，最终取上层非周期 GaAS 光栅条厚度 d_1 为 250nm，衬底 (间隔) 层的厚度 h 为 300nm。光栅条和衬底层的厚度确定以后，下一步要确定每一个光栅条的宽度，图 4.26 为通过 MATLAB 软件得到的新型非周期 HCSG 的占空比、周期与反射率、相位。从数据表中所选取的数值点首先要满足高反射率的需求，即在图 4.26(a) 中选择趋于 1 的红色数值点；在满足高反射率的前提下，所选取的数值点必须在 $-\pi$ 到 π 的范围内，这样才能使所选取的数值点与理想相位曲线相拟合，最终实现新型非周期 HCSG 的高反射率和反射会聚特性。

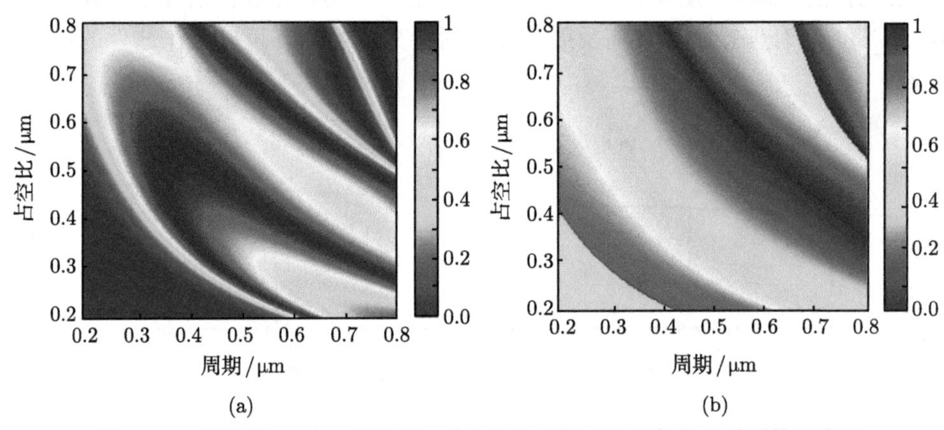

图 4.26　非周期 HCSG 的周期、占空比与反射率和相位的关系图构示意图

(a) 反射率；(b) 相位

具有会聚特性的新型非周期 HCSG 以光栅中心对称，所以只选择一半光栅的参数，然后镜像对称形成整个非周期 HCSG 结构。利用 MATLAB 仿真软件，对图 4.26 中的数据进行处理分析，选出符合需求的占空比和周期的数值点。图 4.27 为理想相位曲线与实际选取的离散相位数值点的拟合分布图，该图显示了光束会聚的新型非周期 HCSG 理想相位分布的曲线，其中曲线表示离散相位的理想曲线图，黑色圆点表示所选取的满足要求的离散相位数值点，从图中可以看出，所

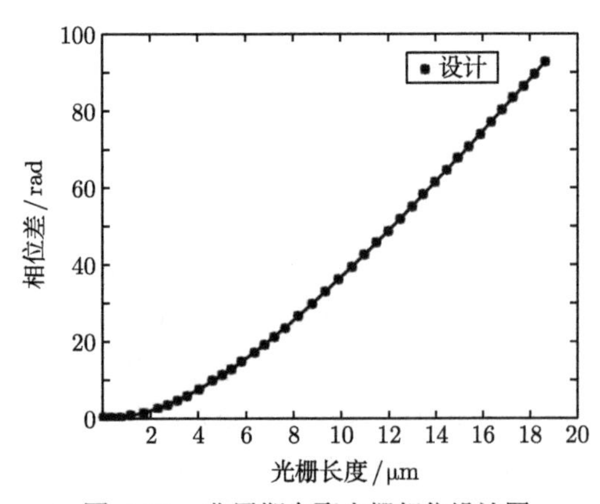

图 4.27　非周期会聚光栅相位设计图

选取的离散相位数值点与理想相位曲线基本拟合，满足出射光会聚的相位分布的需求 [30]。

图 4.28 所示为新型非周期 HCSG 占空比、周期和相位的曲线图。图中空心菱形为光栅的占空比，空心圆圈为光栅的周期，实心方形为光栅对应的离散相位，曲线代表了理想相位的分布。从图 4.28 可以得出所选取的数据点与理想曲线的拟合情况，可以看到，离散相位点和理想曲线基本拟合，光栅具有较好的反射会聚作用。

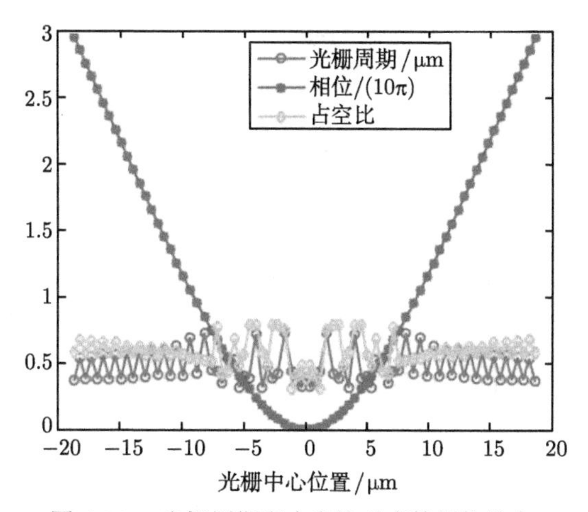

图 4.28 光栅周期和占空比对应的相位分布

这里采用 COMSOL 仿真软件对带有 Al_2O_3 衬底的非周期 HCSG 进行模拟仿真，为了便于计算新型非周期 HCSG 的高反射率，在仿真建模时构建了理想匹配层和散射边界条件。图 4.29 为器件的建模结构图，当 850nm 波段的入射光到达器件时，光首先进入 Al_2O_3 介质，其折射率为 $n_3 = 1.759$；然后光从衬底进入 GaAs 光栅层，光栅层的折射率为 $n_2 = 3.65$；光栅槽介质为空气，其折射率为 $n_1 = 1$。

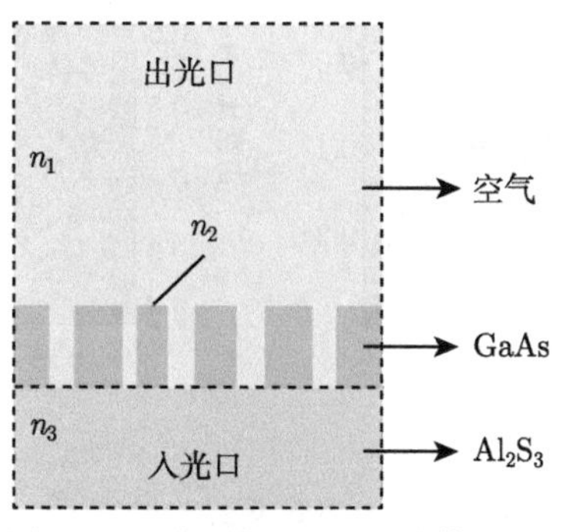

图 4.29 非周期 HCSG 建模结构图

图 4.30 为非周期 HCSG 的电场强度分布和反射率图，入射光方向由箭头方向表示。当 850nm 的入射光垂直入射到非周期 HCSG 时，光栅实现了 TM 偏振光的高反射率和反射会聚特性。反射光在 1.5μm 的焦距处达到了最大的电场强度，焦点光斑宽度为 0.6μm。经过光栅反射的光再次经过 RCE-PD 的吸收层，提高器件的光吸收率。在新型非周期 HCSG 结构的反射表面，TM 模式偏振光的反射率达到了 86.5%。

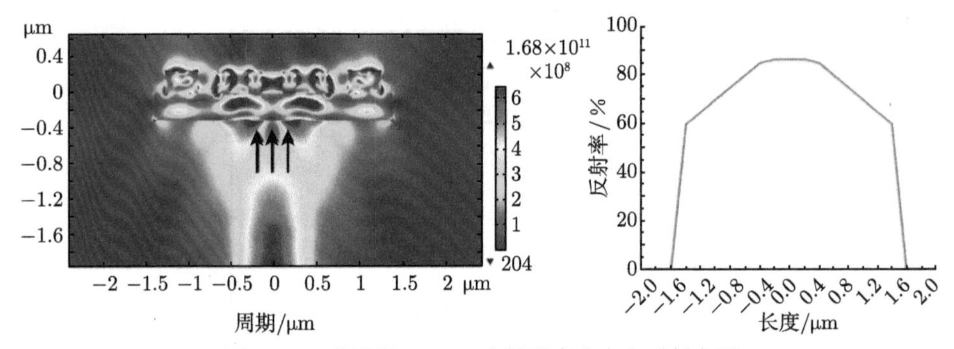

图 4.30　非周期 HCSG 电场强度分布和反射率图

底部周期 GaAs 光栅对 850nm 入射光有偏振选择的功能，当光束底入射进入光栅时，光栅对 TM 偏振光表现出高透射特性，对 TE 偏振光表现出高反射特性 [31]。利用严格耦合波理论方法来计算分析光栅的反射率和占空比，从而确定光栅的周期。在光栅实现 TM 偏振光高透射、TE 偏振光高反射特性下，光栅厚度 d_2 选择为 150nm。图 4.31(a) 为周期性光栅 TM 模式偏振光的反射率分布图；图 4.31(b) 为周期性光栅 TE 模式偏振光的反射率分布图。将图 4.31(a) 和 (b) 比作数据表，作为选取周期 GaAs 光栅周期和占空比的依据，选取的数据点需要满足，

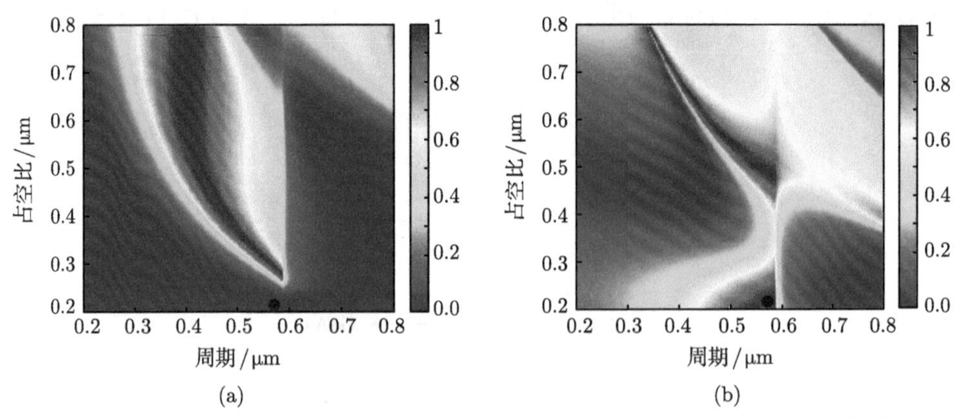

图 4.31　GaAs 光栅对 TM 偏振光和 TE 偏振光的周期、占空比和反射率的关系图
(a) TM 偏振光；(b) TE 偏振光

对 TM 模式的偏振光具有高透射率，对 TE 模式的偏振光具有高反射率。在实现上述功能下，数据点选择的区域在图中用黑点标记，最终设计了周期 $\pi = 572\text{nm}$，占空比 $l = 0.2$ 的 GaAs 周期性光栅。

这里利用 COMSOL 仿真软件对周期性 GaAs 光栅进行建模仿真，为了便于计算周期性 GaAs 光栅的 TM 模式偏振光透射率和 TE 模式偏振光反射率，在仿真建模时加入了理想匹配层和散射边界条件。图 4.32 为周期 GaAs 光栅的电场强度分布图，箭头所示方向为入射光方向。图 4.32(a) 为 TM 偏振光高透射特性的电场分布，图 4.32(b) 为 TE 偏振光高反射特性的电场分布。周期型 GaAs 光栅入射光具有偏振选择功能，对 TM 模式的偏振光呈现高透射特性，透射率达到 96.1%；对 TE 模式的偏振光呈现高反射特性，反射率达到 96.3%。该周期型光栅结构具有良好的偏振选择功能。

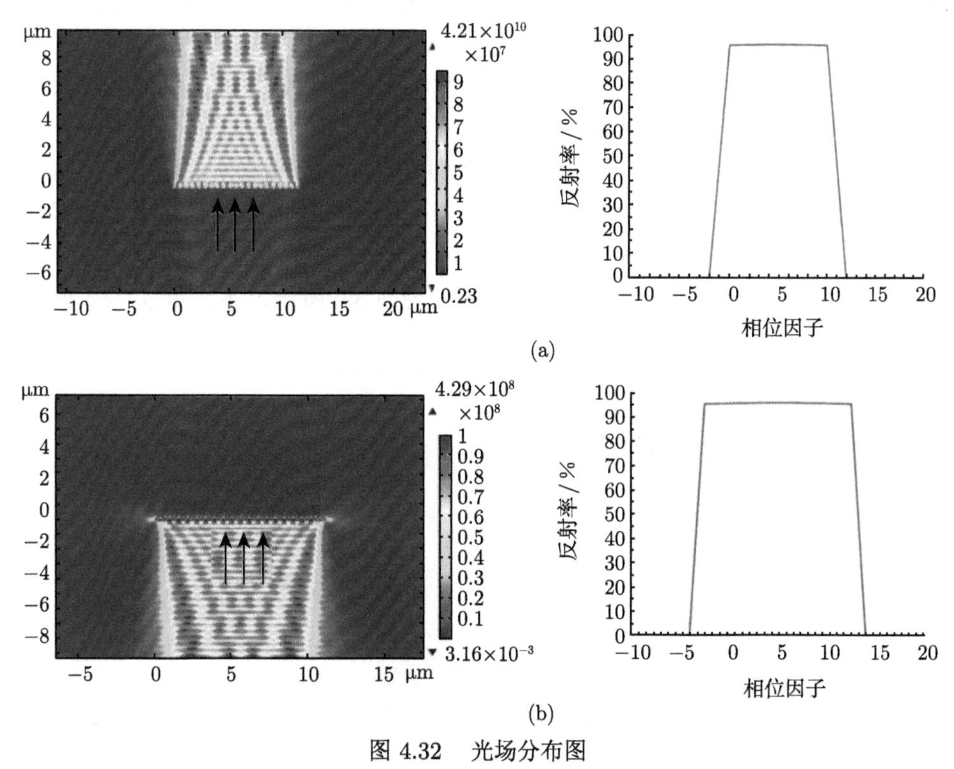

图 4.32 光场分布图

(a) TM 偏振光高透射特性；(b) TE 偏振光高反射特性图

2. 非周期 HCSG-RCE 光探测器的结构设计

目前传统的 RCE 光探测器采用 DBR 反射镜来实现光束在光探测器内反复谐振，从而提升光探测器的量子效率，同时减小吸收层厚度来提高光探测器的响应速度。然而，由于组成 DBR 反射镜的材料折射率差较小，通常需要较多对数的小折射率材料来形成 DBR 反射镜。较多对数的 DBR 反射镜可能会导致晶格失配，对器件的制备要求提升，降低了器件的可靠性。非周期型 HCSG 作为新型微纳光电器件，可与激光器、探测器等光电器件进行集成，作为器件的反射镜或透射镜，通过自身对光束的高反射率、高透射率、光束偏转、反射会聚等特性，提升器件的性能。将非周期型 HCSG 作为 RCE 光探测器的上反射镜，是解决 DBR 反射镜对数较多这一问题的一种较好的方法。通常采用空气隙和顶部光栅层构成 HCSG 来充当器件的上反射镜，但是空气隙增加了器件制备的难度。因此，这里设计一种基于新型非周期 HCSG 的 RCE 光探测器，非周期光栅通过局部湿法氧化工艺使间隔层与光栅层实现高折射率差，从而形成新型非周期 HCSG，对光束具有高反射率和反射会聚的特性。光探测器底部的周期型 GaAs 光栅对入射光具有偏振选择特性，对 TM 偏振光具有高透射特性，对 TE 偏振光具有低透射特性。新型非周期 HCSG 作为 RCE 光探测器的上反射镜，可以有效地提高 RCE 光探测器的量子效率与响应速度，降低器件的制备难度，为器件的高性能、高集成度提供了良好的基础。

基于非周期 HCSG 的 RCE-PD 由周期型 GaAs 光栅、GaAs/$Al_{0.9}Ga_{0.1}As$ 交替形成的 DBR 下反射镜、PIN 光探测器，以及具有偏振敏感、高反射率和反射会聚特性的新型非周期 HCSG 顶镜组成。

非周期 HCSG-RCE-PD 横截面结构如图 4.33 所示，下方箭头为入射光方

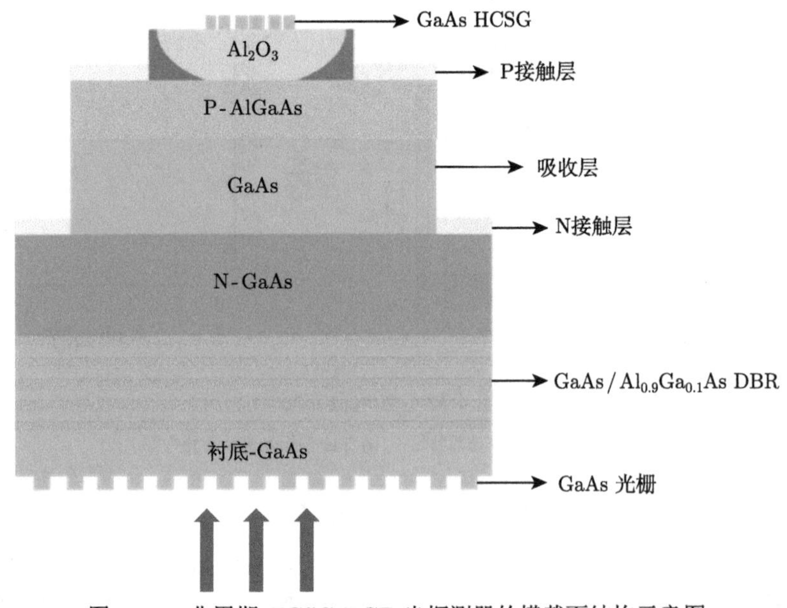

图 4.33 非周期 HCSG-RCE 光探测器的横截面结构示意图

向，工作于 850nm 波长下。表 4.4 为光探测器各层的材料、厚度及掺杂情况。下层周期光栅是由厚度为 150nm 的 GaAs 材料组成，DBR 反射镜是由 20 对 $GaAs/Al_{0.9}Ga_{0.1}As$ 材料交替组成；DBR 层上方是 N 接触层，由厚度为 500nm 的 N 型掺杂 GaAs 材料组成；N 接触层上方是吸收层，由厚度为 310nm 的 GaAs 材料组成；吸收层上方是 P 接触层，由 300nm 厚的 P 型掺杂 AlGaAs 材料组成；P 接触层上方是新型间隔物层，由厚度为 300nm 的 Al_2O_3 组成，Al_2O_3 可以通过含高 Al 组分 AlGaAs 材料经局部湿法氧化得到；新型间隔层上方是光栅层，顶镜光栅层由厚度为 250nm 的 GaAs 非周期亚波长光栅组成。入射光从底部垂直入射到光探测器，光束经吸收层被吸收后，未被吸收的光束会被新型非周期 HCSG 反射，再次进入吸收层实现谐振吸收，从而提高了光探测器的量子效率；吸收层的厚度较薄，保证了非周期 HCSG RCE 光探测器具有较高的响应带宽。该光探测器利用具有偏振敏感、高反射率和反射会聚特性的非周期 HCSG，增强了 RCE-PD 对光束的吸收率，最终提升了 RCE-PD 的量子效率和响应速度。

表 4.4 器件层结构

材料	功能	厚度/μm	掺杂类型	掺杂浓度/cm^{-3}
GaAs	HCSG	0.25	I	—
Al_2O_3	间隔层	0.3	I	—
AlGaAs	接触层	0.1	P	1×10^{19}
AlGaAs	P^+	0.3	P	3×10^{18}
GaAs	吸收层	0.31	I	1×10^{15}
GaAs	N^+	0.5	N	1×10^{18}
GaAs	截止层	0.1	N	1×10^{19}
$GaAs/Al_{0.9}Ga_{0.1}As$	DBR	2.55	I	—
GaAs	光栅	0.15	I	—

利用基于传输矩阵理论方法的 Mathcad 软件对光探测器进行量子效率的仿真计算，图 4.34 为基于新型非周期 HCSG-RCE 光探测器在入射光波长 850nm 时的量子效率。利用 Mathcad 软件对器件进行传输矩阵、折射率矩阵和相位矩阵等多种公式的计算模拟仿真。光探测器在 850nm 处具有较高的量子效率，达到了 71.8%，半高宽接近于 0.1nm。

通过对高 Al 组分的 AlGaAs 进行局部湿法氧化，从而在光栅和 AlGaAs 接触层之间得到低折射率的 Al_2O_3 间隔层，形成了新型非周期 HCSG。采用新型非周期 HCSG 组成 RCE 光探测器的顶镜，简化了 RCE 光探测器的制备难度。底部的周期 GaAs 光栅对入射光有偏振选择的特性，只有 TM 偏振光具有高透射率，而 TE 偏振光具有高反射率。顶部新型非周期 HCSG 反射镜对 850nm 的入射光束具有高反射率会聚特性，TM 模式的偏振光经反射会聚再次进入光探测器的吸收层，从而提高 RCE 光探测器的量子效率，有效地解决了光探测器在量子效率和响应速度之间的相互制约，为下一代光通信系统的发展提供了良好的基础。

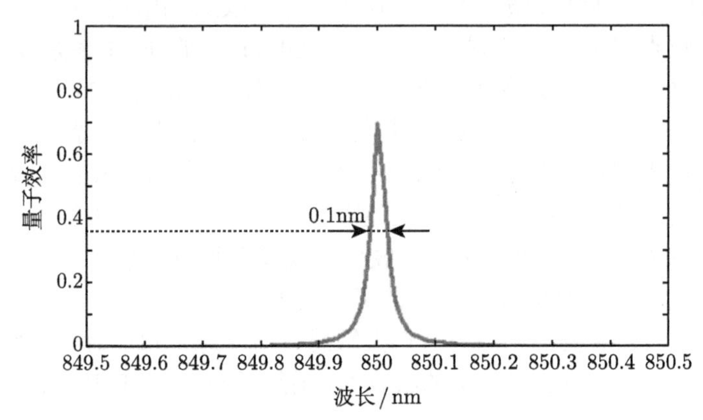

图 4.34 非周期 HCSG-RCE 光探测器的量子效率

4.2.5 HCSG-RCE 光探测器的设计与仿真

早期的反射镜主要采用金属材料制作，但是金属材料会吸收入射光束，损耗太大，因此很难达到高反射率的要求。对于金属反射镜的天然缺陷，相关科研人员提出了介质反射镜，介质反射镜显著降低了吸收损耗，提高了反射率，但是介质反射镜的沉积制备方法不够精确，导致制备难度较高，而且反射光谱范围较窄。此后，大多数反射镜为 DBR，这种反射镜通常是由两种折射率差较大的材料交替生长组成的，通常需要几十对才能达到较高反射率，因此厚度较大，不仅在集成方面带来了难度，而且在制备方面也存在一定的难题。而基于 HCSG 的反射镜不仅克服了以上各种反射镜的缺点，而且具有较高的反射率，制备工艺也较为简单且利于集成。

本节提出一种新型 $Al_{0.9}Ga_{0.1}As/Al_2O_3$ 高折射率差亚波长光栅 (AA-HCSG) 结构，Al_2O_3 作为氧化间隔层，折射率低，与 $Al_{0.9}Ga_{0.1}As$ 形成高折射率差 [32]。根据 HCSG 的相关功能特性，结合理论方法，对 AA-HCSG 结构进行仿真，通过合理选取光栅的结构参数进行设计，可以得到实现反射镜功能的新结构。将 AA-HCSG 反射镜与光探测器进行集成，提出一种 AA-HCSG 谐振增强型光探测器。器件结构由上至下依次为 AA-HCSG 反射镜、PIN 探测器结构、DBR 反射镜。顶部的 AA-HCSG 具有偏振不敏感特性和高反射率特性，对 TE 模式偏振光和 TM 模式偏振光的反射率分别为 99.1%和 98.7%。底部的 DBR 反射镜由 18 对交替排布的 $GaAs/Al_{0.9}Ga_{0.1}As$ 组成，二者构成 F-P 腔，使入射光波被限制在腔中，在两块反射镜之间来回反射，当光束在腔中来回反射时，吸收层对光束进行反复多次吸收，以此来增强本征吸收层的吸收效率，进而提高器件的量子效率，同时，通过减薄吸收层来提高响应带宽。该结构可缓解 PIN 光探测器在响应速度和量子效率之间的矛盾，有效地提高量子效率和响应带宽，可广泛应用在光通信系统中。

1. 具有偏振不敏感特性和高反射率特性的 AA-HCSG 的仿真

这里使用基于有限元法的 COMSOL 仿真软件对以上所设计的具有高反射率特性和偏振不敏感特性的周期 AA-HCSG 进行仿真验证，在仿真建模过程中，添加完美匹配层用于模拟开放边界，因为它可以完全吸收任何具有非常低 (理想情况下为零) 透射率的入射波，并且添加散射边界条件用于避免反射干扰。在 850nm 波长的入射光下，对 AA-HCSG 在不同的偏振光下的归一化电场强度分布进行建模仿真。仿真结果如图 4.35 所示，图 4.35(a) 为该周期 AA-HCSG 对 TM 模式偏振光高反射率特性的电场分布图，经计算，反射率为 99.1%；图 4.35(b) 为该周期 AA-HCSG 对 TE 模式偏振光高反射率特性的电场分布图，经计算，反射率为 99.8%。可以证明，所设计的周期 AA-HCSG 同时具有偏振不敏感特性和高反射率特性，能够达到预期功能。

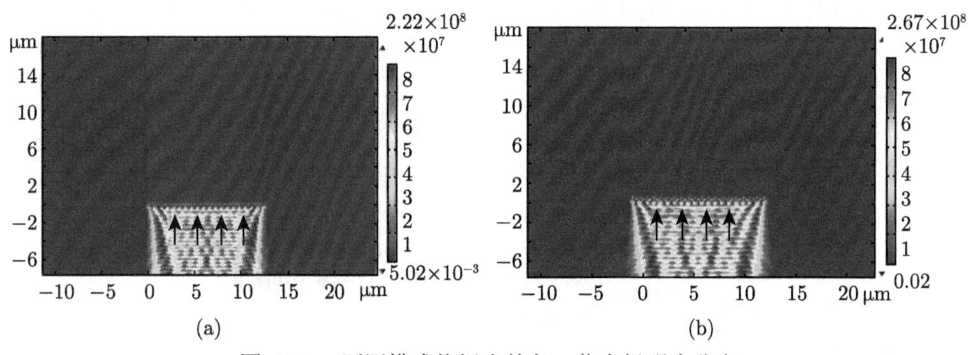

图 4.35 不同模式偏振光的归一化电场强度分布

(a) TM 偏振光；(b) TE 偏振光

此外，根据严格耦合波分析理论方法，对所选取的光栅参数仿真分析，反射率随波长变化曲线如图 4.36 所示，可以看出，在 775~875nm 波长范围内，该结构对 TE 模式偏振光的反射率都接近于 1，最低为 800nm 波长处的 98.44%，最高为 850nm 波长处的 99.85%。对 TM 模式偏振光在 850nm 波长达到峰值反射率，可达 99.99%，两侧呈缓慢下降趋势，但在 790~900nm 波长范围内均高于 95%，完全符合我们的设计预期，虽与有限元法建模仿真结果不同，但差距不大，仅为 0.8%。

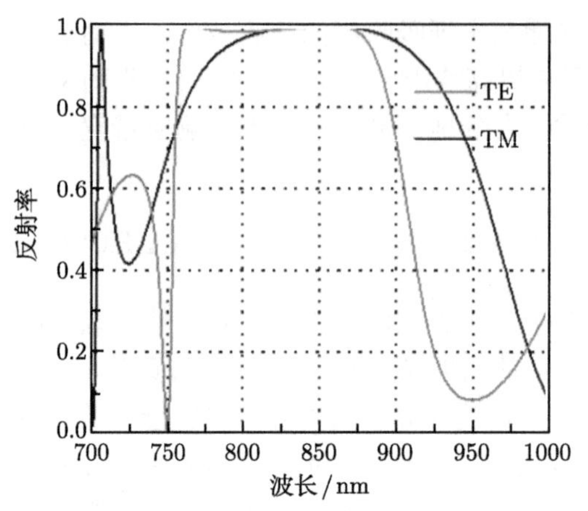

图 4.36　反射镜反射率随波长变化图

2. 基于 AA-HCSG 谐振增强型光探测器的设计

图 4.37 为基于 AA-HCSG 谐振增强型光探测器的横截面结构示意图，下方箭头为入射光方向，表 4.5 显示了器件各层的结构参数和掺杂条件。整体结构生长在 GaAs 衬底上，由 1830nm 厚的 N-GaAs 接触层、690nm 厚的 GaAs 吸收层、50nm 厚的 AlGaAs-Al_{20}GaAs、200nm 厚的 Al_{20}GaAs 层、450nm 厚的 GaAs 接触层梯度掺杂缓冲层组成。当入射光从底部垂直进入器件时，光束被吸收层吸收，未被吸收的光束被顶部的 AA-HCSG 反射，再次进入吸收层被吸收，从而提高光探测器的量子效率。吸收层厚度比较薄，载流子渡越时间较小，从而实现 AA-HCSG 谐振增强型光探测器的高响应带宽。该器件采用高反射率和偏振不敏

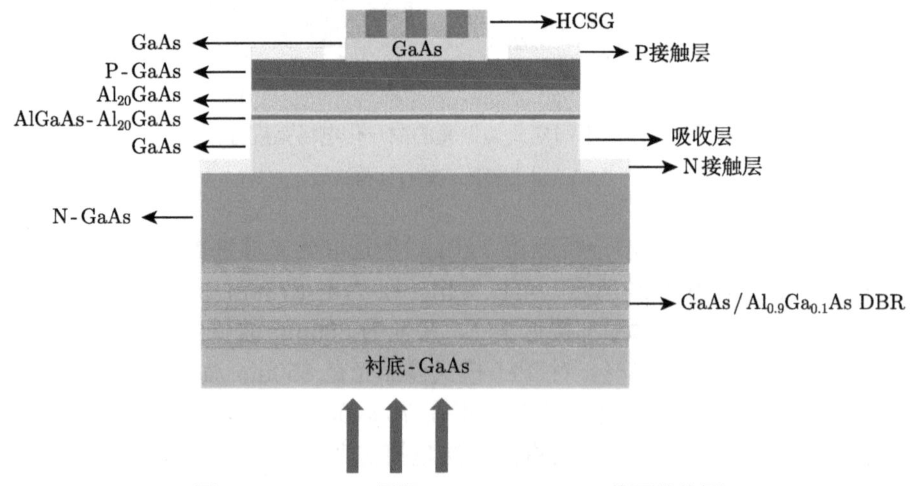

图 4.37　850nm 周期 HCSG-RCE-PD 截面结构图

感的 AA-HCSG 来增强谐振增强型光探测器对光束的吸收效果，使光探测器能够同时实现高量子效率和高响应带宽。

表 4.5 器件的层结构参数

材料	功能	厚度/μm	掺杂类型	掺杂浓度/cm^{-3}
$Al_{0.9}Ga_{0.1}As/Al_2O_3$	HCSG	0.35	本征	—
GaAs	—	0.2	本征	—
GaAs	P^+	0.45	P	7×10^{19}
$Al_{20}GaAs$	—	0.2	P	5×10^{19}
AlGaAs-$Al_{20}GaAs$	—	0.05	P	5×10^{19}
GaAs	吸收层	0.69	本征	1×10^{14}
GaAs	N^+	1.83	N	4×10^{18}
$GaAs/Al_{0.9}Ga_{0.1}As$	DBR	—	本征	—
GaAs	—	—	本征	—

传输矩阵理论方法是一种常用的数值计算方法，使用 Mathcad 仿真软件对光探测器进行量子效率的仿真计算，图 4.38 为周期 AA-HCSG 谐振增强型光探测器在 850nm 波长处的量子效率与顶部 AA-HCSG 和底部 DBR 的关系图，纵轴为量子效率，横轴为底部 DBR 对数。图中箭头表明，随着顶部 AA-HCSG 反射率的提高，光探测器的量子效率与峰值不断提高。从上述分析可以看出，顶部 AA-HCSG 的反射率越高越好，而底部 DBR 的反射率存在最优值。这是因为入射光为底部入光，当底部 DBR 达到很高的反射率后，大部分入射光被反射，难以进入谐振腔内被吸收层吸收，使光探测器的量子效率快速下降 [33]。

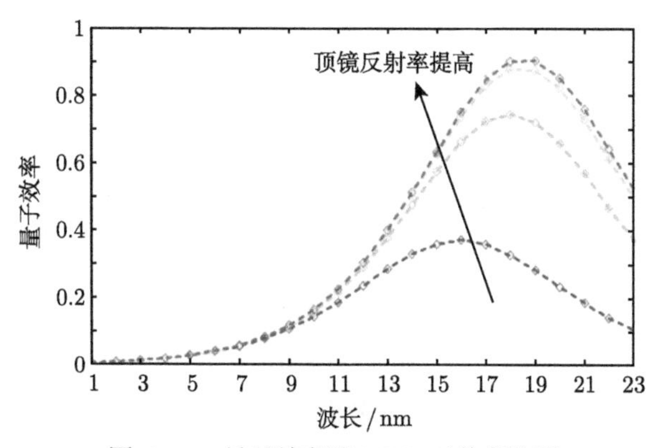

图 4.38 量子效率随 DBR 对数变化图

选取量子效率达到峰值的 18 对 DBR 反射镜。利用 Mathcad 软件对器件进行传输矩阵、折射率矩阵和相位矩阵等多种公式的计算模拟仿真。光探测器在入射光波长 850nm 处的量子效率如图 4.39 所示，量子效率达到了 90.6%，半高全宽接近于 0.2nm。

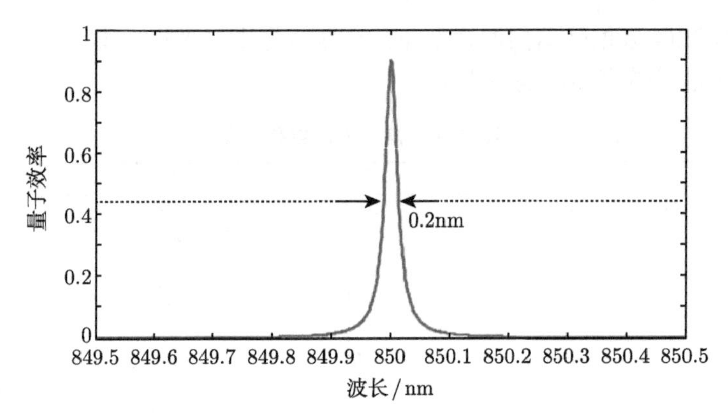

图 4.39　基于 AA-HCSG 谐振增强型光探测器在 850nm 处量子效率图

3dB 带宽是衡量光探测器器件性能的另一个重要指标，代表着频率响应下降到 3dB 时候的对应频率。3dB 带宽越大，则响应速度越快，即光电转换速度越快。3dB 带宽主要取决于载流子的渡越时间和 RC 弛豫时间 [34]。

图 4.40 给出了 AA-HCSG 谐振增强型光探测器的频率响应特性。仿真结果表明，在反偏电压为 3V、光源的光功率为 1mW 的情况下，该结构的带宽可达 34.54GHz。

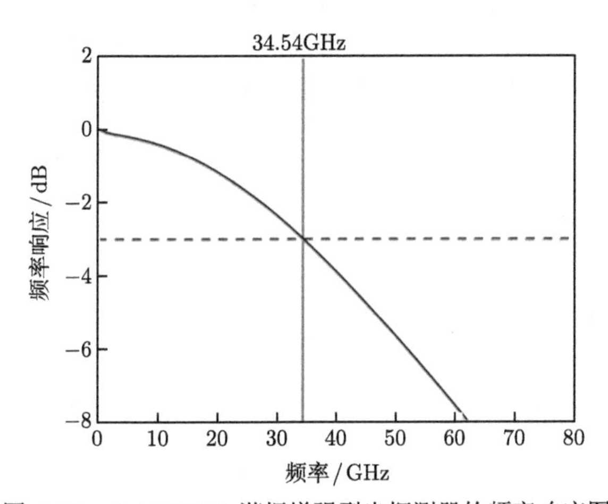

图 4.40　AA-HCSG 谐振增强型光探测器的频率响应图

4.3　V-型槽微纳结构 PIN 光探测器

微纳结构的引入可以对入射光场进行调控，增加了光子与材料的相互作用，实现吸收层中的光吸收增强。一种具有微纳结构的 PIN 光探测器 (Microstructure PIN Photodetector，MPIN-PD)，在普通的大直径 PIN 的基础上，引入了“倒锥

形空气孔 +V-型空气槽” 微纳结构。这里详细研究倒圆锥形微纳结构的深浅、顶角大小、V-型沟槽参数、倒圆锥和 V-型沟槽之间距离等参数对光探测器量子效率和 3dB 带宽的影响，对比分析相关参数，选取最优值组合来提高器件的效率带宽积。

本章对 MPIN-PD 进行量子效率、频率响应与电机设计仿真。MPIN-PD 基于传统的正常入射 $InP/In_{0.53}Ga_{0.47}As/InP$ 在 1550nm 波长下工作。外延层自上而下由重掺杂 P 型 InGaAs 欧姆接触层、P 型 InP 层、本征 InGaAs 吸收层和重掺杂 N 型 InP 接触层组成，MPIN-PD 的外延层参数如表 4.6 所示 [35]。直径为 36μm 的大面积光探测器有利于入射光的耦合。

表 4.6 器件的层结构参数

材料	厚度/μm	掺杂/cm^{-3}
$In_{0.53}Ga_{0.47}As$	0.1	P-1×10^{19}
$In_{0.65}Ga_{0.35}As_{0.245}P_{0.755}$	0.3	P-2×10^{18}
$In_{0.53}Ga_{0.47}As$	0.6	N-1×10^{16}
InP	0.6	N-3×10^{18}

通过一系列特殊的蚀刻技术，插入一个中心倒锥和一个周围的 V-型槽。一座桥将内部和外部部件连接起来，从而使该装置成为一个平行结构。MPIN-PD 的三维视图如图 4.41 所示。为了研究 MPIN-PD 中微观结构的功能，定义了一些关键参数：中心圆锥形形状的直径 d、中心圆锥边缘与 V-型槽边缘的间距 Δr、锥度角 α 和微观结构的深度 L。

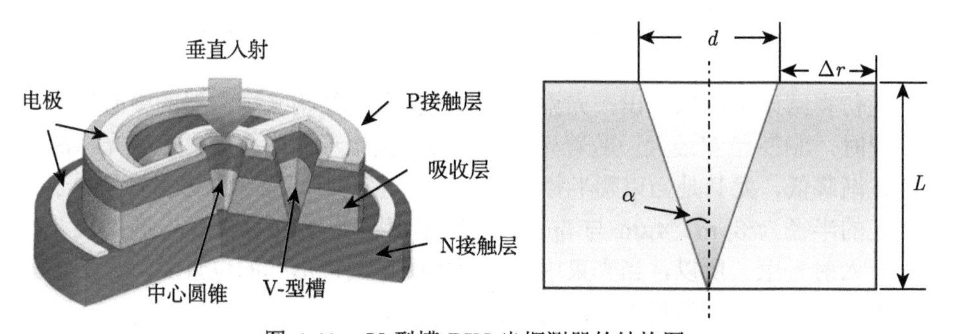

图 4.41 V-型槽 PIN 光探测器的结构图

4.3.1 V-型槽对入射光场影响的分析

这里将通过改变周围 V-型槽的大小、高斯光束的束腰半径以及中心位置，对其频率响应进行仿真分析。所采用的微纳结构光探测器为结构简单的 V-型槽 PIN 光探测器，其器件结构如图 4.42 所示，外延层参数如表 4.7 所示。光探测器的半径为 20μm，在其距离中心位置 9μm 处，打出 1.6μm 深度的倒锥形孔。当入射光的束腰半径为 1μm、2μm、3μm 与 150μm 的入射时，对光探测器的 3dB 带宽进行仿真。同时，改变入射光峰值位置，分别取峰值位置距中心为 0μm、3μm、6μm、9μm、12μm 与 15μm 进行 3dB 带宽仿真。最后，改变倒锥形孔的半径，分别选取 3μm、4μm 和 5μm，仿真结果如图 4.43 所示。

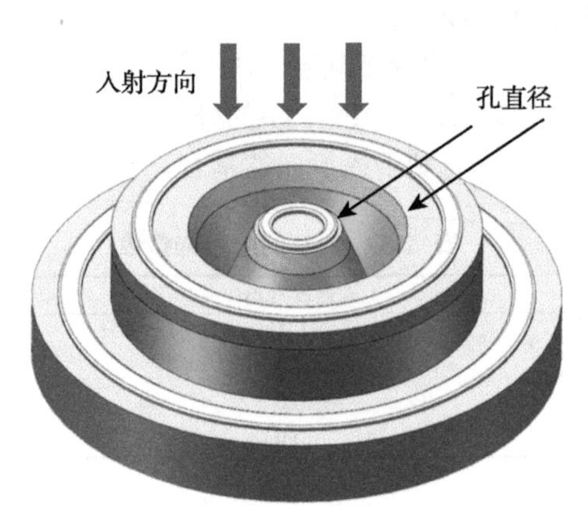

图 4.42 V-型槽 PIN 光探测器的器件结构

表 4.7 V-型槽 PIN 光探测器的外延层参数

材料	厚度/nm	掺杂浓度/cm^{-3}
P-InP	300	5×10^{18}
I-InGaAs	1300	1×10^{15}
N-InP	300	3×10^{18}

从仿真结果中可以看出，光束中心位置在微纳结构光探测器的中心位置或边缘位置时，3dB 带宽最大。随着光束的中心向倒锥形孔中心处靠近，光探测器的带宽逐渐降低，尤其是当束腰半径为 1μm 时，带宽接近于 0。这主要是由于，倒锥形孔的半径为 3μm、4μm 与 5μm，相比于束腰半径 1μm 来说，孔的尺寸已经远大于入射光束。所以，当光束中心位置集中在倒锥形孔的位置时，光探测器吸收到的光较少，从而影响了其高速性能。

当光束的中心位置在微纳结构光探测器的中心与边缘位置时，光束越集中，即束腰半径越小，微纳结构光探测器的 3dB 带宽越大。这是由于光束集中时，光探测器会在光束集中处产生大量的光生载流子。光生载流子会向两侧浓度低的地方进行横向扩散，从而缓解载流子的堆积问题，降低空间电荷效应，从而提升光探测器的带宽。而随着光束向孔中心的位置移动，光束越集中，带宽降低得越快。在光束中心位置处于孔的中心位置时，光束越集中，带宽越低。由于束腰半径为 150μm

时，高斯光束接近于平面光，在直径为 40μm 的器件范围内，光强基本相等，所以光束中心位置对光探测器的带宽几乎没有影响。

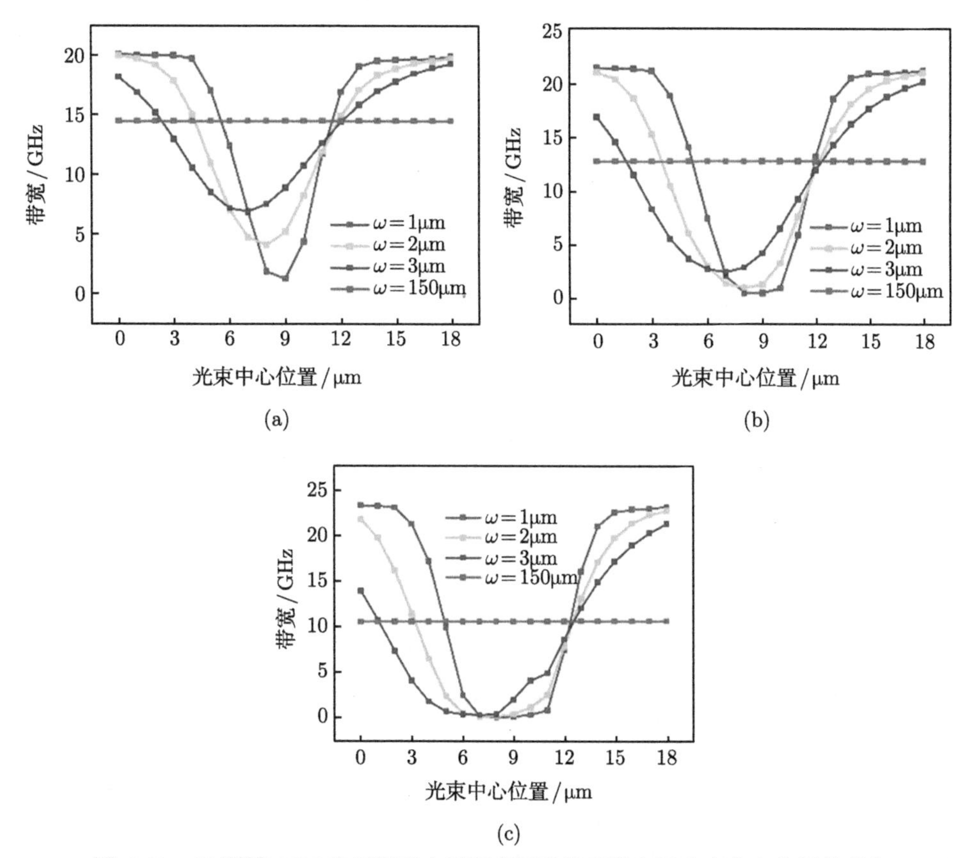

图 4.43 V-型槽 PIN 光探测器在不同束腰半径下带宽随光束中心位置的变化

(a) 孔半径为 3μm；(b) 孔半径为 4μm；(c) 孔半径为 5μm

在不同孔半径下，光束中心在光探测器的中心位置时，入射光场分布对微纳结构光探测器的带宽影响如图 4.44 所示。当光束较为集中时，微纳结构光探测器的 3dB 带宽随着倒锥孔半径的增加而增加。这是因为，打孔深度为 1.6μm，将吸收层分为两部分，随着孔半径的增加，光束集中在中心位置，器件中心位置的吸收层体积减小，能够减小光探测器的结电容，从而提升其带宽。相比于束腰半径较大的光束，微纳结构光探测器的带宽逐渐降低。这是因为，束腰半径较大的光束，接近于平行光，其光束基本能够覆盖整个器件，所以孔越大带宽越低。

由以上分析可知，光束的中心位置与周围 V-型槽的半径对微纳结构光探测器的影响较大。当光束中心位置靠近 V-型槽的中心位置时，3dB 带宽逐渐下降。

V-型槽的半径变化也会对 3dB 带宽产生较大的影响。当光束较为集中，即小束腰半径时，孔的半径越大，带宽越高。因此，相比较于平面光，选择合适束腰半径与入射光位置的高斯光束，对微纳结构光探测器的 3dB 带宽具有一定的提升效果。

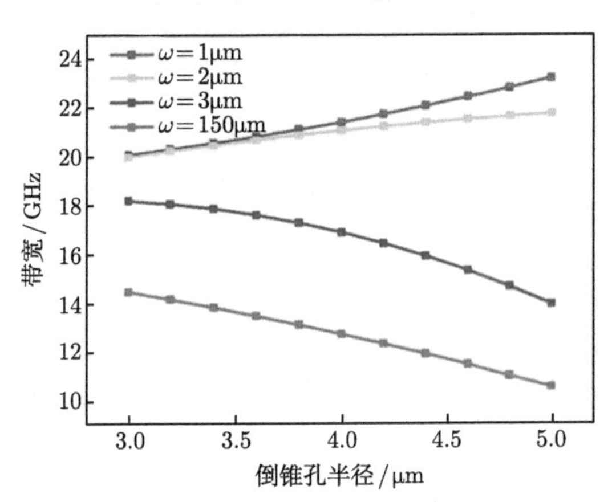

图 4.44　V-型槽 PIN 光探测器在不同束腰半径下带宽随倒锥孔半径的变化

4.3.2　V-型槽对量子效率影响的分析

首先，利用时域有限差分 (Finite Difference Time Domain，FDTD) 求解软件研究不同器件对入射光子的吸收和量子效率的影响。所有 PD 均为正入射，中心波长为 1550nm 的高斯型波。在横向采用了完全匹配层边界条件。由于 P 区和 N 区是宽禁带半导体 (InP)，在本征区之外根本没有吸收发生，所以这里在吸收层周围定义了 FDTD 模拟区。吸收功率由两种方法计算。一种方法是 $A_{\mathrm{PD}} = (1 - R_{\mathrm{PD}} - T_{\mathrm{PD}})$，其中 R_{PD} 表示局部放电表面的反射率，T_{PD} 表示光通过局部放电后的透过率。另一种方法是使用 FDTD 中的分析组。这里对这两种方法进行了比较，得到相似的吸收功率结果。此外，当分析组被利用时，不仅可以获得吸收率，还可以获得写入 G 的载流子产生率和写入 J_{SC} 的短路电流密度。这里采用了生成率分析组。

根据文献 [36]，光子生成速率 G 与耗尽区宽度关系如下：

$$G(x) = \eta \frac{P_{\mathrm{in}}(1 - R_{\mathrm{ref}})}{Ah\nu} \alpha \mathrm{e}^{-\alpha x} \tag{4.66}$$

式中，η 是固有量子效率；P_{in} 是由顶部入射到 PD 的光总功率；A 是探测器的有效面积；$h\nu$ 是光子能量；α 是材料吸收；R_{ref} 是上表面的功率反射率。

就 MPIN-PD 而言，器件吸收层中的横向传播光与另一垂直部分相遇，从而产生相干增强效应。同时，孔降低了器件表面的反射率。这两种方法都会在吸收区产生更多的电子–空穴对，这使得 MPIN-PD 的效率更高，尽管由于微孔的存在，活性区面积减小。

仿真中设置平面光由 P 极垂直入射到光探测器，波长为 1550nm，侧向使用 PML 边界条件。因为器件的 P 区和 N 区都是宽禁带材料 InP，不会吸收入射光，所以仿真区域设置为整个吸收区。

这里分别使用了两种仿真方法，并将结果进行比对：一是在光探测器的入射面和底面分别加监视器求透射，利用公式 $A_{\mathrm{PD}}=(1-R_{\mathrm{PD}}-T_{\mathrm{PD}})$ 计算出吸收率 [37]；二是利用 FDTD 中内嵌的分析组，直接计算出光吸收率。经过比较，两者计算出来的光吸收率几乎一致，在一定程度上间接证明了仿真结果的可靠性。在本书中，假设器件的内量子效率为 1，即所有进入光探测器的光子全部转化为电子–空穴对。

图 4.45 表示了在 “中心孔 + 周围槽” 型微结构 PIN 光探测器 (Hole-Groove Microstructure PIN Photodetector，HG-MPIN-PD) 中不同剖面上的载流子生成率，可以看出，在中间部分的载流子多于周围的，这是因为，在 HG-MPIN-PD 中，吸收层中由于存在倒圆锥形和 V-型槽结构而使光横向传播，并与原本垂直传播的光发生相干，产生了明暗相间的条纹。孔状结构还能降低器件表面的反射，所以，即使微纳结构使有源区面积减小，但其光生载流子生成率并没有降低，甚至当选择适当的结构参数时还能得到提升。

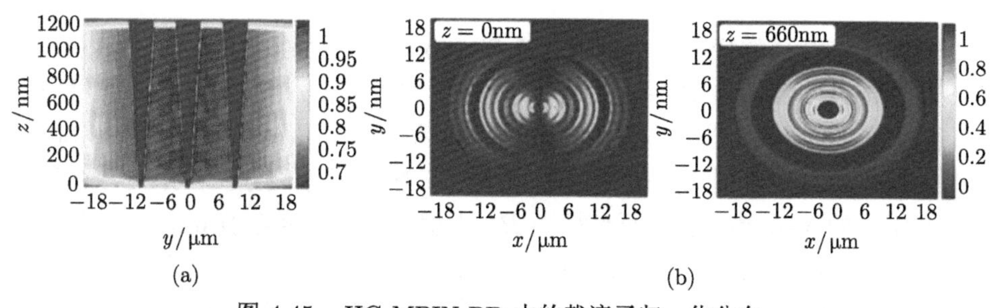

图 4.45 HG-MPIN-PD 中的载流子归一化分布

(a) y,z 平面；(b) $z=0$ 及 $z=660\mathrm{nm}$ 时的 x,y 平面

微纳结构的具体参数对器件的性能有明显的影响，倒锥形微纳结构的结构参数有深度、直径、角度等，这里采取控制变量法来逐个优化。图 4.46 中是对量子效率、短路电流 (J_{sc}) 和载流子生成率 (G) 的参数进行仿真的结果。首先，只对固定锥度角为 90° 时的单孔微纳结构进行设计，设置倒锥的深度分别为 1000nm、1300nm、1600nm、1900nm、2200nm 和 2500nm。由图 4.46(a) 看出，当 L 大于 1900nm 时，量子效率提高到 44%以上。考虑到在制备中不同材料层需要用到不同的腐蚀液，而且孔越深时发生侧蚀的可能性越大，为了减少蚀刻过程的复杂

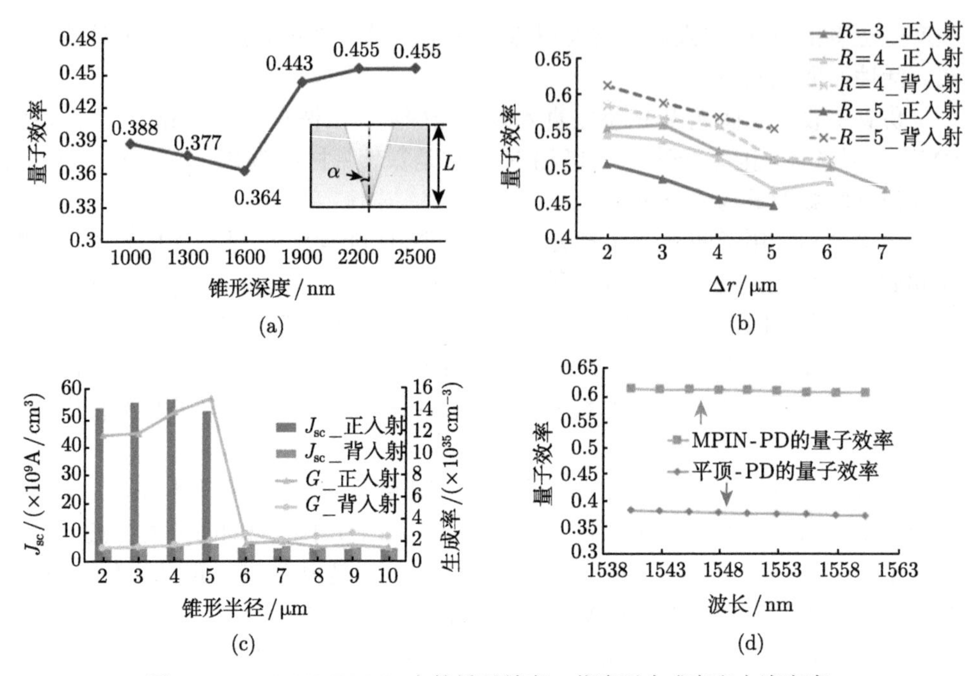

图 4.46　HG-MPIN-PD 中的量子效率、载流子生成率和电流密度

(a) 量子效率随倒锥孔半径的变化；(b) 量子效率随两种微纳结构间距 Δr 的变化；(c) 不同入射方向时 G 和 J_{sc} 的最大值；(d) 光探测器效率谱

性，同时保证较高的量子效率，这里选择 1900nm 的蚀刻深度进行后续的优化工作。其次，设倒锥半径 $R=d/2$ 从 2μm 遍历到 10μm，步长为 1μm。提取 G 和 J_{sc} 参数后可以看到，当 R 小于 5μm 时，G 和 J_{sc} 的最大值远大于 $R>5\mu\mathrm{m}$ 时的最大值。单有中心倒锥孔时 PD 的量子效率略有提高，接下来引入一个围绕中心倒圆锥形的 V-型槽，设锥面半径为 R，V-型槽的直径为定值 6μm，其性能由 R 和间距 Δr 决定。然后对半径和间距 $(R/\Delta r)$ 分别为 3μm/2～7μm、4μm/2～6μm、5μm/2～5μm 的量子效率进行了研究。在掺杂的 PN 接触区域电场几乎为 0，所以在 P 掺杂区和 N 掺杂区被吸收的光子对量子效率几乎没有贡献。一方面，微纳结构的存在使吸收层面积减小而使量子效率降低，另一方面，微纳结构侧面结构改变光路而增长光程，使量子效率变大，最终器件的量子效率大小是由两方面共同决定的。当倒锥孔的深度小于 1600nm 时，面积减小起主导作用；而当锥孔越深时，光程增加对量子效率的影响就更加明显。因此，最小的量子效率值发生在 1600nm 左右的深度。在 −5V 偏置电压下，当中心倒锥孔半径为 3μm 且 Δr 为 2μm 的 HG-MPIN-PD 由背面入射时，器件的量子效率增大到 61%，与传统平顶的 PIN-PD 的量子效率相比，提高了 58%。在图 4.46(c) 中，当倒锥半径为 3μm、4μm 和 5μm 时，背入射时光探测器的吸收率大于正入射时的吸收率，这

可能是由于：当光穿过不同的材料时，界面处总是存在反射光和折射光，当入射光由光探测器的正面进入吸收层时，是由光疏介质 (空气) 到光密介质 (InP 或 InGaAs)；相反，在背入射情况下，光以入射角 β 从光密介质向光疏介质传播，满足 $\beta = 90° - \alpha$。随着倒锥半径 r 的增大，入射角减小，当倒锥孔半径小于 5μm 时，器件背入射时光束发生全内反射，可以实现更多的光子捕获，从而提高了量子效率。选取中心波长为 1550nm，在 1540~1560nm 波长范围进行仿真，如图 4.46(d) 所示，在此波长范围内量子效率保持几乎不变，且 HG-MPIN-PD 的量子效率比普通平顶光探测器的量子效率高大约 23%。

由上面的分析可知，加入微纳结构后，中心的倒锥和 V-型槽形状可以在垂直方向和横向提供一系列的传输模式，这里所引入的倒锥形和 V-型槽开口处的直径为 4~18μm，远大于 1550nm 的波长。当垂直入射的光遇到微纳结构的斜边时，它们折射后进入器件吸收层横向传播。由于光探测器尺寸较大，光线改变原来的垂直方向到倾斜甚至水平方向，从而扩展了光路。同时应该注意，在倒锥和 V-型槽的尖端处产生较强会聚，但由于它们之间有一定的距离而避免了周围强电磁场的出现。结果表明，微纳结构虽然在一定程度上减小了有源区面积，却由于光程的增加，从而能提供更好的吸收。

4.3.3 V-型槽对频率响应影响的分析

在动态激励下，异质结 PIN-PD 频率响应由三个主要机制决定：总光电二极管电容的影响，包括结电容和任何其他外部寄生电容；在耗尽层上漂移的载流子的渡越时间；异质结处的电荷俘获。一旦选择了器件材料，第三个元件就相对固定。因此，R_{C} 截止和传输时间是实际技术优化的 PIN-PD 的主要限制。从频域渡越时间分析中提取的光电流可以与光电流发生器相关联。虽然 PIN-PD 频率响应的表达式相当复杂，但在某些极限情况下仍可以简化如下：

$$
\begin{aligned}
f_{3\mathrm{dB,tr}} &= 0.443\frac{3.5\bar{v}}{2\pi\cdot W} \\
\frac{1}{\bar{v}^4} &= \frac{1}{2}\left(\frac{1}{v_{\mathrm{n,sat}}^4}+\frac{1}{v_{\mathrm{p,sat}}^4}\right)
\end{aligned}
\tag{4.67}
$$

其中，$f_{3\mathrm{dB,tr}}$ 称为渡越时间限制截止频率。我们也可以估计 R_{C} 极限截止频率。在 R_{D} (并联二极管电阻) 远大于 R_{S} (串联寄生二极管电阻) 和 R_{L} (负载电阻) 的条件下，3dB R_{C} 限制光电二极管带宽由下式给出：

$$
\begin{aligned}
f_{3\mathrm{dB},R_{\mathrm{C}}} &= \frac{1}{2\cdot\pi\cdot R\cdot C} \\
C = C_{\mathrm{P}} + C_{\mathrm{j}}&,\quad C_{\mathrm{j}} = \frac{\varepsilon A}{W}
\end{aligned}
\tag{4.68}
$$

其中，A 是活性区的面积；W 是耗尽区的厚度。这里采用 Silvaco 仿真软件 (ATLAS) 对光探测器进行仿真模拟。仿真过程中采用的物理模型包括漂移–扩散输运模型、迁移率模型、能量平衡输运模型、载流子产生–复合模型等。仿真中需要选取适当的物理模型和材料参数，以确保仿真计算的可靠性。仿真中，在低电场条件下采用浓度依赖性迁移率 (CONMOB) 模型。在高电场条件下，使用平行电场迁移率 (FLDMOB) 模型 [38]。此外，根据半导体物理及器件的基本理论，在仿真过程中，使用漂移扩散模型与费米–狄拉克 (Fermi-Dirac) 载流子统计模型进行载流子传输运算。采用的载流子复合模型包括浓度依赖性的 Shockley-Read-Hall (SRH) 和俄歇复合模型。在上述物理模型下，建模准三维 (圆柱坐标) 结构并使用牛顿法获得数值解。

图 4.47 为普通平顶 PIN-PD、单孔 PIN-PD 及具有两种孔结构的 HG-MPIN-PD 的渡越带宽、结电容、总带宽及指标因子 (Figure of Merit，FOM) 效率带宽积的仿真及计算结果比较。结果表明，HG-MPIN-PD 比普通平顶 PIN-PD 和单孔的 PIN-PD 具有更高的带宽，而且虽然微纳结构对渡越时间和电容产生的影响大小不同，但都能够缩短渡越时间以及减小电容。这里将倒锥的半径依次设置为 3μm、4μm 和 5μm，分别仿真了正入射和背入射时光探测器的带宽。对整个微纳结构光探测器带宽进行仿真并优化其中心孔半径及孔与槽的间距，最终在 $R = 5\mu m$

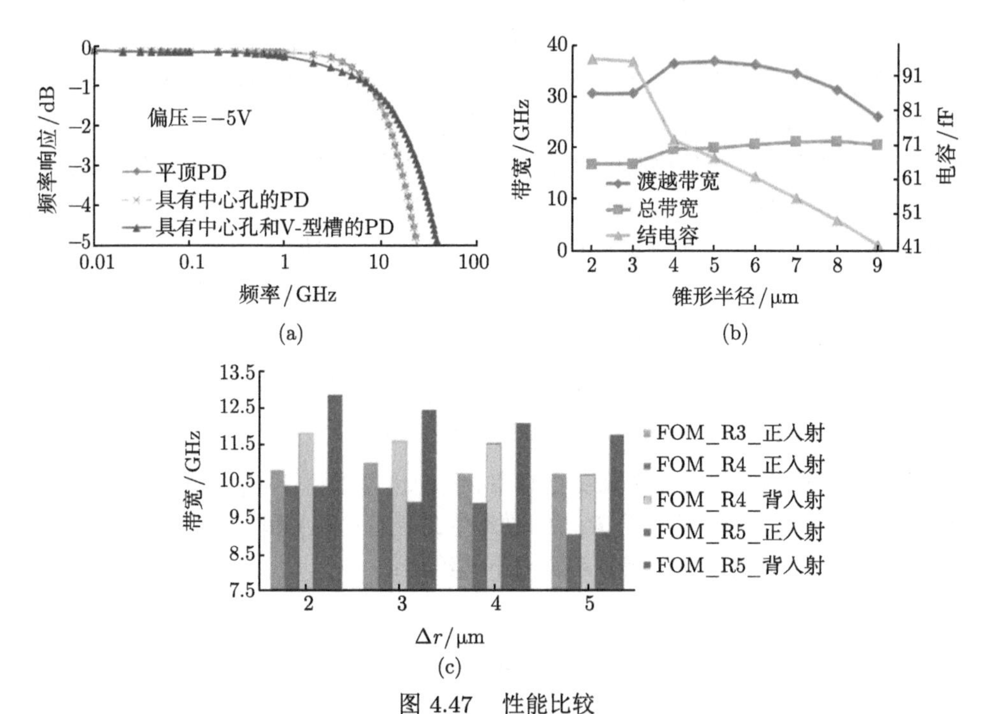

图 4.47　性能比较

(a) 普通平顶 PIN-PD 与微纳结构 PIN-PD 的 3dB 带宽比较；(b) 渡越带宽；(c) FOM 随 Δr 的变化

和 $\Delta r = 5\mu m$ 时获得 HG-MPIN-PD 的最高带宽达 21.72GHz@−5V，而相同条件下的普通平顶 PIN-PD 的带宽约为 18GHz。如图 4.47(c) 所示，在相同条件下，除 $\Delta r = 2\mu m$ 外，HG-MPIN-PD 的最佳 FOM 值为 13.14GHz，比平顶 PD 的 FOM 高出 84.05%以上。

与集成圆形光栅的蘑菇型台面光探测器相比较，优化后的 HG-MPIN-PD 具有 61%的量子效率，高于蘑菇型台面光探测器的 45%，而且与后者相比，HG-MPIN-PD 具有更低的集成复杂性。在带宽方面，当有源区面积为 $706\mu m^2$ 和 $1020\mu m^2$ 时，蘑菇型光探测器和 HG-MPIN-PD 的响应速度分别为 30GHz 和 21GHz。

4.3.4 “方向盘”型电极的仿真分析

正入射的普通平顶 PIN-PD 往往具有环形 P 电极，本节设计的 HG-MPIN-PD 由于槽的存在，使 P 接触层不再是一个整体部分。这里分别研究了只在中间部分加环形电极或在 V-型槽外围加环形电极进行的器件带宽的仿真。电极位置不同，得到的结果也不一样。这是因为，当在光探测器上做了较大厚度的倒锥孔和 V-型槽微纳结构时 (比如贯穿了 P 区、吸收区和 N 区)，光探测器可看作被微纳结构分割成内部小环和外部大环两个独立的部分。当电极只加在某一部分时，仿真只得到了其中一部分光探测器的带宽，而没有将另一部分考虑进去。因为只考虑一部分时有源区面积比整体时大大减小，所以单独加一部分电压时得到的带宽偏高。同时，如果只在一部分 P 接触层上加电极，则只有该部分的光生载流子被导出，而另一部分载流子由于被微纳结构阻挡而不能导出，从而造成电流变小，响应度也变小。这样在设计器件结构时，内外两部分光探测器通过共线的桥连接起来，而电极除各自镀上环形电极外，它们之间还通过镀在桥上的条形电极连接，因此整个 P 电极呈 “方向盘” 形状 [39]，如图 4.48 所示。

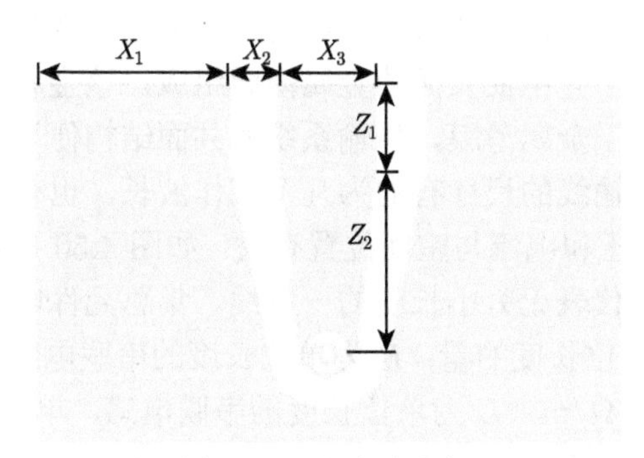

图 4.48 方向盘电极

由于使用 Atlas 仿真时采用的是 2.5 维，即对由 Athena 导出的平面结构进行旋转 360° 后的立体结构进行仿真，所以难以完全建立起和设计中一模一样的带有桥结构的光探测器，对器件带宽的评估会造成一定的偏差。将内外两部分器件的接触层在仿真时设置为同一个阳极 (Anode)，加同样大小的反向偏置电压，可以实现设计中的效果。同时可以看到，两个光探测器是共阳极和共阴极 (同一个 N 电极) 的，相当于内外两个不同形状的光探测器的并联，所以带宽比其中一部分的略有下降，如图 4.49 所示。

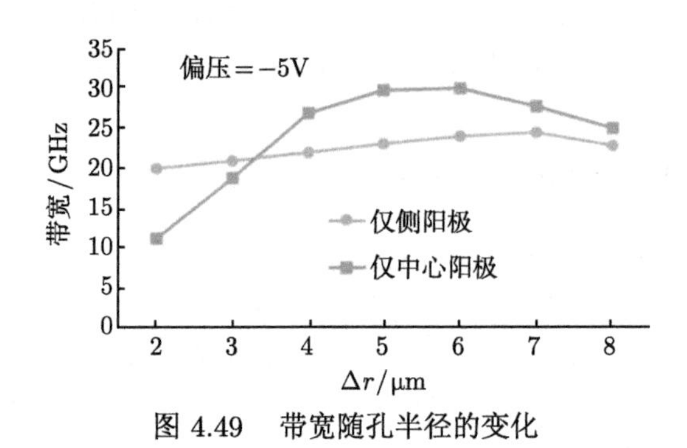

图 4.49 带宽随孔半径的变化

光探测器中的光生载流子渡越到达接触层后通过电极被外电路收集，制备时往往将 P 电极和 N 电极通过后工艺设计制作到同一平面，形成“共面波导”大电极。在研究光探测器的电极分布时，不仅要考虑到接触电极，而且还应包括外部大电极。研究表明，光探测器的性能受到共面波导电极分布和材料 [40] 的影响。由于本书中的微纳结构光探测器的 P 电极需要具有类似“方向盘”的特殊形状，所以应该对电极参数进行优化仿真，以便对光探测器的性能进行整体评估，光探测器的电极尺寸按照标准的地–信号–地 (GSG) (间距 150μm) 探针设计。

本书设计的 HG-MPIN-PD 基于正入射的环形 P 电极 PIN-PD 结构，其电极宽度大小为几个波长，此时的共面波导电极上的电特性与其空间位置排布密切相关。共面波导由位于介电板表面的金属薄膜组成，该金属薄膜上有两个接地电极，它们相邻并平行于金属薄膜，传输系统的共面结构便于混合集成电路中外部元件的并联连接。传输线的尺寸有的为几个工作波长，也有的是工作波长的几分之一，传输线上的电压和电流与空间位置有关。如图 4.50 所示，传输线经常用双线来表示，其中 Δz 代表无穷小长度的一段线，集总元件电路为其等效电路，其中 R，L，G，C 为单位长度的量；R 为单位长度的串联电阻，是由导体的有限电导率产生的，单位为 Ω/m；L 为单位长度的串联电感，单位为 H/m；G 为单位长度的并联电导，表示两导体间填充材料的介电损耗，单位为 S/m；C 为单位长度的并联电容，是由两导体间的较小距离形成的，单位为 F/m。若干个线段的级联可以看作有限长度的传输线。

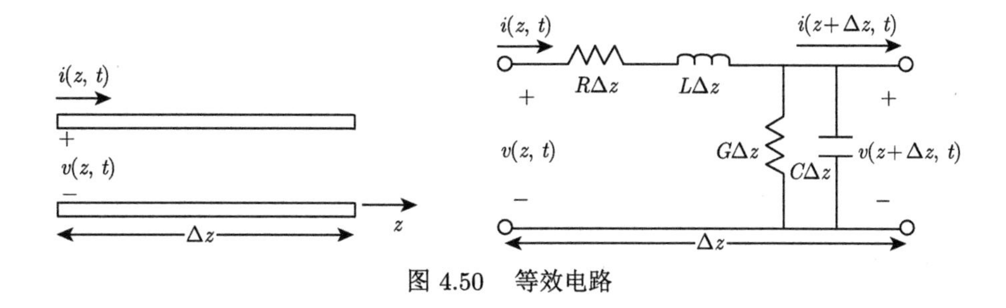

图 4.50 等效电路

对于图 4.50 所示的电路，可以应用基尔霍夫电压定律给出

$$v(z,t) - R\Delta z i(z,t) - L\Delta z\frac{\partial i(z,t)}{\partial t} - v(z+\Delta z,t) = 0 \tag{4.69}$$

而由基尔霍夫电流定律导出

$$i(z,t) - G\Delta z v(z+\Delta z,t) - C\Delta z\frac{\partial v(z+\Delta z,t)}{\partial t} - i(z+\Delta z,t) = 0 \tag{4.70}$$

式 (4.69) 和式 (4.70) 除以 Δz 并取 $\Delta z \to 0$ 的极限得到以下微分方程：

$$\frac{\partial v(z,t)}{\partial z} = -Ri(z,t) - L\frac{\partial i(z,t)}{\partial t}$$

$$\frac{\partial i(z,t)}{\partial z} = -Gv(z,t) - C\frac{\partial v(z,t)}{\partial t} \tag{4.71}$$

这些方程就是传输线方程的时域形式 [41]。

对于简谐稳态条件，具有余弦型的向量形式，因此式 (4.71) 的频域形式可以写成

$$\frac{\mathrm{d}V(z)}{\mathrm{d}z} = -(R+\mathrm{j}\omega L)I(z)$$

$$\frac{\mathrm{d}I(z)}{\mathrm{d}z} = -(G+\mathrm{j}\omega C)V(z) \tag{4.72}$$

式 (4.72) 两个方程可以联立求解，得到关于 $V(z)$ 和 $I(z)$ 的波方程：

$$\frac{\mathrm{d}^2V(z)}{\mathrm{d}z^2} - \gamma^2V(z) = 0$$

$$\frac{\mathrm{d}^2I(z)}{\mathrm{d}z^2} - \gamma^2I(z) = 0 \tag{4.73}$$

其中，$\gamma=\alpha+\mathrm{j}\beta=\sqrt{(R+\mathrm{j}\omega L)(G+\mathrm{j}\omega C)}$ 为复传播常数，它是频率的函数。式 (4.74) 的行波解可以求出，具体为

$$V(z)=V_{\mathrm{o}}^{+}\mathrm{e}^{-\gamma z}+V_{\mathrm{o}}^{-}\mathrm{e}^{\gamma z}$$

$$I(z)=I_{\mathrm{o}}^{+}\mathrm{e}^{-\gamma z}+I_{\mathrm{o}}^{-}\mathrm{e}^{\gamma z} \tag{4.74}$$

其中，$\mathrm{e}^{-\gamma z}$ 项代表沿 $+z$ 方向的波传输；$\mathrm{e}^{\gamma z}$ 项代表沿 $-z$ 方向的波传输。传输线上的电流为

$$I(z)=\frac{\gamma}{R+\mathrm{j}\omega L}\left[V_{\mathrm{o}}^{+}\mathrm{e}^{-\gamma z}-V_{\mathrm{o}}^{-}\mathrm{e}^{\gamma z}\right] \tag{4.75}$$

和式 (4.75) 比较后，可以将特征阻抗 Z_0 定义为

$$Z_0=\frac{R+\mathrm{j}\omega L}{\gamma}=\sqrt{\frac{R+\mathrm{j}\omega L}{G+\mathrm{j}\omega C}} \tag{4.76}$$

就有

$$\frac{V_{\mathrm{o}}^{+}}{I_{\mathrm{o}}^{+}}=Z_0=\frac{-V_{\mathrm{o}}^{-}}{I_{\mathrm{o}}^{-}} \tag{4.77}$$

这样，式 (4.77) 可以写成如下形式：

$$I(z)=\frac{V_{\mathrm{o}}^{+}}{Z_0}\mathrm{e}^{-\gamma z}-\frac{V_{\mathrm{o}}^{-}}{I_{\mathrm{o}}^{-}}\mathrm{e}^{\gamma z} \tag{4.78}$$

可以看出，式 (4.77) 和式 (4.78) 物理含义是传输线上电压和电流的通解，分别表示传输线上入射波与反射波的叠加。通常使用传播常数、特征阻抗、驻波比等参数来表征微波传输线的性能。

1. 传播常数 γ

传播常数 γ 代表着电磁波在传输介质中的变化特性：

$$\gamma=\alpha+\mathrm{j}\beta=\sqrt{(R+\mathrm{j}\omega L)(G+\mathrm{j}\omega C)} \tag{4.79}$$

式中，实部 α 表征衰减常数，单位为奈培/米 (NP/m) 或分贝/米 (dB/m)，表示单位长度行波振幅衰减 $\mathrm{e}^{-\alpha}$ 倍；虚部 β 表征相移常数，单位为弧度/米 (rad/m)，表示单位长度行波相位滞后的弧度数。传播常数通常为频率的复杂函数。

2. 特征阻抗 Z_0

特征阻抗通常在传输线实现匹配，即在无反射的情况下定义，入射波电压与入射波电流之比：

$$Z_0 = \frac{R + \mathrm{j}\omega L}{\gamma} = \sqrt{\frac{R + \mathrm{j}\omega L}{G + \mathrm{j}\omega C}} \tag{4.80}$$

通常情况下，R、G 远小于其他两项，因此特征阻抗可以近似为 $Z_0 = \sqrt{L/C}$。当频带由 30~300MHz，即甚高频或者是存在极大损耗的情况下，其阻抗 R，G 会对特征阻抗有较大的影响。在实际应用中，往往最关注特征阻抗的幅值，其与传输线几何结构尺寸和介电常量有关。

3. 输入阻抗 Z_{in}

输入阻抗代表传输线上由反射波和入射波叠加组成的合成波的阻抗特性。传输线上任意一点的合成波电压与合成波电流之比为输入阻抗 Z_{in}：

$$Z_{\mathrm{in}}(z) = \frac{V(z)}{I(z)} \tag{4.81}$$

式中，括号内的 z 为坐标，即传输线上任意一点 z 处都有相应的输入阻抗 Z_{in}。代入 $V(z)$ 和 $I(z)$ 可得到传输线上距离负载 l 处的输入阻抗 Z_{in}：

$$Z_{\mathrm{in}}(-l) = \frac{V_{\mathrm{L}}\mathrm{ch}(\gamma l) + I_{\mathrm{L}}Z_0\mathrm{sh}(\gamma l)}{I_{\mathrm{L}}\mathrm{ch}(\gamma l) + \dfrac{V_{\mathrm{L}}}{Z_0}\mathrm{sh}(\gamma l)} = Z_0\frac{Z_{\mathrm{L}} + Z_0\mathrm{th}(\gamma l)}{Z_0 + Z_{\mathrm{L}}\mathrm{th}(\gamma l)} \tag{4.82}$$

式中，Z_{L} 为终端负载阻抗，$Z_{\mathrm{L}} = \dfrac{V_{\mathrm{L}}}{I_{\mathrm{L}}}$；$l$ 为观察点与负载之间的距离。

4. 反射系数 $\varGamma$

传输线上任意一点的电压反射系数为该点的反射电压波与入射电压波之比，用 $\varGamma_v(z)$ 表示：

$$\varGamma_v(z) = \frac{V^-(z)}{V^+(z)} \tag{4.83}$$

若该位置的传输线特征阻抗为 Z_0，输入阻抗为 Z_{in}，则反射系数与输入阻抗之间的关系为

$$\varGamma = \frac{Z_{\mathrm{in}} - Z_0}{Z_{\mathrm{in}} + Z_0} \tag{4.84}$$

5. 驻波比 ρ

在微波测量中，反射系数通常不方便直接测量，难以测出线上某一点的入射波电压和反射波电压及它们的相位差。但易于测量沿线各点的电压 (或电流) 大小分布，即测量线上入射波和反射波合成的驻波图形。因此，驻波比 ρ 为传输线上电压振幅的最大值和最小值之比，即

$$\rho=\frac{|V|_{\max}}{|V|_{\min}} \tag{4.85}$$

传输线上电压在入射波电压与反射波电压反相位时出现最小值，同相位时出现最大值。因此，对于无耗传输线，

$$\begin{aligned}|V|_{\max}&=|V^{+}(z)|+|V^{-}(z)|=|V^{+}(z)|[1+|\Gamma|]\\|V|_{\min}&=|V^{+}(z)|-|V^{-}(z)|=|V^{+}(z)|[1-|\Gamma|]\end{aligned} \tag{4.86}$$

驻波比与反射系数之间的关系是

$$|\Gamma|=\frac{\rho-1}{\rho+1} \tag{4.87}$$

传输线上驻波比也称为驻波系数，用 VSWR 表示。有时也用行波系数 K 表示，它是驻波系数的相反数。

6. S 参数

散射矩阵即 S 参数矩阵，反映了端口的入射电压波和反射电压波的关系。散射参量能够直接用网络分析仪测量得到。其他矩阵参量也能由网络的散射参量变换出来。

二端口网络如图 4.51 所示，其有四个 S 参数，S_{ij} 为能量从 j 口注入，在 i 口测得的能量，S_{11} 是当端口 2 匹配时，端口 1 的反射系数；S_{22} 是当端口 1 匹配时，端口 2 的反射系数；S_{12} 是当端口 1 匹配时，端口 2 到端口 1 的反向传输系数；S_{21} 是当端口 2 匹配时，端口 1 到端口 2 的正向传输系数；对于互易网络，则 $S_{12}=S_{21}$；对于无耗网络，则 $(S_{11})^2+(S_{12})^2=1$。光探测器单元的输入信号经电极传输线传输，所以光探测器及其阵列的共面波导结构电极，能够等效成一个二端口网络。在图 4.51 中，信号从端口 1 输入，输出端口为端口 2，那么 S_{11} 表示回波损耗。回波损耗越小越好，一般 $S_{11}<0.1$，即 -20dB；S_{21} 表示插入损耗，其理想值为 1，即 0dB，S_{21} 越大，表示传输的效率越高，一般要求 $S_{21}>0.7$，即 -3dB[41]。

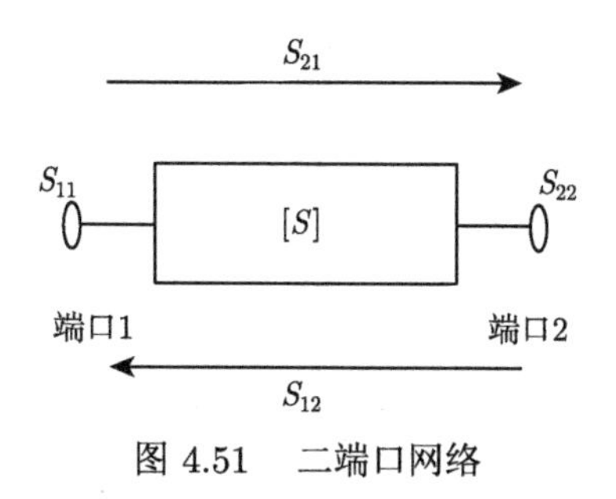

图 4.51 二端口网络

本书采用电磁仿真软件 HFSS (High Frequency Structure Simulator) 对光探测器的电极性能进行仿真。P 电极呈方向盘形，如图 4.52(a) 所示。由共面波导的相关公式可以确定其 GSG 特性，因此需要优化的主要部分是电极桥的宽度。这里分别对外圈阳极宽度、阳极电极支路夹角等参数进行了扫描，波端口激励设置在输出端。在模拟中，衬底材料设置为 InP，电极传输线材料设置为 Au。从图 4.52(b) 可以看出，当 γ 以 15° 步长从 0 到 90° 移动时，S 参数总是大于 −0.7dB。从图 4.52(c) 可以看出，当桥宽设置为 1~3μm 时，损耗也小于

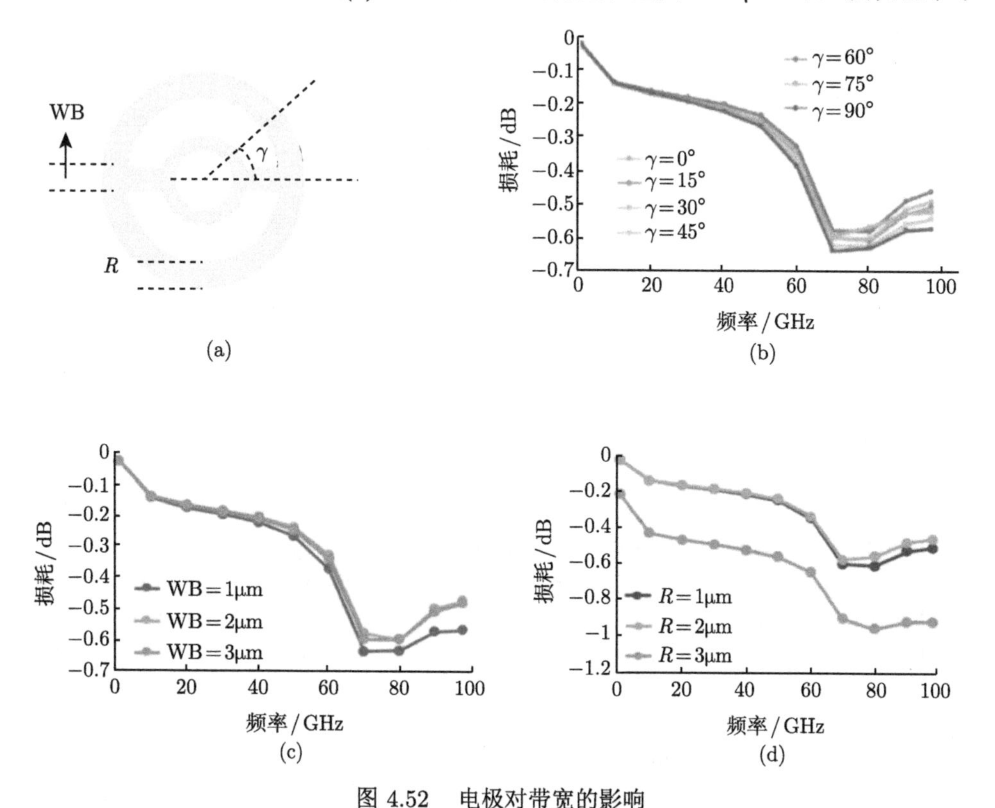

图 4.52 电极对带宽的影响

(a) 电极形状；(b) 损耗随 γ 的变化；(c) 损耗随 WB 的变化；(d) 损耗随 R 的变化

−0.7dB。图 4.52(d) 表明，当外环阳极宽度设置为 3μm 时，损耗要比设置为 1μm 或 2μm 时小得多。所以，选择 WB = 3μm，$\gamma = 0$ 和 R = 3μm 来保持 3dB 带宽大于 100GHz，高于 PD 的 3dB 带宽。

参考文献

[1] Li A Y, Wang X Y. Study on optical properties of fiber bundle coupling LD output beams[J]. Acta Photonica Sinica, 2007, 36(9): 1664-1667.

[2] Niu H, Huang Y, Yang Y, et al. Influence of the incident optical field distribution on a high speed PIN photodetector and horizontal optimization[J]. Appl. Opt., 2021, 60(3): 727-734.

[3] 吕懿, 张鹤鸣, 戴显英, 等. SiGe HBT 势垒电容模型 [J]. 物理学报, 2004, 53(9): 3239.

[4] Li J, Xiong B, Sun C, et al. Analysis of frequency response of high power MUTC photodiodes based on photocurrent-dependent equivalent circuit model[J]. Optics Express, 2015, 23(17): 21615-21623.

[5] Ghione G. Semiconductor Devices for High-Speed Optoelectronics[M]. Cambridge: Cambridge University Press, 2009.

[6] Lee W, Degertekin F L. Rigorous coupled-wave analysis of multilayered grating structures[J]. Journal of Lightwave Technology, 2004, 22(10): 2359-2363.

[7] Clausnitzer T, Kmpfe T, Kley E B, et al. An intelligible explanation of highly-efficient diffraction in deep dielectric rectangular transmission gratings[J]. Optics Express, 2005, 13(26): 10448-10456.

[8] Rahm E, Bernstein P. A survey of approaches to automatic schema matching[J]. The VLDB Journal, 2001, 10: 334-350.

[9] FOresti M, Menez L, Tishchenko A V. Modal method in deep metal-dielectric gratings: The decisive role of hidden modes[J]. Journal of the Optical Society of America a Optics Image Science & Vision, 2006, 23(10): 2501-2509.

[10] Beilina L. Hybrid discontinuous finite element/finite difference method for Maxwell's equations[C]//Proceedings of the International Conference on Numerical Analysis and Applied Mathematics, 2010.

[11] Moharam M G, Gaylord T K. Rigorous coupled-wave analysis of planar-grating diffraction[J]. Journal of the Optical Society of America, 1981, 71(7): 811-818.

[12] Lyndin N M, Parriaux O, Tishchenko A V. Modal analysis and suppression of the Fourier modal method instabilities in highly conductive gratings[J]. Journal of the Optical Society of America A Optics Image Science & Vision, 2007, 24(12): 3781-3788.

[13] Moharam M G, Grann E B, Pommet D A, et al. Formulation for stable and efficient implementation of the rigorous coupled-wave analysis of binary gratings[J]. Journal of the Optical Society of America A, 1995, 12(5): 1068-1076.

[14] 房文敬. 光通信系统中新型亚波长光栅与半导体光探测器集成的研究 [D]. 北京：北京邮电大学, 2017.

[15] 郭亚楠. 光通信系统中基于 SOI 的新型光栅耦合器的研究 [D]. 北京：北京邮电大学, 2017.
[16] 王莹. 光通信中的亚波长光栅及分束器件的研究 [D]. 北京：北京邮电大学, 2017.
[17] 周顾人. 应用于光探测器的高折射率差亚波长光栅研究 [D]. 北京：北京邮电大学, 2017.
[18] 张帅. 蘑菇型 RCE 光探测器中谐振腔结构的设计和优化 [D]. 北京：北京邮电大学, 2019.
[19] Koshiba M, Hayata K, Suzuki M. Improved finite-element formulation in terms of the magnetic field vector for dielectric waveguides[J]. IEEE Transactions on Microwave Theory and Techniques, 1985, 33(3): 227-233.
[20] Li Q, Ito K, Wu Z, et al. COMSOL multiphysics: A novel approach to ground water modeling[J]. Groundwater, 2009, 47(4): 480-487.
[21] 吴静. 基于表面等离子体共振和定向耦合的光子晶体光纤传感 [D]. 南京：南京邮电大学, 2015.
[22] 马长链. 亚波长光栅及其在光通信系统中应用的研究 [D]. 北京：北京邮电大学, 2015.
[23] 李丁. 用于 DWDM 系统的波长选择性光探测器的研究 [D]. 北京：北京邮电大学, 2012.
[24] Unlu M S, Strite S. Resonant cavity enhanced photonic devices[J]. Journal of Applied Physics, 1995, 78(2): 607-639.
[25] Effenberger F J, Joshi A M. Ultrafast, dual-depletion region, InGaAs/InP p-i-n detector[J]. Journal of Lightwave Technology, 1996, 14(8): 1859-1864.
[26] 高建军, 高葆新, 梁春广. 光电器件模型在微波非线性电路模拟器中的实现 [J]. 通信学报, 1998, 19(2): 73-79.
[27] 杨晓伟. 基于新型高对比度亚波长光栅光电探测器的研究 [D]. 聊城: 聊城大学, 2021.
[28] Domnisoru C. Using MATHCAD in teaching power engineering[J]. IEEE Transactions on Education, 2005, 48(1): 157-161.
[29] Karnaushenko D D, Li I I, Polovinkin V G. Infrared photodetector devices based on a photodiode-direct-injection-device system[J]. Journal of Optical Technology, 2010, 77(9): 548-553.
[30] 杨晓伟, 王明红, 范鑫烨, 等. 基于新型非周期高对比度亚波长光栅光电探测器 [J]. 光电子 • 激光, 2020, 31(7): 701-707.
[31] Bekele D A, Park G C, Malureanu R, et al. Polarization-independent wideband high-index-contrast grating mirror[J]. IEEE Photonics Technology Letters, 2015, 27(16): 1733-1736.
[32] 于传洋, 范鑫烨, 房文敬, 等. 基于 $Al_{0.9}Ga_{0.1}As/Al_2O_3$ 亚波长光栅的偏振分束器设计 [J]. 激光与光电子学进展, 2022, 59(13): 149-154.
[33] 牛海莎, 祝连庆, 刘凯铭. Bernal-Stacked 双层石墨烯 1.06μm 谐振增强型光电探测器设计方法 [J]. 红外与毫米波学报, 2019, 38(1): 91-96.
[34] Duan X, Chen H, Huang Y, et al. Polarization-independent high-speed photodetector based on a two-dimensional focusing grating[J]. Applied Physics Express, 2018, 11(1): 012201.
[35] 牛慧娟. 基于光场调控和微结构的高性能光探测器的研究 [D]. 北京：北京邮电大学, 2021.
[36] Goyal P, Kaur G. High-responsivity germanium on silicon photodetectors using FDTD for high-speed optical interconnects[J]. Arabian Journal for Science and Engineering,

2018, 43(1): 415-421.

[37] Niu H, Huang Y, Yang Y, et al. Design of the microstructure parallel-connected PIN photodetector with high bandwidth-efficiency product[C]//Proceedings of the Conference on Lasers and Electro-Optics, 2020.

[38] Jiang C, Niu H, Wang H, et al. A low-bias operational MPDA photodetector with high bandwidth-efficiency product and high saturation characteristics[J]. Journal of Modern Optics, 2022, 69(11): 628-634.

[39] Niu H, Huang Y, Yang Y, et al. High bandwidth-efficiency product MPIN photodiode with parallel-connected microstructure[J]. IEEE Journal of Quantum Electronics, 2020, 56(5): 1-5.

[40] Zhou Q, Cross A S, Beling A, et al. High-power V-band InGaAs/InP photodiodes[J]. IEEE Photonics Technology Letters, 2013, 25(10): 907-909.

[41] Radmanesh M M. Radio Frequency and Microwave Electronics Illustrated[M]. New Jersey: Prentice-Hall, 2001.

第 5 章 微纳结构半导体光探测器制备工艺与测试

5.1 薄膜制备工艺及质量表征

5.1.1 外延技术

1. 化学气相沉积

化学气相沉积 (Chemical Vapor Deposition，CVD) 作为一种用来制备高纯度、高性能固体薄膜的技术，是指一种或多种蒸气源原子或分子引入反应室中，通过外部作用多种反应蒸气发生化学反应，形成所需要的薄膜并沉积到衬底上 [1]。由于 CVD 技术具有膜面积大、工艺简单、易于控制、可大规模生产等优点，其广泛用于半导体工艺外延生长 [2]。

2. MOCVD 生长技术

金属有机化合物化学气相沉淀 (Metal-Organic Chemical Vapor Deposition, MOCVD) 是在气相外延生长技术的基础上发展起来的一种新型气相外延生长技术。MOCVD 是以基于 Ⅱ、Ⅲ 族元素的有机化合物和基于 V、Ⅵ 族元素的氢化物作为晶体生长原材料。通过将这两类材料进行反应，产生新的材料沉积到衬底。MOCVD 在常压或低压工作条件下外延生长材料，衬底温度一般为 500~1200℃[3]。

MOCVD 在外延生长过程中使用的都是易燃、易爆气体。对外延生长的材料具有面积大、体积小的高标准要求。根据外延生长的内部与外部条件，需要设计一个完善的 MOCVD 生长系统，应包括气体运输系统、反应室系统、控制单元、尾气处理系统 [4]，如图 5.1 所示。

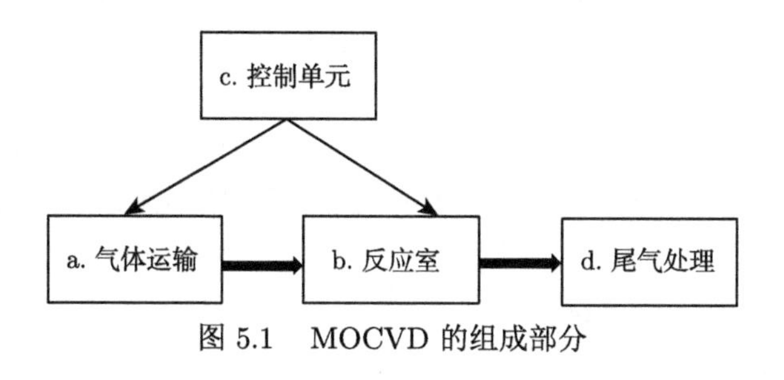

图 5.1 MOCVD 的组成部分

气体运输系统：为避免存储气体与存储气体管发生反应，气体的输运管都是不锈钢管道，且管内进行特殊处理。管道的接头采用的是接头纯度高、密封性好的 VCR(Vacuum Coupling Radius Seal) 接头，并且用抗腐蚀性好、抗压、抗高低温的 Swagelok 接口方式连接。利用方便简单的正压检测方法检测输运管的密封性，防止气体泄漏，从而保证运输气体 100%的传输效率 [5]。为了准确测量反应气体的流量，在反应室与传输管中间加入流量表，用于监测输运管内气体的传输速率。此外，需在流量表之前安装滤网，防止传输过程中的污染物随反应气体一起进入反应室内。为了迅速变化反应室内的反应气体，并保证反应室内的压力稳定，设置“run”和“vent”管道 [6]。

反应室系统：反应室由石英管和石墨基座组成。为了生长不同组分的薄膜材料，要根据具体的生长材料设计不同结构的反应室。在反应室内由温度传感器控制反应时外延生长的工作温度，精度控制在 ±0.2℃[7]。

尾气处理系统：反应室内的气体并不是 100%热分解，因为会存在残留的尾气，这些尾气不能直接排放到空气中，所以必须将其处理。首先可以将尾气在高温炉内进行热分解，最后再通入 $KMnO_4$ 溶液中 [8]。

控制单元：控制单元由手动控制与计算机控制两部分组成，用于控制流量控制表、温度。若出现问题，控制单元会报警提示 [4-8]。

3. MBE 生长技术

分子束外延 (Molecular Beam Epitaxy，MBE) 生长技术是一种在传统薄膜生长工艺上改进形成的新技术。在超真空条件下，将所有需要用的材料装入一个反应炉内，通过加热反应炉产生反应蒸气，将蒸气通过一个孔径形成孔状的蒸气束，直接喷射到晶圆衬底表面 [9]。

生长特点如下所述。

(1) 生长速率较慢，利用其生长缓慢的特性可制备陡峭的异质结，利于控制外延生长薄膜的厚度及形状，从而有效提高外延生长的精确度。因此 MBE 生长技术适用于外延生长超晶格材料。

(2) 外延生长的温度较低，可避免由高温引起的晶格失配与掺杂扩散现象。

(3) 利用 MBE 生长技术，通过孔状束喷射可以在晶圆衬底表面生长特定形状的超薄膜。

(4) MBE 生长技术是一种在超真空条件下，将颗粒沉积至晶圆衬底表面的物理过程。由于其喷射口的末端可以利用挡板来控制喷射量，从而可实现反应炉内工作条件的快速改变 [10]。

5.1.2　外延片质量表征及检测

1. XRD 检测

X 射线衍射技术 (X-Ray Diffraction, XRD)，是一种用获取材料组分，以及内部原子或者分子结构形态信息的技术 [11]。利用 XRD 对物质进行分析，可以得到该种材料的组分、原子间的成键方式，且不会破坏物质本身的材料性质。因此 XRD 是一种无污染、绿色、快捷的技术。

半导体材料由多种材料复合而成，可以使用 XRD 来鉴定各种复合材料在半导体材料中的比例。通过使用 XRD 测量外延材料的晶格常数，用于判断该外延材料和衬底材料的晶格常数是否匹配 [12]。

2. ECV 检测

对于半导体器件的设计和制造而言，器件的掺杂浓度、掺杂厚度、掺杂分布是衡量器件的重要指标。电化学微分电容电压技术 (Electrochemical Impedance Spectroscopy，EIS)[11] 是通过使用电解液来形成势垒，对半导体加以正向偏压 (P 型) 或反向偏压 (N 型)，并加以光照。通过对材料表面进行腐蚀去除已电解的材料，然后重复"腐蚀–测量"循环，对腐蚀电流应用法拉第定律进行积分，就可以连续得到腐蚀深度，得到载流子浓度和深度的测量曲线。尽管该方法具有破坏性，但理论上其测量深度是无限的 [13]，可以精准测量不同深度条件下的载流子浓度。

载流子的电荷密度为

$$N = \frac{1}{e\varepsilon_0\varepsilon_{\mathrm{r}}A^2} \cdot \frac{C^3}{\mathrm{d}C/\mathrm{d}V} \tag{5.1}$$

式中，ε_0 是真空介电常量；ε_{r} 是半导体材料的相对介电常量；e 是电子电量；A 是电解液与半导体材料接触的面积；$\mathrm{d}C/\mathrm{d}V$ 是 C-V 曲线在耗尽层边缘的斜率。

该载流子浓度所对应的总深度为

$$x = W_{\mathrm{d}} + W_{\mathrm{r}} \tag{5.2}$$

式中，W_{d} 是耗尽层的深度，可由平板电容器公式求出，即

$$W_{\mathrm{d}} = \frac{\varepsilon_0\varepsilon_{\mathrm{r}}A}{C} \tag{5.3}$$

W_{r} 是腐蚀深度，由法拉第定律计算：

$$W_{\mathrm{r}} = \frac{M}{zFpA}\int_0^t I\mathrm{d}t \tag{5.4}$$

这里，M 是所测半导体材料的分子量；F 是法拉第常数；p 是所测半导体材料的密度；A 是电解液与半导体材料接触的面积；I 是即时溶解电流；z 是溶解数 (即每溶解一个半导体材料分子转移的电荷数)。

ECV 测试分为两步：首先是测量半导体材料与电解液表面形成的肖特基 (Schottky) 势垒的微分电容来得到载流子浓度，然后通过阳极电化学溶解反应，

在设定的速率下去除已测量处的样品 [13]。式 (5.1) 提供了一种简易的载流子密度测定方法，通过使用可调制的高频电压来改变参数 C 和 $\mathrm{d}C/\mathrm{d}V$，重复实现“腐蚀–测量”工作过程，从而得到载流子浓度与深度的关系，达到测试目的 [14]。

3. SEM 检测

扫描电子显微镜 (Scanning Electron Microscope，SEM) 是将光学与电学综合利用来观测待测物品的一种技术。利用电子枪发射一束电子束照射到待测物体的表面，物体表面被电子束激发一系列物理信息，这些物理信息被收集然后放大，形成肉眼可见的表面形状。

SEM 后端加电压源，在电压的作用下将电子束变成高能电子束，高能电子束透过带有扫描线圈的透镜后，照射到被测器件表面。凹凸不平的物体表面被高能电子束照射后会产生不同的电子信号，产生的电子信号被接收，传入电脑后绘制出被测物体表面的形状。由入射电子轰击样品表面激发出来的电子信号有：俄歇电子 (AuE)、二次电子 (SE)、背散射电子 (BSE)、X 射线 (特征 X 射线、连续 X 射线)、阴极荧光 (CL)、吸收电子 (AE) 和透射电子，并且每种电子信号的用途因作用深度而异 [11]。

4. PL 检测

光致发光光谱 (Photoluminescence Spectroscopy，PL)，其原理是，当器件表面被特定的激光照射时，电子吸收能量从价带跃迁至导带并在价带留下空穴；电子和空穴在各自的导带和价带中通过弛豫达到各自未被占据的最低激发态 (在本征半导体中即导带底和价带顶)，成为准平衡态；准平衡态下的电子和空穴再通过复合辐射出光子，形成不同波长光的强度或能量分布的光谱图 [15]。PL 可以用来对三元系或四元系半导体材料进行组分测定。例如，$\mathrm{In}_x\mathrm{Ga}_{1-x}\mathrm{As}$ 通过观察 PL 峰的位置就可以确定被测材料的禁带宽度，进而确定材料组分 x。元素识别：通过光谱中的特征谱线位置，可以检测到半导体材料中的元素类型；此外，还可以通过 PL 测试测定掺杂浓度，以及半导体材料的少数载流子寿命等 [16]。

该测试方法具有设备简单、无破坏性、分辨率高、可作薄层和微区分析等优点。缺点是通常只能作定性分析，而不能作定量分析。如果作低温测试，需要液氦降温，条件比较苛刻，不能反映出非辐射复合的深能级缺陷中心。

5.2 微纳结构光探测器制备的关键技术步骤

5.2.1 光刻技术

光刻技术是在光照下使用光刻胶将掩模版上的图案转移到基片 (在衬底上外延生长的一层或多层薄膜材料) 上的一种图案复现技术。首先在基片表面涂上光刻胶，波长为 248nm 的紫外线通过掩模版照射到涂有光刻胶的基片，掩模版有曝光区域与非曝光区域，紫外线通过掩模版的曝光区域与光刻胶发生化学反应，光刻胶在显影液中的溶解度增加，显影液可以使曝光或者非曝光区域的光刻胶脱落，使掩模版上的图案转移到基片的光刻胶上，然后利用刻蚀技术将图形转移到基片上 [17]。

5.2.2 刻蚀技术

1. 湿法刻蚀

湿法刻蚀是常见的半导体刻蚀工艺，具有工艺简单、成本低、可量化等优点，但存在刻蚀精度较低、腐蚀方向不可控、腐蚀废液不易处理等缺点。湿法刻蚀主要利用特定的腐蚀液与特定材料发生化学反应，形成具有特定图案的表面。例如，使用含有 HF 的溶液可以刻蚀 SiO_2 薄膜，使用 H_3PO_4 可以刻蚀 Al 薄膜等。目前常用来腐蚀半导体化合物材料的湿法刻蚀溶液主要有：HCl/H_3PO_4 系列，$HCl/H_2O_2/H_2O$ 系列，$H_2SO_4/H_2O_2/H_2O$ 系列，HgO/H_2O_2 系列，$H_3PO_4/H_2O_2/H_2O$ 系列，$HCl/HNO_3/H_2O$ 系列等 [18]。对于采用微米量级和亚微米量级线宽的超大规模集成电路，刻蚀方法必须具有较高的各向异性，显然，湿法刻蚀无法满足这一要求。

2. 干法刻蚀

干法刻蚀一般有两种办法，第一种是向被刻蚀表面注入等离子体，使其发生化学反应 (建议此处补充感应耦合等离子体技术)。第二种是利用高能离子束直接破坏器件的表面的物理方法。这两种刻蚀过程中都不使用刻蚀溶液，所以称为干法刻蚀 [19]。干法刻蚀具有侧壁剖面控制能力强、光刻胶脱落或黏附问题少、刻蚀均匀性好、经济效益高等其他优点 [20]。

3. 飞秒激光技术

飞秒激光刻蚀技术是一种利用飞秒激光进行微细加工的技术。在这个过程中，激光被照射到物质表面，而激光的极短脉冲宽度对于热效应的大小具有关键影响。飞秒激光器产生的脉冲，其脉宽作用时间远小于电子晶格散射的时间。激光照射到物质后，首先被激发的电子会吸收来自激光的能量，再通过电子晶格散射的作用将能量传递给晶格。通常这个过程的时间尺度在几十个皮秒，之后热量在晶格之间传递，使得周围晶格温度升高，引起材料的相变焰化和气化 [21]。

飞秒激光刻蚀技术采用多级啁啾脉冲放大技术，获得的飞秒激光脉冲峰值功率可达百太瓦 (TW，即 10^{12}W)。因此飞秒激光与材料相互作用时，材料能够在数百飞秒的时间内发生解离，从而具有热效应小、高精准度、高峰值功率、易解离材料等优点，在材料精密加工领域有独特的优势 [22]。

4. ICP 刻蚀

感应耦合等离子体 (Inductively Coupled Plasma，ICP) 刻蚀技术是化学过程和物理过程共同作用的结果。它的基本原理是，在真空低气压下，ICP 射频电源产生的射频输出到环形耦合线圈，以一定比例的混合刻蚀气体经耦合辉光放电，产生高密度的等离子体，在下电极的射频作用下，这些等离子体对基片表面进行轰击，通过离子轰击的方式对基片表面进行刻蚀。基片图形区域的半导体材料的化学键被打断，与刻蚀气体反应生成挥发性物质，以气体形式脱离基片，从真空管路被抽走 [23]。ICP 刻蚀技术由于采用侧壁钝化技术，具有精准度高、刻蚀均匀、绿色环保和刻蚀表面平整光滑等优点。

5. DRIE 刻蚀

深反应离子刻蚀 (Deep Reactive Ion Etching，DRIE) 技术是一种主要用于微机电系统的干法腐蚀工艺。刻蚀系统主要包括四部分：真空腔室与下电极、真空泵机组、射频电源，以及气路流量与压力控制。刻蚀反应的过程为：真空泵机组将真空腔室抽到 10^4Pa 左右的真空环境，通过气路流量与压力控制使反应气体 SF_6 或 C_4F_8 进入真空腔室，射频电源在下电极与真空腔室内壁之间使气体辉光放电产生等离子体，基片就会与气体进行物理、化学反应，生成气态产物，真空泵机组将气态产物抽走，使反应得以继续进行。深反应离子刻蚀技术将聚合物钝化层的淀积和基片的刻蚀分成两个独立的加工过程并循环交替进行，这样就避免了淀积和刻蚀之间的相互影响，保证了钝化层的稳定可靠，从而能够得到侧壁陡直的结构。

6. 动态刻蚀掩模法

随着光通信处理技术的快速发展，楔形微纳结构光探测器由于可以实现解复用等优点，在光通信领域发挥了重要作用。如何制备特定倾斜角度、表面平坦的楔形微纳结构，这是关键技术。动态刻蚀掩模技术利用腐蚀液对不同材料的腐蚀速度差异，实现对材料的刻蚀，以得到具有不同倾斜角度的斜面 [24]。

动态刻蚀掩模技术的实现过程为：首先在基片表面沉积一种薄膜材料作为动态掩模，其腐蚀速率明显高于基片表面材料的刻蚀速率，然后将动态掩模图形化，仅将动态掩模覆盖需要刻蚀的区域，随后将整个样品沉积上刻蚀掩模 (光刻胶)，并将刻蚀掩模图形化，开口处与动态掩模对齐。腐蚀前的准备工作已经完成，如图 5.2(a) 所示。在腐蚀过程中动态掩模使其暴露的边缘被腐蚀，进而将更多的半导体材料暴露于腐蚀液中。其中，楔形区域的长度 l 大约等于标准腐蚀深度 d 乘以动态掩模的刻蚀速率与半导体材料的刻蚀速率之比，腐蚀完成后的示意图为图 5.2(b)[25]。

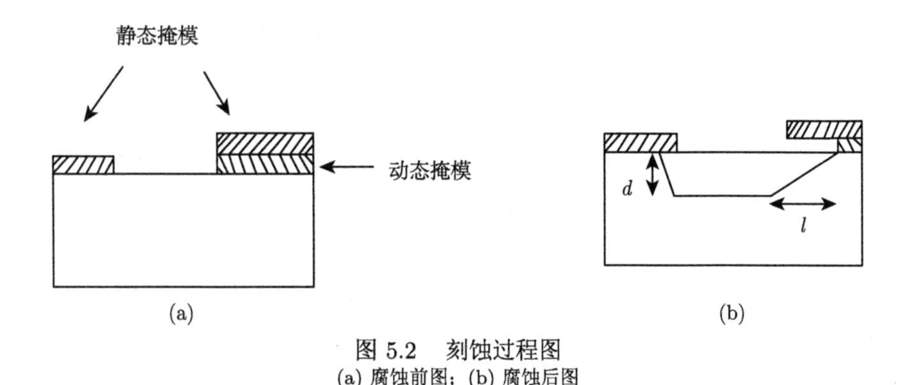

图 5.2 刻蚀过程图
(a) 腐蚀前图；(b) 腐蚀后图

5.2.3 镀电极技术

1. 磁控溅射技术

磁控溅射技术作为一种物理气相沉积 (Physical Vapor Deposition，PVD) 技术，可制备金属、半导体、绝缘体等薄膜，具有工艺简单、便于控制、精度高等优点。该技术是在低压条件下进行高速溅射，通过在靶阴极表面引入磁场，利用磁场对带电粒子的约束来提高等离子体密度以增加溅射率 [26]。该技术可用于制备 Al、Cu、Au、W、Ti 等金属电极薄膜以实现欧姆接触，同时也可用于制备栅绝缘层或扩散势垒层的 TiN、Ta_2O_5、TiO、Al_2O_3、ZrO_2、AlN 等介质薄膜。磁控溅射技术在光学薄膜如增透膜、低辐射玻璃和透明导电玻璃等方面也得到了广泛应用 [27]。

2. 电子束蒸镀技术

电子束蒸镀技术作为制备薄膜材料的常用工艺之一，是通过在超真空下，电子枪灯丝受热后发射热电子，热电子在电场力的作用下加速，加速后的热电子具有很大的动能。具有巨大动能的热电子撞击到蒸发材料表面，动能将转化成热能使蒸发材料气化，实现电子束蒸发镀膜。电子束蒸发源由发射电子的热阴极、电子加速极和作为阳极的镀膜材料组成 [28]。通过调节电子束的功率，可以快捷地控制镀膜材料的蒸发速率。电子束蒸镀技术具有操作简单、蒸镀速度快、定位准确等优点。

5.3 基于倒锥及 V-型槽结构 PIN 光探测器的制备

5.3.1 器件的结构及分析

光探测器的直径为 36μm，自上而下包括 50nm 的 InGaAs 欧姆接触层、250nm 厚的高掺杂 InP，1300nm 厚的 InGaAs 本征吸收层，以及 300nm 厚的高掺杂

(N+)InP。材料结构选取 InP/InGaAs/InP 双异质结，InGaAs 为吸收层，对于波长在 1.3μm 和 1.5μm 附近的红外光有很好的吸收性能，光生载流子只在 InGaAs 材料中产生，避免了耗尽层之外的光吸收对入射光产生损耗。同时，为了减少键合电极电容，选用 InP 半绝缘衬底 [11]。其器件结构如图 5.3 所示。

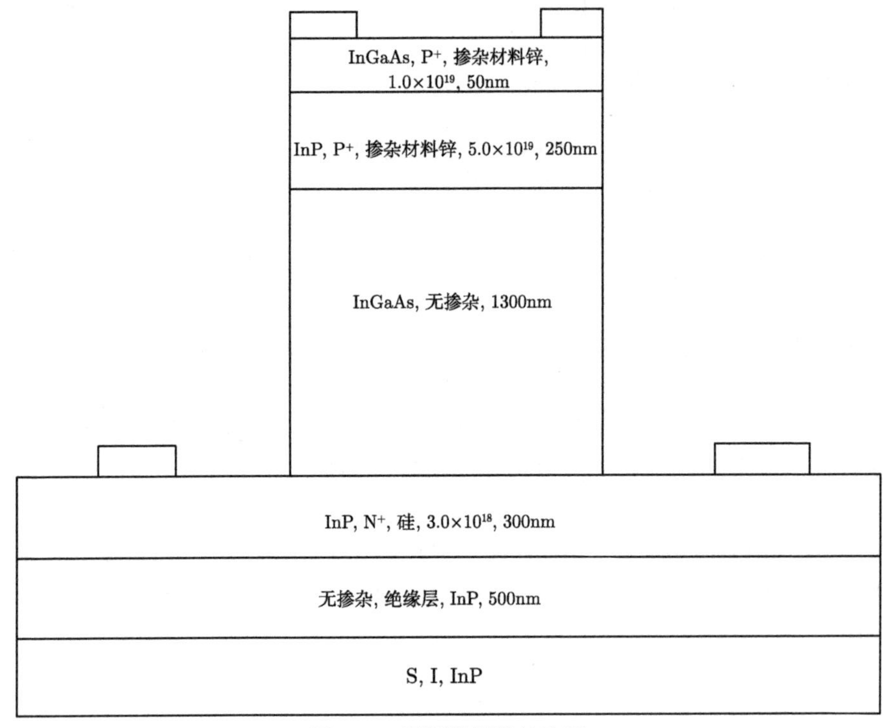

图 5.3　探测器器件结构图

加入微纳结构后如图 4.42 所示，中心的倒锥和 V-型槽形状可以在垂直方向和横向提供一系列的传输模式，这里所引入的倒锥形和 V-型槽开口处的直径为 4~18μm，远大于 1550nm 的波长。当垂直入射的光遇到微纳结构的斜边时，它们折射后进入器件吸收层横向传播。由于光探测器尺寸较大，光线改变原来的垂直方向到倾斜甚至水平方向，从而扩展了光路。同时应该注意，在倒锥和 V-型槽的尖端处产生较强会聚，但由于它们之间有一定的距离而避免了周围强电磁场的出现。结果表明，微纳结构虽然在一定程度上减小了有源区面积，却由于光程的增加而能提供更好的吸收。

5.3.2 器件的外延生长与制备

1. 外延生长 PIN 光探测器

第一步，外延生长薄膜。

器件外延生长是利用 Aixtron 2800G4 5×8 型 MOCVD，该型号 MOCVD 广泛应用于 LED 的生长，这种机器的气流跨度为 200mm，Aixtron 公司有专用的 InP 体系生长机型。

在 InP 衬底上继续生长高质量 InGaAs 是非常困难的，这是由 InAs 与 GaAs 晶格差异造成的。只有特定组分 InGaAs 才可以在 InP 衬底上优良生长，InGaAs 作为吸收区材料，需要生长至 2μm，所以生长的时候需要准确地控制 In 和 Ga 的流量比。材料生长所用的 MO 源包括三族化合物三甲基镓 (TMGa) 和三甲基铟 (TMIn)，恒温槽浓度分别为 5℃ 和 17℃；使用的五族源为砷烷 (AsH_3) 和磷烷 (PH_3)，载气为高纯 H_2。使用的衬底为 InP 衬底，与 InP 匹配的 InGaAs 组分是 $In_{0.53}Ga_{0.47}As$。

第二步，X 射线衍射测试与分析。

外延片的质量与不同材料之间的晶格常数和匹配度相关。材料间的失配度越小，外延片的质量也就越好。但是不同的材料之间肯定是有失配的，也就肯定会影响材料的晶体结构。X 射线衍射作为检测外延片组分及质量的一种方法得到了广泛的应用，这是由于其操作简单、精度高、对材料无破坏。X 射线衍射仪为 Bede 公司的 QC200 型高分辨率双晶 X 射线衍射仪 (Double Crystal X-Ray Diffraction, DCXRD)，如图 5.4 所示，其测试结果如图 5.5 所示。

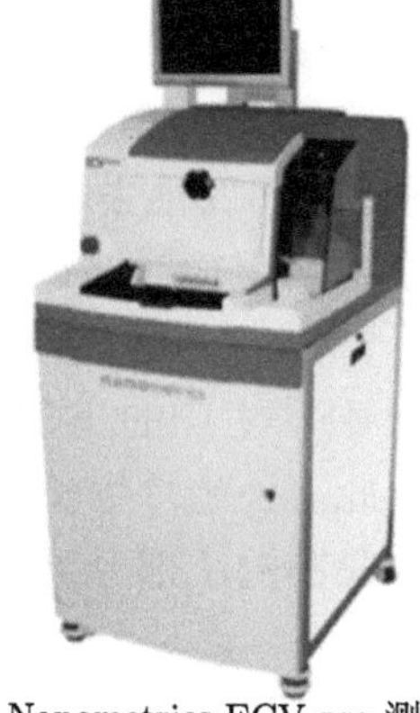

(a) Bede QC200 双晶X射线衍射仪　(b) Nanometrics ECV pro 测试系统

图 5.4 外延质量检测的主要设备，Bede 公司 QC200 型双晶 X 射线衍射仪 Nanometrics ECV pro 测试系统图

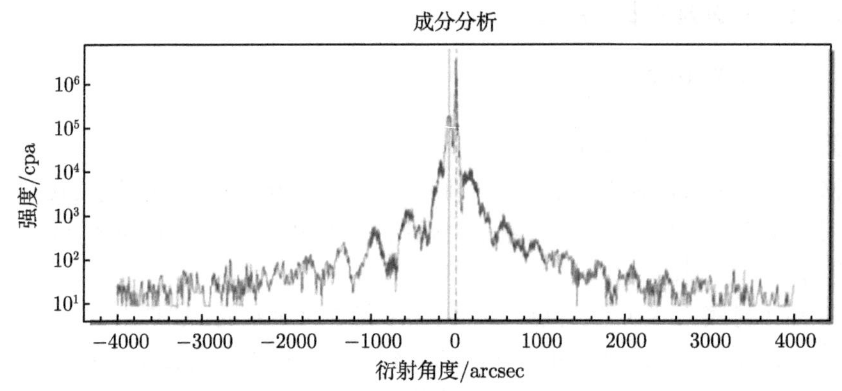

成分分析

衬底：InP　外延层：$In_xGa_{1-x}As$

峰间距：−80.0 arceconds　假设误差：0.0%

组分：$x = 0.536$　$1-x = 0.464$

晶格常数：5.87065 Å

晶格失配度：315.1 ppm

图 5.5　PIN-PD 的 XRD 衍射图

经测量可以获得如表 5.1 所示的材料信息。

表 5.1　测试信息表

参数名称	值
衍射峰间距	$\Delta\theta = -80.0\text{arcsec}$
$In_xGa_{1-x}As$ 的晶格常数	$(c) = 5.87065\text{Å}$
晶格失配度	$\dfrac{\lvert(c)-(a)\rvert}{(a)} = 315.1\text{ppm}$
In 的化学计量比	$x = 0.536$

第三步，外延层掺杂浓度测试。

电化学微分电容–电压 (ECV) 是利用电解液形成势垒，并对半导体加压 (N 型需要加光照) 进行表面腐蚀去除已电解的材料，通过反复“腐蚀 + 测量”得到测量曲线。根据法拉第定律对腐蚀电流积分可得到腐蚀深度, 通过理论分析可以得到载流子浓度 [29-31]。不同材料系的测试样品选择与之对应的电解液。本实验采用 Nanometrics 公司生产的 ECV 测试仪 (图 5.6(b)) 对外延片的掺杂特性进行了测量和分析。此次外延片生长过程中分别采用 Zn 和 Si 实现 P 型和 N 型掺杂，测试时取整片晶圆的小部分进行抽样检测来表征整体的质量，测试结果如图 5.6 所示。

由于 ECV 测试的主要是 P 掺杂区和 N 掺杂区，测试结果如图 5.6 所示，测试结果与所设计层的浓度存在一定的差别，这可能会对带宽产生一定的影响，但不会对微纳结构的功能产生实质上的影响。

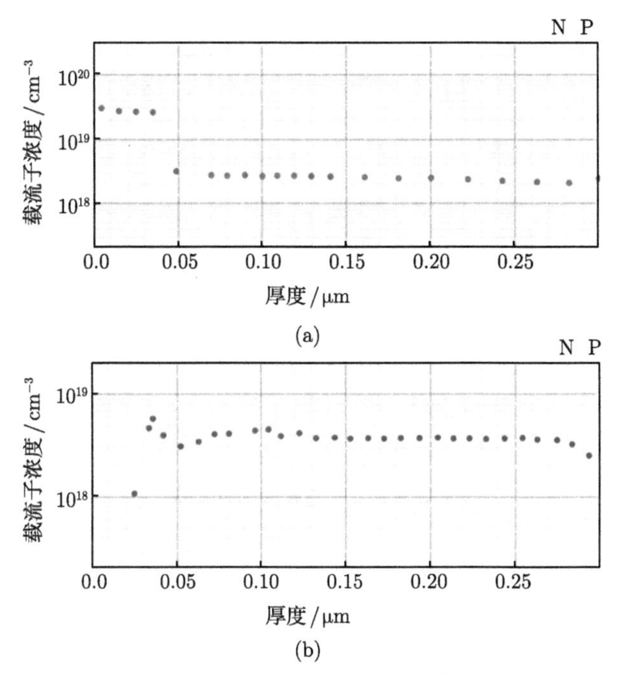

图 5.6 PIN 光探测器的 ECV 测试图
(a) P 区掺杂浓度；(b) N 区掺杂浓度

2. 器件的制备

1) 图形转移

将所设计的结构版图利用光刻技术转移到晶片上，使用光刻机完成这一流程。首先清洗晶片、烘干晶片、涂抹光刻胶，进行烘烤；使用光刻机进行对准和曝光后放入显影液完成图形转移；最后再进行一次烘烤。

2) 湿法腐蚀制备台面

先进行湿法腐蚀，除去外延片上无用的部分，保留有用的部分；吸收层腐蚀液的材料及匹配是 $H_2SO_2:H_2O_2:H_2O=1:1:10$，InP 层腐蚀液的材料及匹配是 H_3PO_4: $HCl=3:1$，以上两个环节中使用恒温箱保持在环境温度 25℃ 条件下进行腐蚀。InGaAsP 层腐蚀液的材料及匹配是 $H_2SO_4:H_2O_2:H_2O=3:1:1$，在 20℃ 条件下进行腐蚀，制备完成如图 5.7 所示。

3) 镀电极

首先将外延片清洗烘干，这时外延片的边缘可能会存在一些未处理掉的残胶，将其用等离子去胶机除去；然后将外延片放入磁控溅射设备中镀 P 电极，电极成分为 Pt-Ti-Pt-Au，厚度分别为 20nm/20nm/20nm/180nm；将外延片放入丙酮中浸泡，并用注射器剥离重洗光刻胶，再次用酒精和去离子水清洗若干次，烘干外延片。N 型电极与 P 型电极制备工艺一样, 制备完成后如图 5.8(b) 所示。

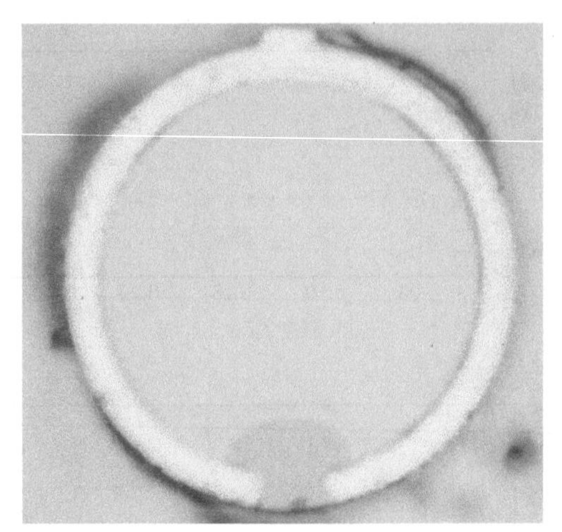

图 5.7　P 电极及台面制备

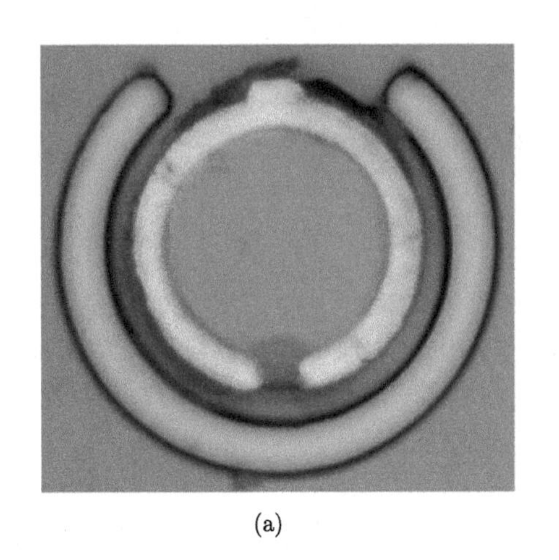

(a)

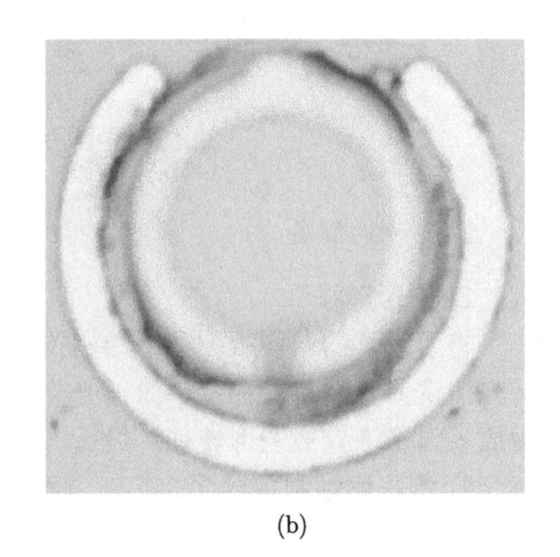

(b)

图 5.8　N 接触电极图案
(a) 光刻显影后；(b) 制备完成后

4) 电极开孔及固化

再次使用聚酰亚胺来实现器件表面的钝化。随后，通过光刻和湿法腐蚀工艺在各电极的相应位置开孔。开孔钝化后的器件图如图 5.9 所示。

5) 镀金属大电极

固化完毕后，采用光刻技术，将所制备的大电极图片转移到器件上。采用磁控溅射设备将金属镀到器件上，大电极为 Ti/Au(120nm/300nm)，制备完成后如图 5.10 所示。

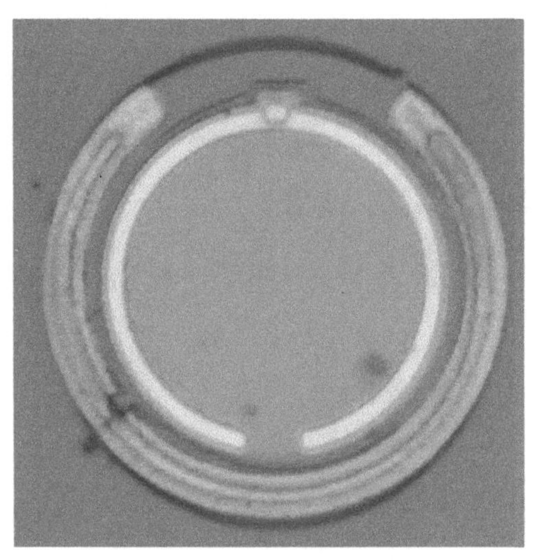

图 5.9 器件固化后的图案

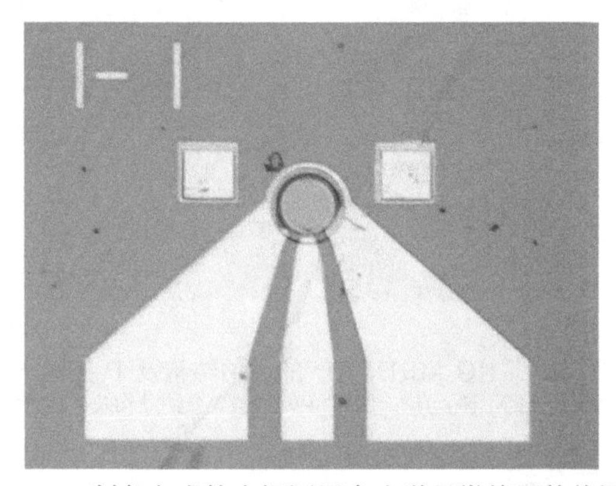

图 5.10 制备完成的光探测器在光学显微镜下的俯视图

6) 打孔 + 槽结构

微纳结构光探测器制备的最后一步就是使用飞秒激光器形成“倒锥形孔 + 槽”这一特殊结构，使用 Spectra Physics 公司的 Spirit One 1040-8-SHG 型号的仪器，如图 5.11 所示。使用该仪器完全可以刻印所需的特殊形状的结构。

ICP 干法刻蚀步骤有装片、抽真空、刻蚀、取片等步骤。使用高选择比的刻蚀气体可以制备光探测器的台面，使用低选择比的刻蚀气体可以制作斜面微结构；使用较低选择比刻蚀时，能得到倒锥形微纳结构，刻蚀得到的 HG-MPIN-PD 如图 5.12 所示。

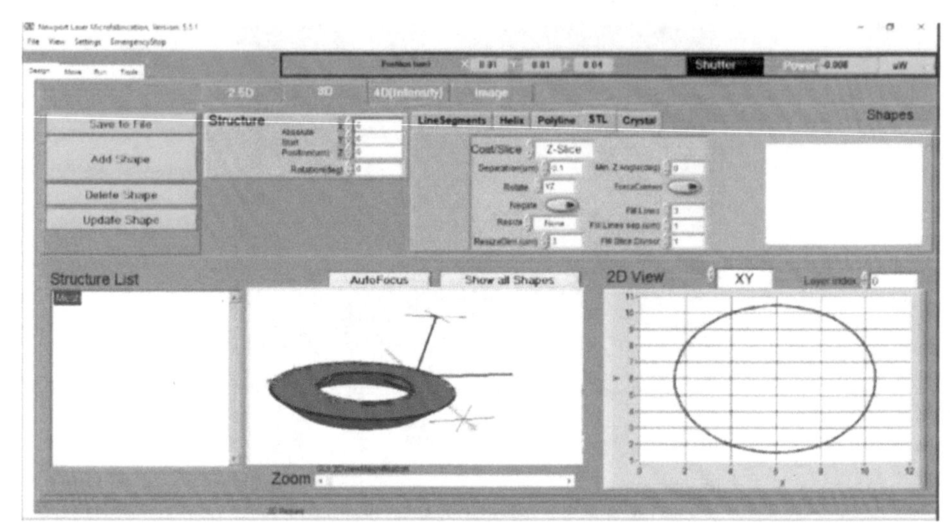

图 5.11　飞秒激光器刻写 V-型槽结构

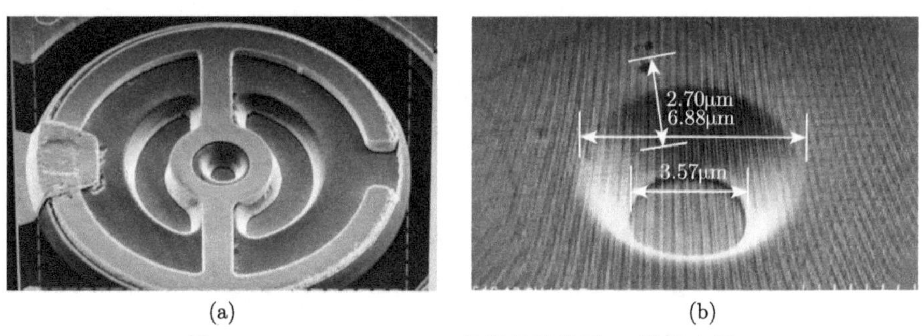

(a)　　　　　　　　(b)

图 5.12　HG-MPIN-PD 的微纳结构及 P 接触电极

(a) 单中心倒锥孔 SEM 图；(b) “倒锥 +V-型槽” 微纳结构及 “方向盘” 形 P 电极

5.3.3　器件的测试与分析

基于 “打孔 + 槽” 结构的 PIN 光探测器的性能指标包括 3dB 带宽、量子效率。为了获得这些参数，对器件进行了频谱测试与光谱测试。使用太平洋 (聊城) 光电科技有限公司的 850nm 的外延片，后工艺流程制作出 PD 直径大小、孔直径及孔–槽间距各不相同的 HG-MPIN-PD 光探测器，由于考虑了工艺中存在的容差，则制备器件时参数选择的间隔比仿真中的稀疏，测试其性能得到结果，如图 5.13 所示。

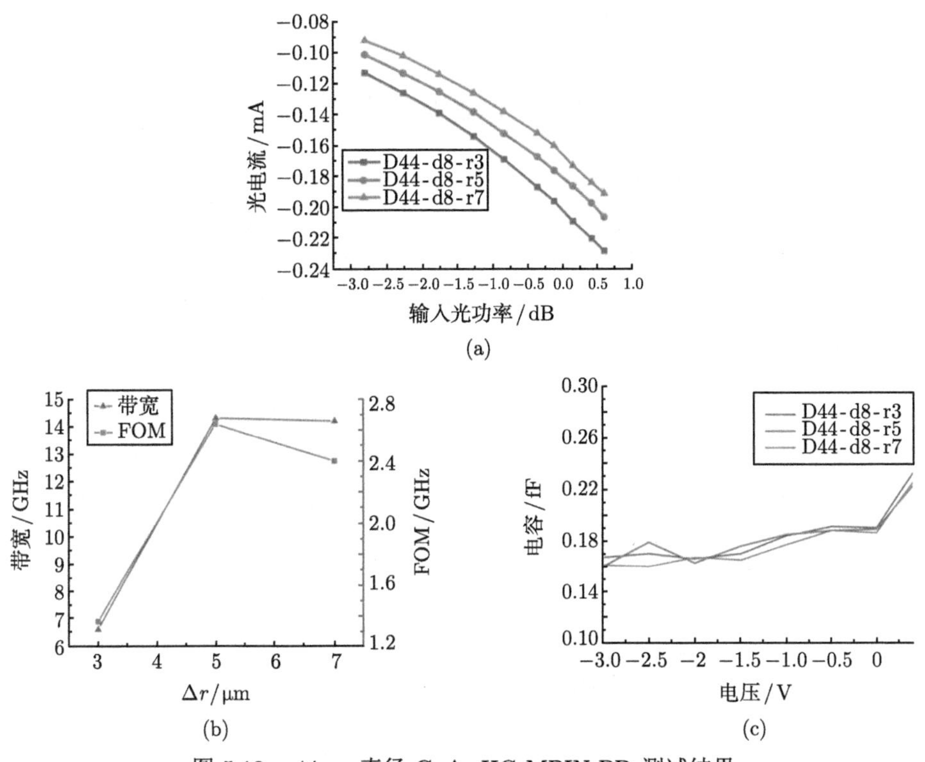

图 5.13 44μm 直径 GaAs HG-MPIN-PD 测试结果
(a) 光电流随输入光功率的变化；(b) 带宽、带宽–效率积 (FOM) 随孔间距的变化；(c) 电容随电压的变化

实验测得的结果与第 4 章的仿真结论有差异，分析有以下原因：两种 HG-MPIN-PD 所用的材料不同；两种光探测器的吸收层厚度存在差别，在第 4 章的仿真中也指出，吸收层厚度和孔深不同时，微纳结构的作用也不相同；工艺制备过程中，对微孔的制备仍在摸索阶段，其夹角和刻蚀中的参数间的对应关系在实验中存在不确定性。

基于前面生长的 InGaAs/InP 外延片，这里制备了工作波长在 1550nm 下的微纳结构光探测器，并进行测试。对直径为 44μm 的 InP/InGaAs HG-MPIN-PD 光探测器在不同偏压下测试其光电流，其结果如图 5.13 所示。由图 5.13(a) 可知，对直径为 44μm，孔直径为 8μm，间距分别为 Δr = 3μm、5 μm、7μm 的三种 HG-MPIN-PD 进行测试，产生的光电流随入射光功率的变化如图 5.13 所示。由图 5.13(a) 可知，器件直径和中心孔直径一定时测得的光电流的大小随间距的增加而减小；图 5.13(b) 是带宽和带宽–效率积 (FOM)，当孔–槽间距为 5μm 或 7μm 时带宽分别是 14.34GHz 和 14.23GHz，而带宽–效率积在孔–槽间距为 5μm 时最高为 2.647GHz；提取不同 Δr 时的结电容并无明显差别，如图 5.13(c) 所示。这说明带宽的变化主要是由渡越时间引起的。

5.4 基于锥形吸收腔微纳结构光探测器的制备

一镜斜置三腔光探测器的提出成功解决了光谱特性与带宽之间的制约。为了得到更好的光谱响应性能，这里提出一种新型 RCE 光探测器——锥形腔型 RCE 光探测器 [32,33]。为了获得平顶陡边的光谱响应特性，此光探测器的滤波腔由多级联耦合的多层介质膜构成。此外，器件吸收腔的顶镜设计为圆锥形结构。

5.4.1 器件的结构及分析

图 5.14 为基于锥形吸收腔的 RCE 光探测器的结构图。基于锥形吸收腔的 RCE 光探测器采用了 Si 基衬底，并在 Si 基衬底上沉积了由多层介质膜构成的多腔级联介质膜滤波腔；吸收腔还是采用 InGaAs 材料作为吸收层，顶镜则是由两对 SiO_2/Ta_2O_5 构成；顶镜与吸收层之间的夹角为 θ_0。

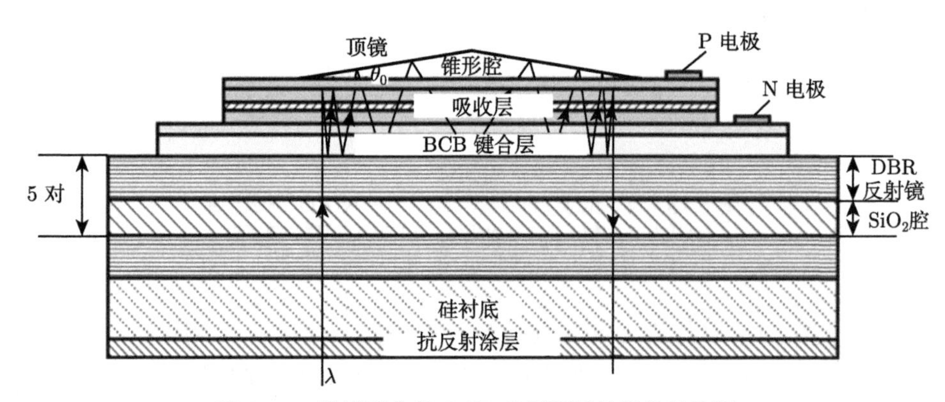

图 5.14 锥形吸收腔 RCE 光探测器的器件结构图

器件的分析模型如图 5.15 所示。光由上而下垂直照射到器件上，光信号经过滤波腔后形成中心波长为 λ 的平顶型光，然后平顶型入射到锥形吸收腔中。因为顶镜与吸收层之间的夹角为 θ_0，所以光经顶镜反射到滤波腔的角度会是 $2\theta_0$、$4\theta_0$、$6\theta_0$、$-6\theta_0$，$4\theta_0$、$2\theta_0$、0，然后再经过滤波腔反射到吸收腔，光信号反射的角度分别为 $3\theta_0$、$5\theta_0$、$-5\theta_0$，$3\theta_0$、0。

通过传输矩阵对介质膜滤波器的光谱进行分析。当光垂直入射到滤波腔后得到的透射光谱如图 5.16 所示。

由图 5.16 可知，在波长为 1550nm 处的透射率接近 97%，具有很好的平顶陡边光谱效应。图 5.17 分别给出了光波经过滤波腔和顶镜的反射率相对于光信号入射角的变化关系，由图所知，顶镜与吸收腔之间的夹角 θ_0 大于或者等于 0.750，顶镜对光的反射率均很高。为了实现光信号可以在吸收腔中达到最大反射次数，这里将顶镜倾斜角设计为 0.75。

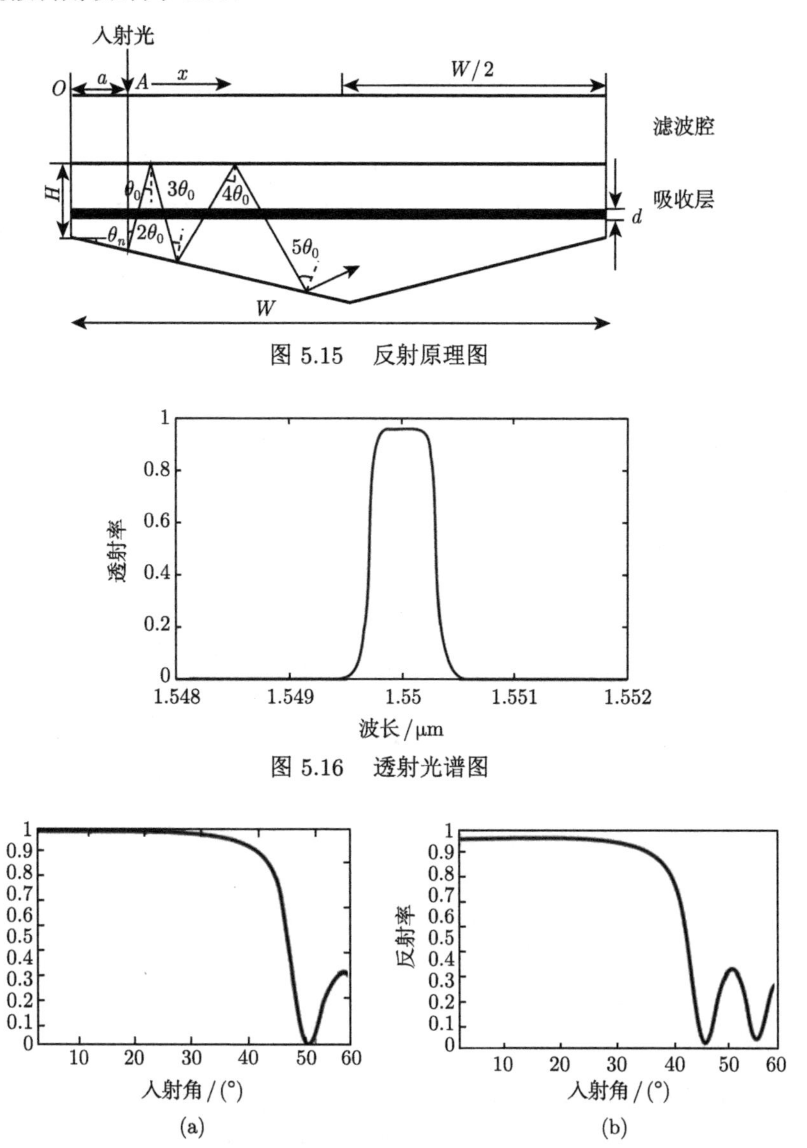

图 5.15 反射原理图

图 5.16 透射光谱图

图 5.17 经过锥形顶镜的反射率相对于光信号入射角的变化关系

(a) TE 模；(b) TM 模

5.4.2 器件的外延生长与制备

器件的外延结构如表 5.2 所示，在器件的制备过程中采用动态刻蚀掩模法制备圆锥形结构。首先配置腐蚀液，以浓度为 1:1 比例配制 HCl/H_3PO_4 腐蚀液和以浓度为 1∶1∶2 比例配制 $H_2SO_4/H_2O_2/H_2O$ 腐蚀液。利用配制的 HCl/H_3PO_4 腐蚀液除去 InP 层，然后在器件表面制备半径为 10μm 的圆形掩模，使用 $H_2SO_4/H_2O_2/H_2O$ 腐蚀液除去没有被掩模覆盖区域。根据 $In_{0.53}Ga_{0.47}As$ 与 $In_{0.81}Ga_{0.19}As_{0.4}P_{0.6}$ 对腐蚀液$HCl/HF/CrO_3$ 溶解速率的不同，利用动态刻蚀掩模技术在$In_{0.81}Ga_{0.19}As_{0.4}P_{0.6}$ 外延层上制备与 $In_{0.53}Ga_{0.47}As$ 吸收层夹角为 0.75° 的锥形结构。

表 5.2 锥顶结构的外延层

外延层
InP 100nm
InGaAs 200nm
InGaAsP 200nm
InP 缓冲层
InP 衬底

制备完圆锥形台面后，在圆锥形台面上沉积两对 SiO_2/Ta_2O_5 DBR 构成圆锥形顶镜。利用磁控溅射技术在制备好的台面结构上镀上 Ti-Au 大电极。制备的光探测器的 SEM 图如图 5.18 所示。

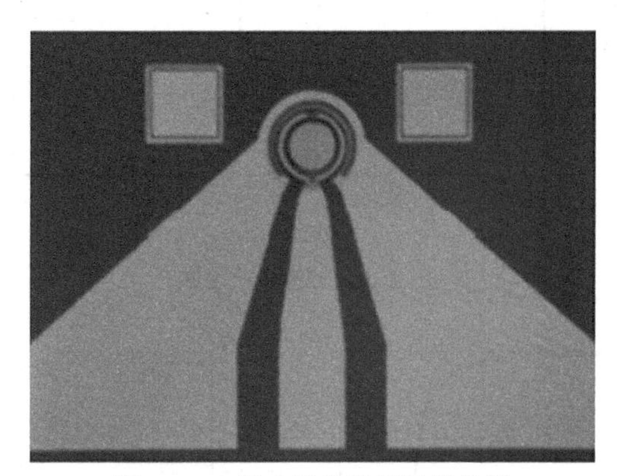

图 5.18 单个器件的显微器件图

5.4.3 器件的测试与分析

基于锥形吸收腔的 RCE 光探测器采用的是底部入光。这里使用 Anritsu Tunics SCL 型外腔可调激光器作为光源，该激光器射出的光源波长在 1460~1610nm 内可调，并且可以由计算机控制。当器件在 3V 的反向偏压、入射光功率为 1mW 作用下时，测试器件的量子效率如图 5.19 所示。

该器件的 −0.5dB 响应带宽为 0.5nm，3dB 带宽为 0.7nm，25dB 带宽为 1.06nm，并且器件的峰值量子效率达到 60%，满足应用于 100GHz 的密集波分复用系统的要求。

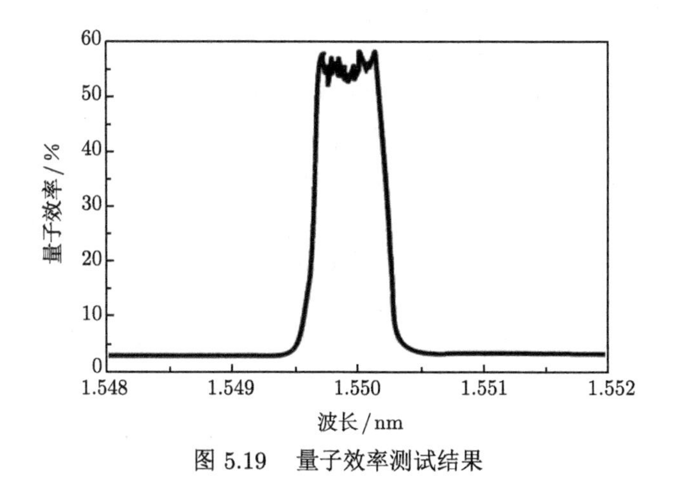

图 5.19 量子效率测试结果

5.5 基于 SOI 同心环光栅的蘑菇型台面 PIN 光探测器的制备

5.5.1 器件的结构及分析

图 5.20 为基于 SOI 非周期亚波长同心环结构的蘑菇型台面 PIN 光探测器的三维结构图 [34,35]，器件最下面为非周期亚波长光栅，往上为 BCB 键合层，最上面为 InGaAs/InP 蘑菇型光探测器，非周期同心圆亚波长光栅由三层材料组成，以优质硅活性层为衬底，生长电绝缘二氧化硅。蘑菇型台面 PIN 光探测器自下而上层结构为，InP 衬底层，通过 MOCVD 生长 0.1μm 厚的 P 型重掺杂 InGaAs 接触层，0.55μm 厚的 P 型重掺杂 InP 层，0.25μm 厚的 InP 缓冲层，0.5μm 厚的 InGaAs 本征吸收层，40nm 厚的 InP 缓冲层，1.2μm 厚的 InP 接触层，50μm 厚的 InGaAs 刻蚀停止层和 3.5μm 厚的 InP 缓冲层。InGaAs/InP 蘑菇型 PIN 结构可以通过晶圆键合工艺集成到非周期同心圆亚波长光栅上。

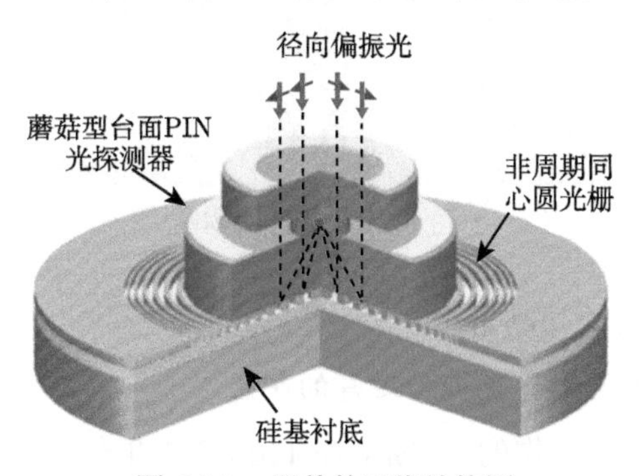

图 5.20 器件的三维结构图

蘑菇型台面 PIN 光探测器最大的优势是降低 RC 时间常数，增大 3dB 带宽，可以获得高速度，但是由于蘑菇结构减少了吸收面积，所以探测器的外部量子降低。利用光栅会聚反射器的作用，在不改变面积的前提下，同时还可以保持高速运行。

光栅的光谱特性由其厚度、周期性和占空比决定。显然，改变厚度是不可行的，因为需要进行很多蚀刻步骤，这里只改变周期和占空比。初步设计步骤是利用严格耦合波分析计算具有恒定周期性和占空比的周期光栅的反射光谱。根据这些数据，可以找到具有波前操纵能力的非周期光栅的结构参数。非周期光栅的反射特性 (如反射率和相移) 与空间有关，而在空间中的某一点上，反射特性仅取决于该点周围的局部结构参数。为了将反射光束聚焦到特定长度，相位响应应该是空间中的抛物线轮廓，由下式给出 [36]：

$$\varphi(r)=\frac{2\pi}{\lambda}\left(\sqrt{r^2+f^2}-f\right)+\varphi\left(r_0\right) \tag{5.5}$$

其中，λ 是波长；f 是焦距；$\varphi\left(r_0\right)$ 是 r=0 时的相位值。具有此相位轮廓的光束将光聚焦在距离光栅平面 f 的 z 轴方向。相移 $\varphi(r)$ 可以覆盖整个 2π 范围，具有高反射率，基于这一原理，可以设计反射中具有空间变化的相位剖面的非周期光栅，以便在保持高反射率的同时提供聚焦能力。

通过使用商业软件 COMSOL 对非周期光栅进行了数值计算。这里，设计的器件是工作波长为 1550nm、厚度为 0.5μm、直径为 32.6μm、焦距为 6μm 的非周期聚焦反射器。基于 SOI 的非周期的器件扫描电镜 (SEM) 图像如图 5.21 所示。

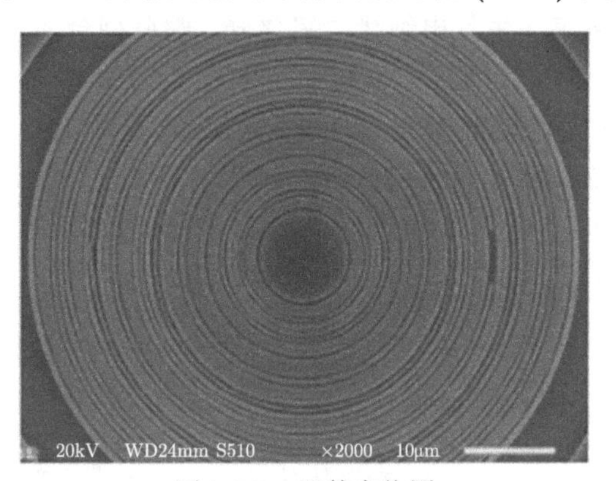

图 5.21 器件实物图

5.5.2 器件的外延生长与制备

1. 非周期亚波长同心环光栅外延片的制备

光栅是在裸硅片上制作的。首先，在 1100℃ 下生长二氧化硅层。在 600℃ 下氧化物顶部沉积多晶硅，并通过等离子体增强化学气相沉积在多晶硅顶部生长第二层氧化物层，用作蚀刻光栅的掩模。在聚甲基丙烯酸甲酯 (PMMA) 上进行电子束光刻，用于金属的发射，该金属用作掩模，以形成顶部氧化物的图案，然后通过反应离子刻蚀 (RIE) 技术进行刻蚀。去除金属掩模，并用 RIE 蚀刻聚乙烯。

2. 蘑菇型台面 PIN 光探测器外延片的制备

在制备的非周期亚波长光栅表面制备一层 1μm 厚的 BCB 键合层。将生长的外延片与光栅图案接触，并在 250℃ 下退火 2h。在 H_3PO_4 : HCl 溶液中，通过机械研磨和化学蚀刻的组合去除 InP 衬底，直到达到 InGaAs P 型接触层。然后采用标准光刻和化学蚀刻技术制作蘑菇型台面光探测器。

Ti/Pt/Au 金属沉积在 InGaAsP 型接触层上，并通过剥离工艺形成环形 P^+ 欧姆接触。环形金属的内径和外径分别为 30μm 和 42μm。然后用聚酰亚胺掩模覆盖晶圆，进行选择性蚀刻。顶部的圆形台面是通过蚀刻到 N 型 InP 接触层形成的。然后使用 H_2SO_4:H_2O_2:H_2O=1:1:20 对 InGaAs 本征层进行底切蚀刻，其中 InGaAs 台面的直径为 15μm。

5.5.3 器件的测试与分析

这里用安捷伦 E8363C 网络分析仪测量了光栅集成蘑菇型台面光探测器的频率响应。在 3V 的反向偏压、1mA 的光电流下进行测量，以确保频率响应不受功率饱和效应的影响。从图 5.22 可以看出，光栅集成蘑菇型台面光探测器的 3dB 带宽约为 30GHz。采用蘑菇型台面结构，降低其 RC 时间常数，可获得较高的速度。

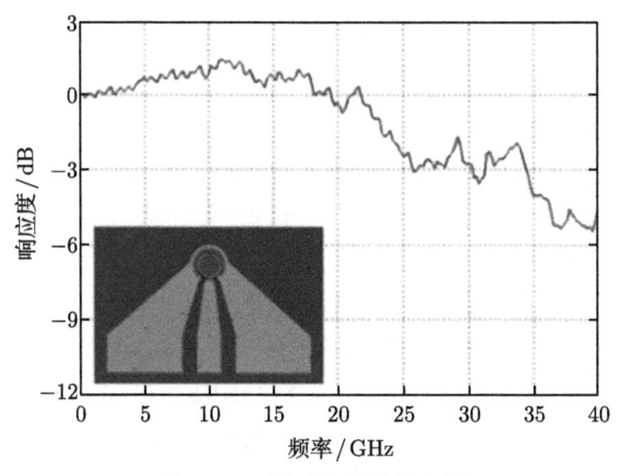

图 5.22 测试器件的带宽图

5.6　周期 HCSG-RCE 光探测器

5.6.1　器件的结构及分析

图 5.23(a) 为 RCE 光探测器的结构示意图 [37]，顶部和底部 DBR 反射镜与 PIN 探测结构共同组成该器件的 F-P 腔，当入射光从顶部入射到该器件中时，光波会在 DBR 的作用下在 F-P 腔中来回谐振反射。

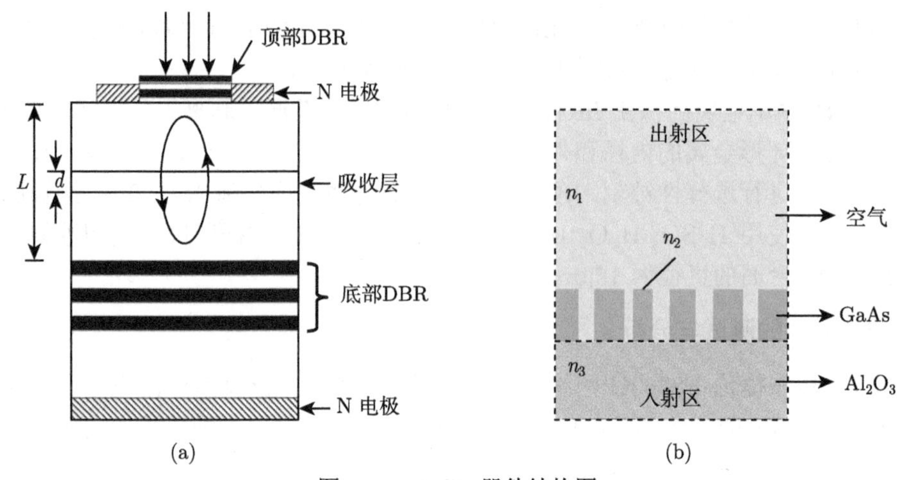

图 5.23　RCE 器件结构图

图 5.23(b) 为设计的新型周期型 HCSG 结构简图，上层光栅区域是由 GaAs 材料的光栅条和空气周期交替排列的。850nm 波段的入射光从衬底下方垂直入射到光栅区域，经过光栅对入射光的衍射作用，光波又被反射回入射区域，实现了偏振不敏感和高反射率特性，且制备简单易于集成。设计此光栅可集成在 PIN 探测结构上方充当反射镜，实现 RCE 光探测器结构。

850nm 周期 HCSG-RCE 光探测器的整体结构是由 13 对 $GaAs/Al_{0.9}Ga_{0.1}As$ DBR 下反射镜，PIN 光探测结构和具有偏振不敏感、高反射率功能特性的新型周期 HCSG 顶镜构成的。

表 4.3 为器件的具体使用材料与各项参数。图 4.18 从下往上描述了新型周期 HCSG-RCE 光探测器的外延半导体结构。最下层是 GaAs 衬底，衬底上方是 DBR 反射镜层，由 13 对 $GaAs/Al_{0.9}Ga_{0.1}As$ 材料构成；$GaAs/Al_{0.9}Ga_{0.1}As$ DBR 反射镜层上方是阴极接触层，阴极接触层由 2.2μm 厚的 N 型掺杂 GaAs 材料组成；再往上是吸收层，吸收层由厚度为 3.5μm 的 GaAs 材料组成；GaAs 吸收层上方是 0.02μm 厚的 Al_0CaAs 到 $Al_{20}GaAs$ 缓冲层；缓冲层上方是 P 电极层，阳极接触层由 0.2μm 厚的 P 型掺杂 $Al_{20}GaAs$ 材料组成；P-$Al_{20}GaAs$ 电极层上方是 0.02μm 厚的 $Al_{20}GaAs$ 到 $Al_{90}GaAs$ 缓冲层；缓冲层上方是间隔层，间隔层上方

是顶镜层，顶镜光栅层由厚度为 250nm 的 GaAs 周期 HCSG 结构组成。

入射光束从器件的底部垂直入射时，光波首先经过 GaAs 材料的吸收层，经过器件吸收层的光吸收后，未被吸收的光波穿过吸收层到达顶部光栅，未被吸收的光会被反射回来，反射回来的光经谐振后继续被吸收层吸收，器件的量子效率达到最高。该器件利用新型周期 HCSG 对光束的偏振不敏感和高反射率特性，增强了 RCE 光探测器对光束的吸收强度。通过顶部光栅层开口区域对高 Al 组分的间隔层进行湿法氧化，形成新型周期 HCSG，大大提高了集成结构的稳定性，简化了器件的制备步骤及方法。

5.6.2 器件的外延生长与制备

对基于新型周期的 HCSG-RCE 光探测器仿真结果的分析可知，所设计的光探测器符合预期设想且结构合理，为了验证仿真结构的正确性，将制备的器件进行一系列的性能测试。其中器件的外延生长过程可包括以下几个步骤，如图 5.24 所示。

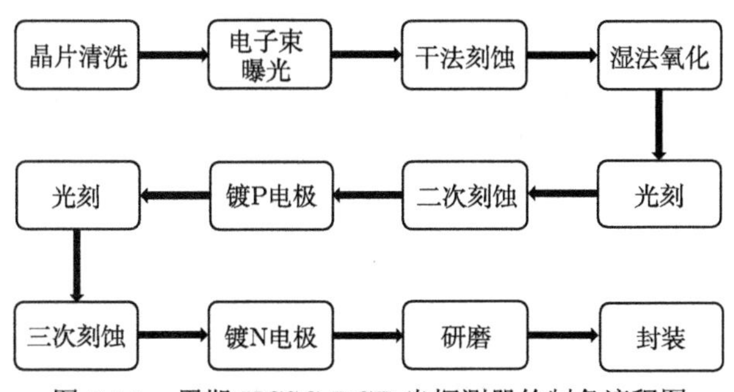

图 5.24 周期 HCSG-RCE 光探测器的制备流程图

此次实验制备的基于新型周期 HCSG-RCE 光探测器的外延结构，首先是在 N 型的 GaAs 衬底上生长 13 对 GaAs/$Al_{0.9}Ga_{0.1}As$ DBR 底镜，接着是 2.2μm 厚的 N 型 GaAs 材料掺杂的 N 型电极层，然后是 3.5μm 厚的 GaAs 材料吸收层，接下来是厚度为 0.2μm 的 $Al_{20}GaAs$ 材料 P 型电极层，通过局部湿法氧化技术制备新型间隔物层，最后是厚度为 0.25μm 的 GaAs 周期 HCSG。以下为几个重要工艺流程的介绍。

1) 晶片清洗

对长好的外延结构晶片进行清洗，目的是去除晶片上的杂质，为后续高质量的电子束曝光做准备。

2) 电子束曝光

利用电子束来对器件表面进行光刻，使其按照版图设计生成图案。将电子束曝光技术作用在相邻两个 GaAs 光栅条中间的空气区域位置，而涂覆光刻胶的光栅条部分不进行电子束曝光。

3) 干法刻蚀

晶片通过电子束曝光技术后，下一步要经过曝光位置继续向下进行干法刻蚀，刻蚀掉的区域即为光栅区域中的空气部分，刻蚀深度为 0.25μm，图 5.25 为光栅区域刻蚀完成后的图片。

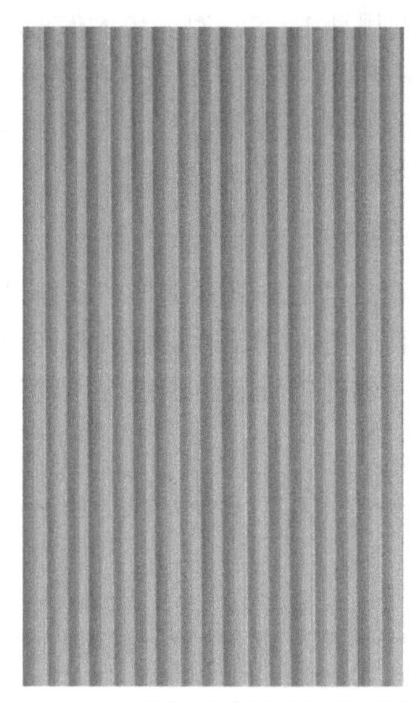

图 5.25　光栅区域刻蚀完成后图

4) 湿法氧化

将刻蚀完成后的晶片放入氧化炉中进行湿法氧化，氧化炉中的水蒸气在高温的作用下经过光栅区域的空气部分对 GaAs 层下面的 $Al_{0.9}GaAs$ 层进行氧化，最终得到 Al_2O_3 层，GaAs 光栅层和 Al_2O_3 层共同组成新型周期 HCSG。

5) 光刻 + 二次刻蚀

对外延结构晶片进行光刻和二次刻蚀得到 P 台面，其中干法刻蚀台面是通过感应耦合离子刻蚀设备 (ICP) 进行的，刻蚀深度为 0.75μm，图 5.26 为干法刻蚀完成后的图片。

6) 镀 P 电极

在第二次干法刻蚀完成后，要进行镀 P 型电极处理。首先在磁控溅射设备中蒸发出 P 型电极的金属合金，然后通过超声处理将完整的 P 型电极镀到器件上，图 5.27 为镀 P 型电极完成后的图片。

7) 光刻 + 三次刻蚀

对完成镀 P 型电极的晶片进行光刻和三次刻蚀，得到 N 台面。

8) 镀 N 电极

在完成第三次光刻后，对晶片进行镀 N 型电极处理。使用磁控溅射设备，在 N 台面上镀 N 型电极，图 5.28 为镀 N 型电极完成后的图片。

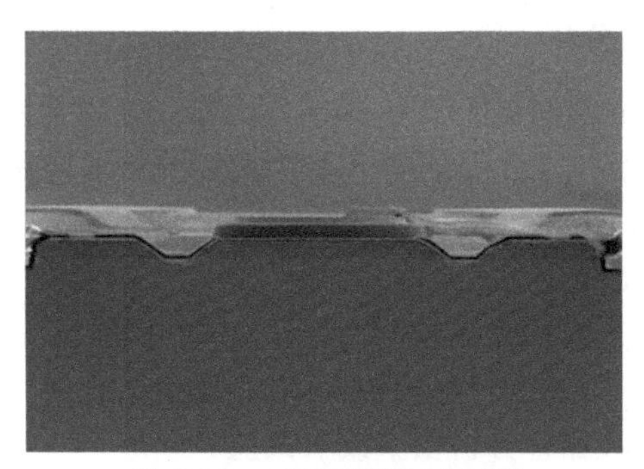

图 5.26 干法刻蚀完成后图

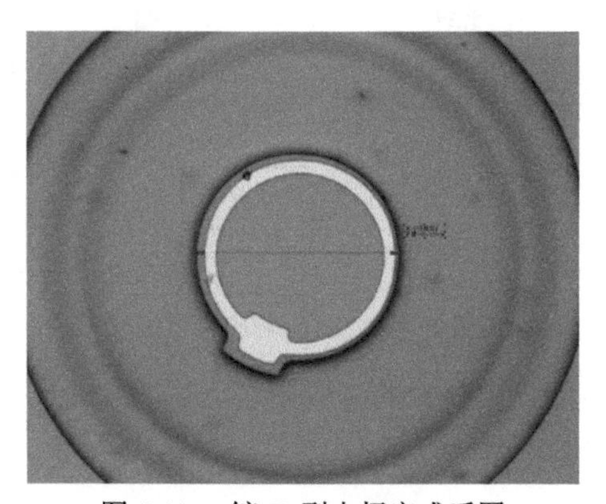

图 5.27 镀 P 型电极完成后图

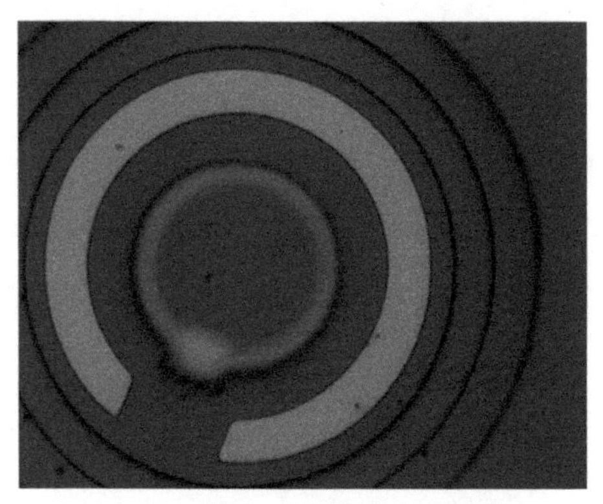

图 5.28 镀 N 型电极完成后图

9) 研磨和封装

将镀完 N 型电极的晶片进行接触区导通和金属打线之后，对晶片进行研磨减薄，以便于后续封装，封装完成后可以对晶片进行测试。

5.6.3 器件的测试与分析

接下来对所制备的器件进行实验测试。如图 5.29 所示为器件响应带宽测试系统简图，通过可调谐激光器、光波器件分析仪、光纤和自聚焦棒等实验设备来对制备的基于新型周期 HCSG-RCE 光探测器进行实验测试 [38]。首先将可调谐激光器的出射光调至为 850nm 波长，激光器的出射光先经过光波器件分析仪的调制后通过光纤的传导进入光探测器中。然后通过探针把输出信号转换为 A 型超小型连接器 (Subminiature Version A，SMA) 接口信号，最终将电信号再次接入光波器件分析仪中，从光波器件分析仪中读取数值。

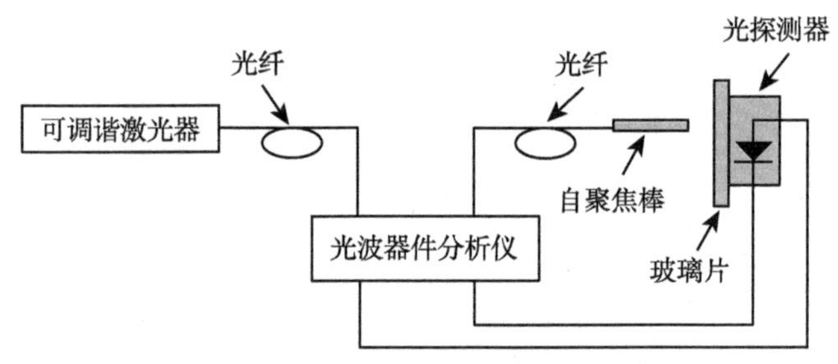

图 5.29　器件 3dB 响应带宽测试系统

图 5.30 为所制备的光电器件的响应带宽测试图，在外加反向偏压时测得器件的 3dB 响应带宽为 10.5GHz。

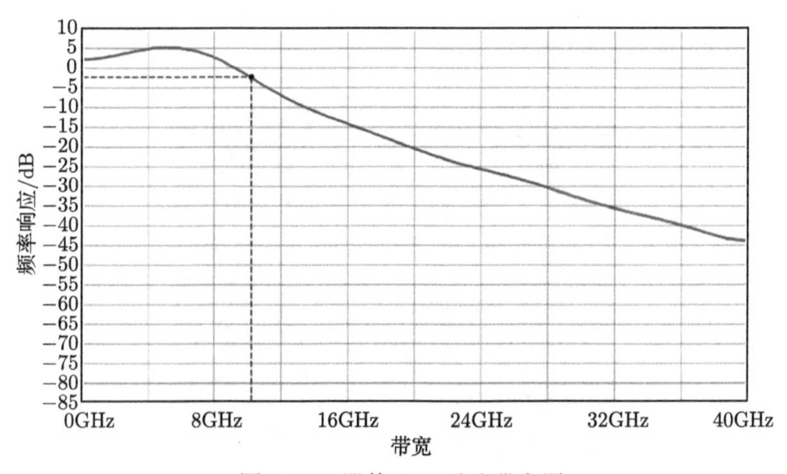

图 5.30　器件 3dB 响应带宽图

5.6.4 小结

基于光探测器的工作原理和类型，设计了一种基于新型周期 HCSG 的 RCE 光探测器，并对其进行制备测试。所设计的新型周期结构 HCSG 具有良好的偏振不敏感和高反射率特性；器件底部集成的 13 对 $GaAs/Al_{0.9}Ga_{0.1}As$ 材料的 DBR 反射镜入射光的反射率达到 98%以上；量子吸收效率达到 69.6%，半高宽接近于 0.1nm。对器件进行制备及实验测试，在外加反向偏压时测得器件的 3dB 响应带宽为 10.5GHz。

参考文献

[1] 倪金玉, Lee C H, 何慧凯, 等. 化学气相沉积技术在先进 CMOS 集成电路制造中的应用与发展 [J]. 智能物联技术, 2022, 5(1): 1-7.
[2] 牛燕辉. 化学气相沉积技术的研究与应用进展 [J]. 科技风, 2020(13): 161.
[3] 陆亮. 极性 AlGaN 材料及相关量子结构的 MOCVD 外延生长及表征 [D]. 南京: 东南大学, 2021.
[4] 徐佳新. GaSb/InSb/InP 红外探测器结构的 MOCVD 生长及红外特性研究 [D]. 长春: 吉林大学, 2018.
[5] 李爽. 基于 PID 控制的 MOCVD 过程 PLC 控制系统 [D]. 长沙: 中南大学, 2013.
[6] 冯兰胜. MOCVD 系统流场分析与反应室结构设计研究 [D]. 西安: 西安电子科技大学, 2017.
[7] 赵丽丽. 高温大尺寸 MOCVD 反应室热场的数值分析与优化 [D]. 济南: 济南大学, 2019.
[8] 王辉. 基于 CFD 的 MOCVD 反应室数值模拟 [D]. 南昌: 南昌大学, 2014.
[9] 岳琛. GaAs 基新型短波红外探测器的研究 [D]. 北京: 中国科学院大学 (中国科学院物理研究所), 2021.
[10] 张结印. 硅基砷化镓和硅锗薄膜生长与表征 [D]. 北京: 中国科学院大学 (中国科学院物理研究所), 2021.
[11] 牛慧娟. 基于光场调控和微结构的高性能光探测器的研究 [D]. 北京: 北京邮电大学, 2021.
[12] 戴媛媛. 硅基 Ⅲ-V 族半导体材料外延生长与超注入电子输运理论模型的研究 [D]. 北京: 北京邮电大学, 2020.
[13] 李晓云, 牛萍娟, 郭维廉. 电化学 C-V 法测量化合物半导体载流子浓度的研究进展 [J]. 微纳电子技术, 2007(2): 106-110.
[14] 李刚. 电化学电容–电压 (ECV) 法对高铝组分 AlGaAs 化合物半导体载流子浓度的测量 [J]. 标准科学, 2022(S1): 284-287.
[15] 刘景涛. InGaAs/GaAs 半导体表面量子点光学性质研究 [D]. 保定: 河北大学, 2021.
[16] 黄亮. 基于 In、As、Ga、Sb 的新型红外探测材料及器件的光谱研究 [D]. 北京: 中国科学院研究生院 (中国科学院上海技术物理研究所), 2014.
[17] 唐雄贵. 厚胶光学光刻技术研究 [D]. 成都: 四川大学, 2006.
[18] 左亮. VCSEL 刻蚀工艺研究 [D]. 长春: 长春理工大学, 2010.
[19] 田如江, 韩阶平, 马俊如. 超微细图形加工技术进展 [J]. 真空科学与技术, 1998(2): 83-94.

[20] 李嘉席, 孙军生, 陈洪建, 等. 第三代半导体材料生长与器件应用的研究 [J]. 河北工业大学学报, 2002(2): 41-51.

[21] 李珣. 微纳结构飞秒激光制备技术及其抗反射特性研究 [D]. 北京: 中国科学院大学 (中国科学院西安光学精密机械研究所), 2021.

[22] 赵纪红. 基于飞秒激光技术的硅表面特性研究及光电器件制备 [D]. 长春: 吉林大学, 2011.

[23] 王宇. GaAs 基 VCSEL 器件的 ICP 刻蚀工艺研究 [D]. 长春: 长春大学, 2020.

[24] Shahar A, Tomlinson W J, Yi-Yan A, et al. Dynamic etch mask technique for fabricating tapered semiconductor optical waveguides and other structures[J]. Applied Physics Letters, 1990, 56(12): 1098-1100.

[25] Huang H, Wang X, Ren X, et al. Selective wet etching of InGaAs/InGaAsP in HCl/HF/CrO_3 solution: Application to vertical taper structures in integrated optoelectronic devices[J]. Journal of Vacuum Science & Technology, B. Microelectronics and Nanometer Structures: Processing, Measurement and Phenomena, 2005, 23(4): 1650-1653.

[26] 王晓倩, 赵晋, 刘建勇. 磁控溅射薄膜生长的模拟方法 [J]. 表面技术, 2022, 51(2): 156-164.

[27] 徐万劲. 磁控溅射技术进展及应用 (下)[J]. 现代仪器, 2005(6): 5-10.

[28] Li B, Gabás M, Ochoa-Martínez E, et al. Experimental optical and structural properties of ZnS, MgF_2, Ta_2O_5, Al_2O_3 and TiO_2 deposited by electron beam evaporation for optimum anti-reflective coating designs[J]. Solar Energy, 2022, 243: 454-468.

[29] 邵永富, 陈自姚, 彭瑞伍. 电化学 C-V 法测量半导体材料载流子浓度分布 [J]. 半导体学报, 1982, 3(3): 215-221.

[30] 徐日炳. 采用电化学 C-V 法测量 III-V 族化合物半导体材料的载流子浓度的纵向分布 [J]. 半导体光电, 1984, (3): 75-79.

[31] Wang L I, Lu T, Yahui T, et al. Process of preparing high sheet resistance PN junction emitter with low surface phosphorus doping concentration[J]. Journal of Synthetic Crystals, 2022, 51(1): 132-138.

[32] Ahn D, Hong C Y, Kimerling L C, et al. Coupling efficiency of monolithic, waveguide-integrated Si photodetectors[J]. Applied Physics Letters, 2009, 94(8): 081108-1-081108-3.

[33] Wang J, Lee S. Ge-photodetectors for Si-based optoelectronic integration[J]. Multidisciplinary Digital Publishing Institute (MDPI), 2011,11(1): 696-718.

[34] Chen Q, Fang W, Huang Y, et al.Uni-traveling-carrier photodetector with high-contrast grating focusing-reflection mirrors[J]. Appl. Phys. Express, 2020, 13(1): 016503.

[35] 陶晋明. 面向数据中心的高速光电探测器研究 [D]. 北京: 北京邮电大学, 2020.

[36] 谢苍红. 光通信系统中用于光探测器的光栅光束整形器的研究 [D]. 北京: 北京邮电大学, 2021.

[37] 杨晓伟, 王明红, 范鑫烨, 等. 基于新型非周期高对比度亚波长光栅光电探测器 [J]. 光电子 · 激光, 2020, 31(7): 701-707.

[38] 杨晓伟. 基于新型高对比度亚波长光栅光电探测器的研究 [D]. 聊城: 聊城大学, 2021.

第 6 章　微纳结构半导体光探测器的应用

6.1　现代高速光通信系统

6.1.1　波分复用光接入网系统

近年来，随着互联网的普及，网络业务创新越发多样，新型网络业务如远程会议、在线直播、4K/8K/12K 高清视频、人机互动游戏等快速增长，同时物联网 (Internet of Things, IoT)、自动驾驶、云计算、虚拟现实 (Virtual Reality, VR)/增强现实 (Augment Reality, AR)、5G 等新型网络应用场景层出不穷。

新型网络业务和网络应用场景的高速发展，导致了网络数据流量的爆发式增长。2021 年 2 月发布的第 47 次中国互联网络发展状况统计报告显示，截至 2020 年 12 月，我国的网民总体规模已占全球网民的五分之一左右。“十三五” 期间，我国网民规模从 6.88 亿增长至 9.89 亿，五年增长了 43.7%。到 2022 年，全球网络流量达到每月 396 艾字节 (Exabyte, EB，10^{18} 字节)，而 2017 年仅为 122EB，如图 6.1 所示。面对接入设备及网络流量的爆发式增长，作为用户接入网络资源入口之一的光接入网，受到了严重的冲击。为了满足用户带宽需求，保障网络业务的数据传输质量，光接入网将需要进一步提升网络容量 [1]。

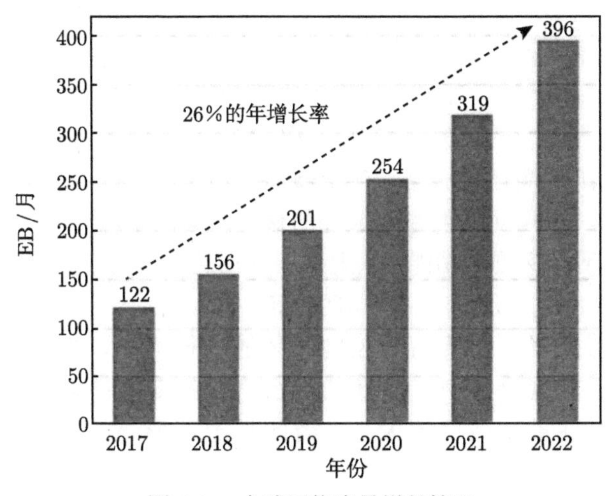

图 6.1　全球网络流量增长情况

传统的时分复用 (Time Division Multiplexing, TDM) 技术已经不能满足用户对带宽的需求。结合波分复用 (Wavelength Division Multiplexing, WDM) 的新型光接入网技术受到越来越多的重视。光纤通信中的 WDM 技术可以充分利用光纤的巨大带宽，在 WDM 技术中，根据每一信道光波的波长不同，可以将光纤的低损耗窗口划分成若干个信道，把光波作为信号的载波，在发送端采用波分复用器将不同波长的信号光载波合并起来，送入同一根光纤中进行传输，在接收端再由波分解复用器将这些不同波长承载不同信号的光载波分开，由此便可以增大通信容量，同时实现业务的透明传输。WDM 的组网技术和关键技术也相应地成为国内外研究机构和各个通信公司的研究热点 [2,3]。

波分解复用器和光探测器作为 WDM 系统的核心器件，完成系统终端的解复用接收功能，对 WDM 系统的性能有着重要的影响。当前 WDM 网络中干线采用的是光纤传输，接收端采用解复用器和光探测器的分立组合方式来完成信号的接收，然而这种分立组合方式具有许多缺点，例如，体积大、成本高、插入损耗大、可靠性低、引入的光接头较多，以及接收部分整体响应度低等，已无法满足大容量、高速光纤通信系统对光电子器件的高性能要求。借鉴电子器件的发展历程，可以预见未来大规模光器件的集成也势在必行，集成器件具有分立组合光电器件所不具备的许多优点，例如，可靠性高、尺寸小、成本低以及寄生参量小等。因此研究集成的解复用接收器件符合光电器件的发展规律，在光通信的发展中具有实际意义 [4]。

微环作为解复用器，具有噪声低、结构紧凑、波长可选择以及易于大规模平面集成的优点，可望在 WDM 系统中得到更为广泛的应用，微环谐振器还可以利用多腔耦合的方法，实现“箱型”的光谱响应。此外，由于多个微环在同一个平面上，可以很方便地实现调谐，N 阶微环谐振器的级联结构如图 6.2(a) 所示，其中右图是五阶微环谐振器的光学显微图；光谱响应如图 6.2(b) 所示。Gholamreza 等在 2006 年首次提出了基于环形腔的光探测器的基本结构，如图 6.2(c) 所示。北京邮电大学任晓敏教授及其研究组对基于环形腔的光探测器进行了深入的研究，图 6.2(d) 是一个四阶的微环谐振器，各个微环的半径可以取不同的值，其中的三个微环作为滤波器，采用对入射光无损耗的材料，第四个微环采用对入射光有吸收特性的材料，实现光探测的功能，从上到下分别是 P 型 InGaAs 接触层、InGaAs 吸收层、InGaAsP 波导层和 N 型 InP 衬底。

对于微环谐振器，需要精确控制微环的半径大小、微环与微环之间以及微环与波导之间的耦合距离，微环的半径大小决定着微环的谐振波长，而耦合距离决定着器件量子效率的大小，因此基于环形腔的集成器件对后工艺要求较高。

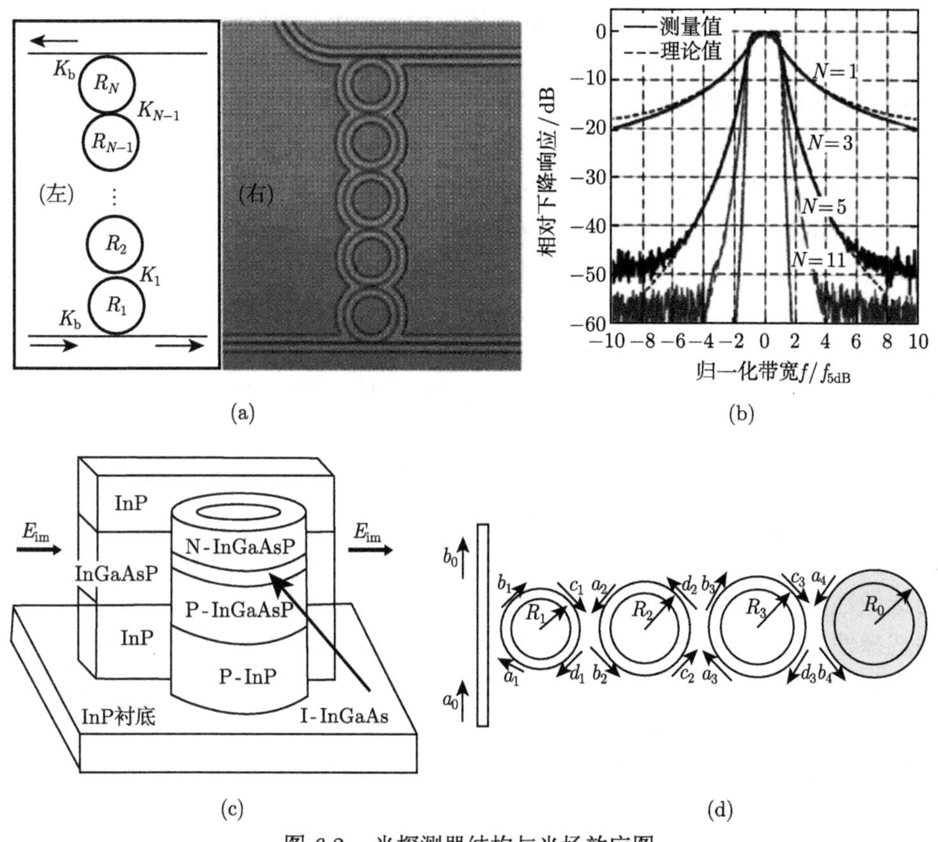

图 6.2 光探测器结构与光场效应图

(a) N 阶微环谐振器结构图；(b) N 取不同值时的光谱效应；

(c) 基于环形腔的光探测器；(d) 四个微环串联的光探测器结构图

6.1.2 相干检测主干传输网系统

当今正处于以互联网作为基础的信息时代，多媒体业务日益多样化发展，人们对于通信速率的要求越来越高。随着对于 6G 研究的深入开展，通信网络迫切需要提高通信容量以适应海量数据及长距离传输并且迎合新的宽带业务需求。就目前安装的光纤水平而言，服务提供商想要最大限度增大带宽和提高每条光纤的数据吞吐量可谓挑战重重。但通过最大限度提高单波长的数据速率，运营商可以提升容量并降低每比特总传输成本。众所周知，随着传输距离和数据容量的加大，在光传输过程中的损耗也就越来越大，主干传输网需要克服远距离上的信息传输问题，于是相干光检测技术就成为主干传输网中相当重要的一个环节。据与 Microsemi 公司合作的 ClariPhy 公司亚太区高级总监 Andrew 介绍：“相干技术是业界一致公认的 100G 及以上传输的首选，也是单光纤 (L+C 波段) 从 10Tbps 升级到 70Tbps 的唯一选择。将相干技术用于主干传输网能够极大地降低每比特光传输中的损耗，从而提高数据传输效率。”不仅如此，相干光检测技术也可以在 100G 和超 100G 上实现最低总体拥有成本，弃用传统昂贵的色散补偿模块 (DCM)，使用基于 CMOS 的数字信号处理 (DSP) 芯片对光纤噪声损耗进行数字补偿。利用相干光检测技术能够灵活地调整光纤长度，同时也能够保障数据传输量可扩展到每波长 400G，即用更大的容量来降低每比特成本。在通信需求的驱动下，以微电子技术和数字信号处理技术为支撑，相干光检测技术亟待发展。此检测技术主要是将参考光和信号光进行相干混频，使调制在光频上的信号传输到基带，然后用光探测器响应差频分量得到幅值、频率以及相位信息。通信系统中采用相干光探测技术，不仅能够提高系统的容量距离积，还可以通过高接收灵敏度来减小功耗、增加传输距离，在未来的无中继、长距离星际通信和构建军事通信网中至关重要 [5-12]。

相干光检测技术具有非常高的接收灵敏度，与强度检测方法相比，相干光检测可提高 25dB。因此，在红外波段的无中继传输距离可达 100km 以上。相干光检测技术的原理是将光频段内的信号转换为电中频信号，能够在光通信领域中运用选频性能更优越的电中频滤波器，不仅提高了光纤带宽利用率和光接收机的频率选择性，同时扩大了通信网络的容量。相干光检测技术在光通信领域的应用也使得信号的调制方式不再局限于传统光通信中使用的强度调制，同时可采用频率调制或相位调制。在超长波段，普通光纤的固有损耗会大幅降低，但氟化物玻璃制成的超长波长光纤的损耗只有石英的万分之一。通信系统若采用这种光纤作为传输介质，将成为实现无中继超长距离通信的主要手段，可大幅提高系统的稳定性和可靠性。在众多的检测方法中，只有相干光检测技术可应用于此通信系统。相干光检测技术优异的通道选择性也使其在 WDM 多通道光通信系统中得到广泛应用，可供选择的通道数可达几十个甚至几百个。随着光通信技术的发展，相干光检测技术以其明显的优势必将在光通信领域得到更多的应用。

针对 WDM 光网络环境下，既有单信道中色散造成的码间串扰、收发激光器之间的频率偏移、高斯白噪声等损伤对传输信号的影响，还有相邻信道间的信道串扰这个因素对传输信号的影响。在光突发接收机的设计中，采用了均衡器组的算法可以同时去除信道中的码间串扰和信道串扰，并将基于预判决的频偏估计算法与均衡器组相联合，将频偏估计值用于均衡器组误差信号的计算，提高了均衡的准确性。图 6.3 给出了在 WDM 光网络环境下设计的光突发接收机的结构框图 [8]，图中简化为三个信道进行模拟多倍道传输环境。进入接收机的信号受到了多信道传输条件下的信道串扰、色散 (CD)、偏振色散 (PMD)、光放大器噪声等因素的影响，并且在接收端将受到收发激光器所产生的频率偏移的影响，这些损伤将会严重影响传输信号的质量。在接收端，接收信号首先通过光滤波器分离出不同传输信道的信号分别进行处理，与单信道一样，先与本振激光器光波一起进入 90° 混频器进行相干解调。相干解调后的四路电信号进行采样速率为 2 倍速率的模/数 (A/D) 采样和量化，然后进入数字信号处理模块。均衡器组对信号进行偏振解复用和信道串扰以及色散等损伤的均衡，然后进入频偏估计模块 (FOE) 进行频偏估计与补偿，最后经判决电路恢复发送的数据。

2019 年，Keyvaninia 同其课题组提出了一种新的用于偏振相干检测的光探测器芯片 [13]，如图 6.4 所示，所提出的芯片利用串联耦合 InP 材料的光电二极管的波导集成多量子阱光电二极管 (MQW-PD)，拥有更小面积并实现了设计简易化。与 InGaAsP 材料相比，在 MQW-PD 中，通过强激子移动了量子阱的吸收带边缘，使 MQW-PD 具有大的偏振相关响应度，可检测 TE 偏振光，而 TM 偏振光主要被偏振相关响应 (Polarization-Dependent Responsivity, PDR) 低得多的后续光探测器吸收。特别是偏振分集相干光接收器 (PD CR) 将受益于这种单片光探测器概念，因为既不需要偏振分束器也不需要旋转器。TE 和 TM 偏振光的分离检测将提高制造公差，并将传统的、完全集成的 PD CR 的面积减少约 25%。串联连接的 MQW 和光探测器的外部 TE 和 TM 响应度分别测量到 0.65A/W 和 0.45A/W。在没有任何后补偿算法的情况下，证明了对误码率为 10^{-6} 的双极化信号的 2×25GBaud 检测。

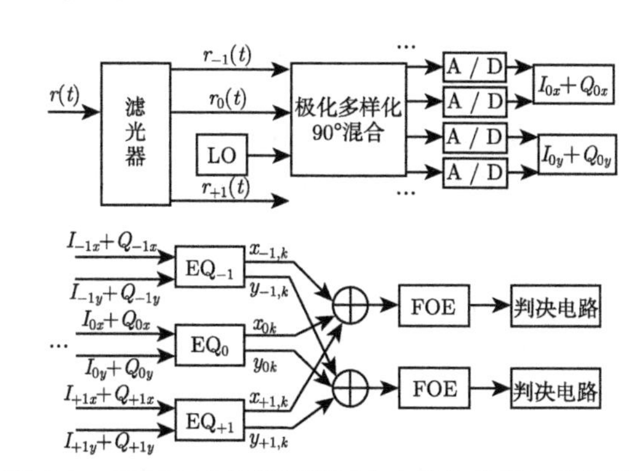

图 6.3 WDM 光网络环境下光突发接收机的结构框图

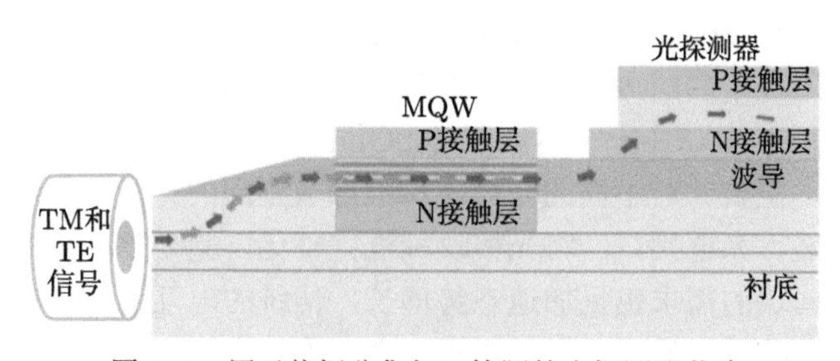

图 6.4 用于偏振分集相干检测的光探测器芯片

6.1.3 数据中心光互联系统

随着云计算、大数据以及 6G 通信等互联网信息产业的快速发展，通信网络中的传输数据容量呈现出指数级增长的发展趋势，相应的通信传输速率也在不断攀升。光通信技术由于其大容量、大传输带宽、强抗干扰能力等特点，被广泛地应用于目前的通信领域，很好地满足了当前社会生产生活中对大容量和高速率通信等方面的要求。由于我国多项信息化工程的实施，如人工智能、自动驾驶、移动互联网以及三网融合等，光通信领域将以更加飞速的步伐跃进式地发展，这会极大推动光通信器件及芯片产业的快速升级。在这近五十年的发展中，光纤通信从一开始只能在不超过 10km 的多模光纤 (Multi-Mode Fiber, MMF) 中传输几兆比特每秒速率的功率调制信号，到现在已经发展到能够在数千公里的标准单模光纤 (Standard Single-Mode Fiber, SSMF) 中每秒传输几十太比特的信息 [14-20]。在光通信技术发展的前三十年里，光通信传输系统的实现依赖于强度调制和直接探测 (Intensity Modulation and Direct-Detection, IM/DD) 技术 [21-25]。随着社会信息化发展的不断推进，扩大 C 波段的传输容量以满足长距离骨干网高速增长的流量传输需求，克服长距离传输中光纤色度色散的影响，成为骨干网光通信传输需要考虑的重点问题 [26-29]。直接探测接收机的结构具有结构简单、易于集成、低成本、低功耗的优点，在大规模数据中心之间光互联的通信传输应用场景备受青睐。如图 6.5 所示，光信号通过光探测器实现光电转化，然后再通过模/数转换器 (Analog-to-Digital Converter, ADC) 完成信号的采样接收，最后再送入接收机中通过数字信号处理 (Digital Signal Processing, DSP) 模块进行恢复。

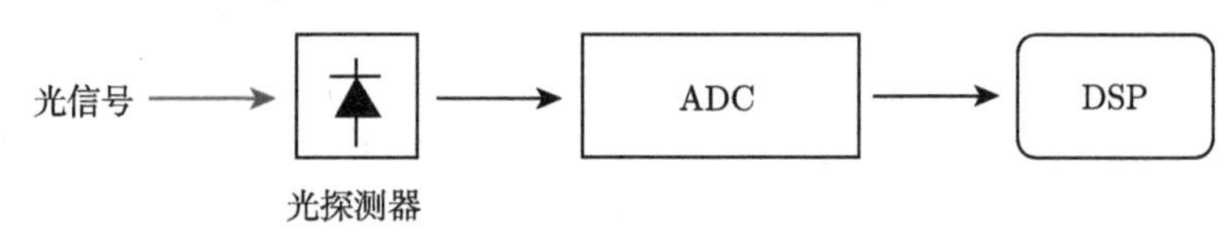

图 6.5 直接探测接收机

目前数据中心流量和带宽增长趋势飞快，数据中心光模块标准的定义主要由电气与电子工程师协会 (Institute of Electrical and Electronics Engineers, IEEE) 与多源协议 (Multi Source Agreement, MSA) 行业联盟两个组织完成。光模块标准具体是由 IEEE 下面的 802.3 工作组完成，如 10G、40G、100G、400G 标准，国内数据中心正由 100Gbit/s 逐步向 400Gbit/s 过渡。MSA 是由行业内组成的一个行业联盟，主要针对不同的光模块标准形成不同的行业 MSA 协议，用于定义光模块的封装、光电接口，将光模块标准完整化。驱动数据中心中的光模块不断升级，对光模块的需求也呈加速态势增长，传统的电互连方式很难满足当前数据中心传输带宽和速率的日益增长需求，光互连技术就相应地成为数据中心中的主要解决方案 [30]。图 6.6 为数据中心光互联示意图，数据中心光互联包括数据中心内部互联与数据中心之间的互联。数据中心内部光互联的范围一般在几百米的距离内，一些超大规模数据中心内部的传输距离能够达到几千米的范围 [31]。

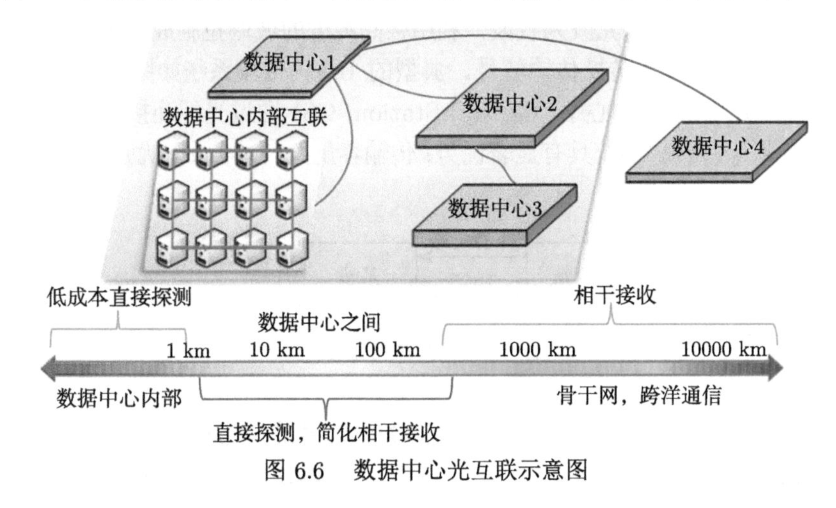

图 6.6 数据中心光互联示意图

数据中心的光模块发展前景广阔，宽带需求从企业推向个人用户，市场需求急剧增加，需要更高速的光传输系统支持网络运行。从 2023 年开始出现大批量的 400G 光互联解决方案，到 2025 年完成大部分的 400G 系统的部署升级。目前基于 400G 标准的数据中心光模块已经逐渐出现，产业界与学术界都在积极研究开发基于 400G 标准的光传输系统。

6.1.4 宽带射频信号光传输系统

随着我国航天技术与导弹技术的高速发展，电子对抗技术和隐身技术在军队中的应用势在必行。因此，对雷达系统的功能扩展与优化提出了更高要求，例如，要求雷达可同时兼备远距离监控、高速跟踪和大规模搜寻等功能。同时，雷达技术的发展伴随着雷达系统在运行中传输的信息量大幅度增加、信号种类的增多或传输的距离变长等其他要求 [32]。对于传统雷达系统来说，其传输一般是通过电缆或微波进行的 [33]，若使用同轴电缆进行雷达信号传输，会导致传输损耗大，同时极大地限制指令控制中心和天线之间的距离。而雷达天线作为一个辐射源，不仅非常容易受到反辐射导弹的袭击以及其他无线通信系统的干扰，而且保密性差，易被监听。若使用微波信号进行传输，则不仅需要通过下变频的方法将信号的频率下变频到 MHz 范围，还需要放大器来放大信号。另外，若使用地面微波传输系统，则要考虑到地形地貌和地面曲率对传输距离的影响。光纤及大量光波器件均为介质材料，无电磁辐射，隐身效果好，因此雷达信号传输系统改用光纤传输后，不仅能够大幅降低系统的成本和重量，还可以显著地提高抗电磁干扰 (Electromagnetic Interference, EMI) 和抗电磁脉冲 (Electromagnetic Pulse, EMP) 的能力 [34-37]。同时，使用光纤进行传输可以在一定程度上保证雷达信号相位稳定性。因此，使用光载无线通信 (Radio-over-Fiber, ROF) 传输系统来解决雷达系统中信号的长距离安全传输问题十分必要。

ROF 传输系统是以光波为载波，利用极高纯度的玻璃拉制成极细的光导纤维作为传输介质，通过光电转换传输信号。典型的 ROF 传输系统如图 6.7 所示，基站 (Base Station, BS) 和中心站 (Central Station, CS) 通过光纤连接。与无线传输系统相比，光纤无线传输系统具有显著优势：传输容量大、抗电磁干扰强、保密性好等。

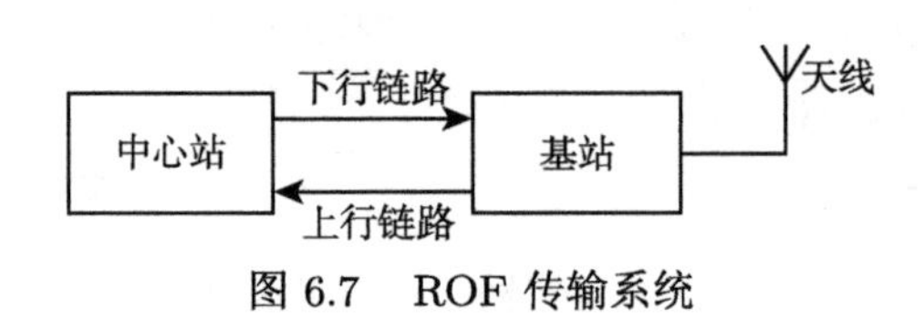

图 6.7　ROF 传输系统

图 6.8 展示了可以同时传输两路不同类型信号的宽带射频信号光纤传输系统的基本光链路结构。此系统由一个中心站和两个基站组成，其中两个基站具有相同的结构，实现由一个中心站同时控制两个基站。为了在一根光纤上同时传输两个信号，在该系统中，使用了两个波长的光，并采用 WDM 技术将这两个波长的光复用到一根光纤上传输。

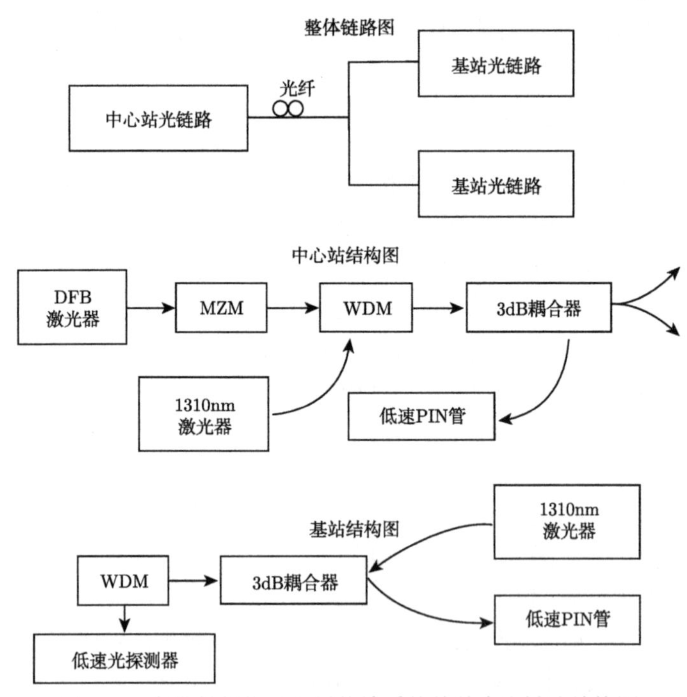

图 6.8　宽带射频信号光纤传输系统的基本光链路结构图

中心站的作用是将宽带的射频信号和数字控制信号调制到不同波长的光上，利用 WDM 将两个波长合并成一根光纤进行传输。基站的作用是接收和解调中心站发射的调制光信号，并向中心站发送数字响应信号。基本光链路中的光器件包括高速 PIN 光探测器、低速 PIN 光探测器、激光器、光耦合器和 WDM。在基站，WDM 用于重新分配从中心站发射的合成信号光。高速光探测器探测 1550nm 的信号光，低速光探测器探测 1310nm 的信号光，接收到 1310nm 的信号光后，数字响应信号调制到激光器发射的 1310nm 的光上，传送回中心站。

6.2 可重构光网络

可重构光分插复用器 (Reconfigurable Optical Add/Drop Multiplexer, ROADM) 是光传送网 (OTN) 的重要光节点，可远程配置，能够灵活实现波长上下路，使网络实现重构功能。ROADM 通常被视为功能简化的光交叉连接 (OXC) 节点。随着电信业的复苏，ROADM 技术在近两年得到了长足的发展，并在美日等发达国家的网络中得到了一定的实际应用。ROADM 实现了对波长资源的灵活分配，不仅大幅简化了网络规划，而且更有效地利用了带宽资源 [38]。ROADM 可使网络方便地重新配置，从而能够快速满足用户不断变化的带宽需求，这对于城域网来说尤其重要。同时，ROADM 也使网络的保护和恢复功能更加强大有效。ROADM 的应用是推进智能光网络的重要基石。目前，ROADM 设备主要有三种结构类型，即波长阻断器 (Wavelength Blocker, WB) 型，平面光波导 (Planar Lightwave Circuit, PLC) 型和波长选择交换 (Wavelength Selective Switch, WSS) 型。

6.2.1 基于波长阻断器的 ROADM

图 6.9 为由 WB 实现的 ROADM，WB 完成各波长的阻塞和直通，可以在本地添加被阻隔的波长。WB 由独立元件组成，光栅完成波长的复用和解复用，波长的直通和阻塞由液晶阵列实现。基于液晶技术的 WB 可支持窄至 25GHz 的信道间距，可在阻塞的同时实现直通波长的功率均衡。WB 是典型的双端口器件，因此只能用于具有两个光方向的环形或链形拓扑节点。使用 WB 构成 ROADM 时，由于 WB 只控制主光路上波长的直通或阻塞，故需要可调滤波器配合完成本地波长下路，可调激光器配合来完成本地波长上路。当节点需上下的波长数目多时，成本将增加。但 WB 不存在信道带宽窄化效应，即环路上可级联较多数目，对信号的损伤较小，并且能有效抑制环路自激，因此多用于强调性能重于价格的长距离网络。

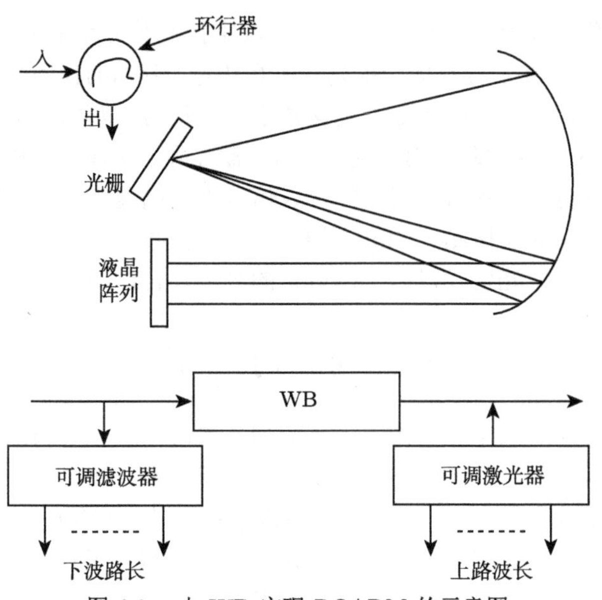

图 6.9 由 WB 实现 ROADM 的示意图

6.2.2 基于平面光波导的 ROADM

PLC 技术可将无源波导和有源波导集成到一个衬底上，如图 6.10 所示。光栅、光开关、耦合器以及可调谐衰减器等固态器件集成在单个芯片上，这对于大批量生产尤其有利。Arrayed Waveguide Grating(AWG) 完成波长的复用和解复用，各波长的光开关控制该波长直通还是由本地上路可调光衰减器实现对各波长

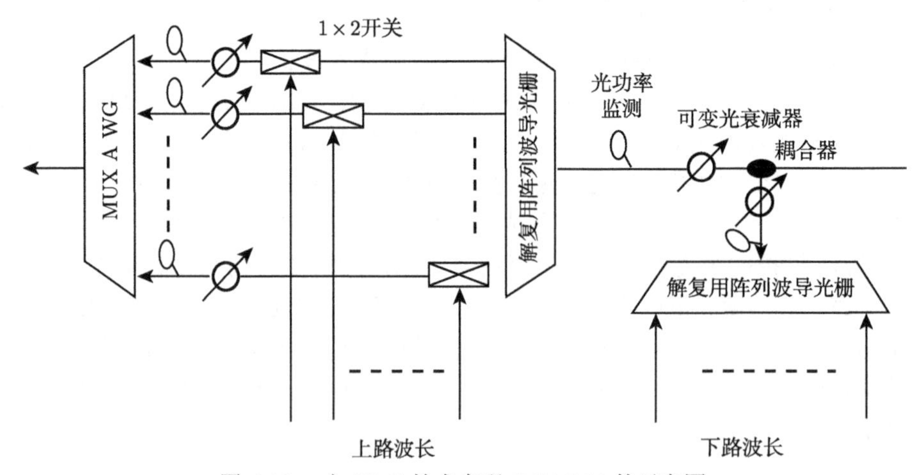

图 6.10 由 PLC 技术实现 ROADM 的示意图

的信道功率控制，也可以抑制环路自激。多个 AWG 级联会产生信道带宽窄化效应，这会限制环中节点的数量，并使信道间隔不能过小，通常为 100GHz。在初期阶段，这种 ROADM 就已具有所有波长任意上下的功能，但它只有两个光方向，不能用于环间互联节点或者 Mesh 网节点之间的节点互连。由于易于量产即具有成本上的优势，其成为城域网中非互联的普通 ROADM 节点的较优选择。

6.2.3 基于波长选择器的 ROADM

图 6.11 中微机电系统 (Micro-Electro-Mechanical System, MEMS) 交叉矩阵使 WSS 具有多个光方向，使得基于 WSS 的 ROADM 可用于环间互联节点或 Mesh 网节点，并可升级为 OXC 节点。WSS 可以将任意波长分流到任意端口以实现无阻塞交叉连接。为了充分发挥 WSS 的作用，这种 ROADM 可用于多个光方向的城域网关键节点，成熟后将极大地提高密集型光波复用 (Dense Wavelength Division Multiplexing, DWDM) 设备的组网能力，能够灵活利用 DWDM 设备提供的巨大带宽，充分发挥网络的智能化。

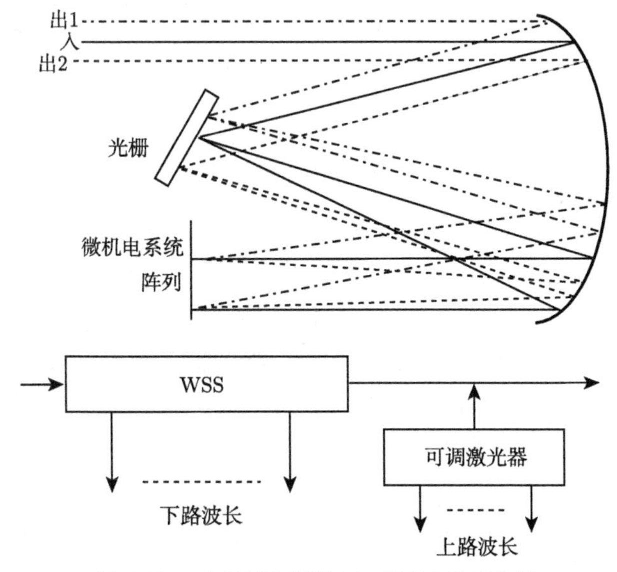

图 6.11 由 WSS 实现 ROADM 的示意图

目前 ROADM 设备仍然是由分立器件组成，器件的整体尺寸较大。ROADM 设备通常采用 WSS 的实现方案，但 WSS 器件成本昂贵，ROADM 设备集成化将是未来发展的必然方向。基于光子集成的 ROADM 的成功研制可大大降低成本、减小器件体积、提高可靠性，未来将成为光网络节点相关技术的研究热点。基于光子集成的 ROADM 集成了复用器、解复用器、光开关、探测器、激光器、调制器等，为系统设计人员直接提供具有小型化、模块化、高可靠性、多波长处理能力和多种功能等特点的光网络节点设备。

具有波长处理功能的单片集成光探测器阵列可在 WDM 光纤通信系统中实现多路探测。该器件采用多阶梯谐振腔结构，实现了多波长接收的单片集成。图 6.12 为具有波长处理功能的单片集成光探测器阵列的器件结构示意图。利用传输矩阵方法设计器件的光学特性，将信号光由底部入射，经过滤波器后进入 PIN 光探测器。由于滤波器的谐振腔厚度呈周期性阶梯分布，则可以实现探测器在相应阶梯上对不同波长光的响应 [39]。

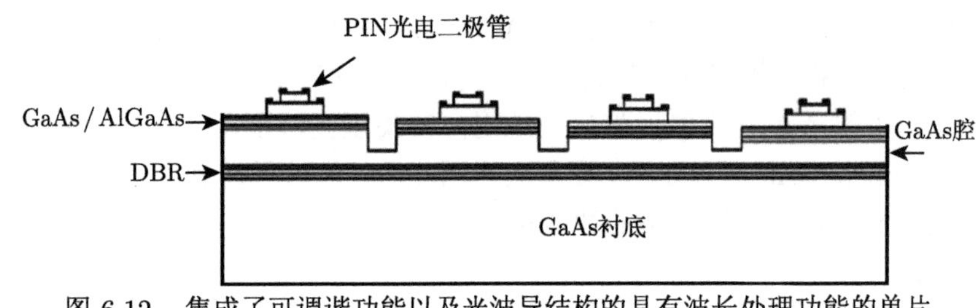

图 6.12 集成了可调谐功能以及光波导结构的具有波长处理功能的单片集成光探测器阵列示意图

6.3 6G 光通信网络

随着全球首份 6G 网络架构技术白皮书的发布，近数年来 6G 成为国内外关注的热点。6G 将为万物提供全覆盖的、全维度的、全融合的智能服务，将人类社会与客观世界紧密连接，满足人类的精神与物质需求。相比 5G 的 “信息随心至，万物触手及”，6G 将会更进一步，其关键参数特征见表 6.1[40]。未来，6G 网络将自然空间 “超级连接”，以构建起跨空域、跨地域、跨海域的空天海地一体化网络，扩大通信覆盖范围，为未来各种用户需求提供信息保障。

表 6.1 5G 和 6G 关键指标的对比

特征	工作频率	体验数据速率	峰值数据速率	连接密度	时延
5G	3~300GHz	0.1Gbit/s	20Gbit/s	10^6Devices/km^2	1ms
6G	达到 1THz	1Gbit/s	1Tbit/s	10^7Devices/km^2	0.1ms

6.3.1 THz 技术中的半导体微结构光探测器

作为 6G 愿景的关键技术，太赫兹 (THz) 无线通信技术已得到全球无线通信业认可。太赫兹波在高速信息网络领域有着广阔的应用前景，已成为当前研究高速光探测器的热点。THz 波是指频率从 0.1~10THz 波段位于微波频段和光频段

之间的电磁辐射 [41]。太赫兹电磁波由于具备穿透性、低能性、瞬态性、“指纹”谱、宽带性等特点，被视作第六代移动通信技术 (6th Generation Mobile Networks, 6G) 的潜在频段 [42]。相对于微波或毫米波，THz 波长更短，成像的空间分辨率更大 [43]。同时，THz 的带宽从几百 GHz 到几 THz，资源丰富，能够进一步提高无线通信带宽。太赫兹电磁波由于具备超大带宽超低时延通信的能力，在自动驾驶等场景将获得广泛的应用。太赫兹波长短，从而太赫兹器件具备小型化潜力。同时太赫兹由于带宽较大，结合超大规模天线，将获得极高的距离、速度和角度分辨率，在感知方面具备较大的潜力，可以广泛应用于机器通信、数字孪生、沉浸式业务等方面。

THz 源是 THz 研究的重点和难点之一，可利用连续双波长激光在半导体高性能光探测器中的光子混频来获得室温下 THz 辐射源。通过该方法实现 THz 源需要重点研究的内容之一是高性能半导体光探测器。随着光探测器应用的进一步扩大，尤其是在 THz 源中的应用，对光探测器响应度和响应速度的要求越来越高。对于提高响应度通常可以采用两种方法：一是提高量子效率，二是提高内部电子增益。这可通过双腔谐振腔增强 (RCE) 结构 [44,45] 和纳米柱微纳结构实现。采用谐振腔增强结构能使得光在探测器中经过多次传输，并形成谐振，从而在不增加探测器长度的情况下提高量子效率 [46]。纳米柱光探测器具有高内部增益并且克服了雪崩二极管高偏置电压，可用于微弱光和单光子探测。针对限制探测器速度的两个主要因素：载流子传输时间和电容充放电时间 (RC)。除了优化探测器基本结构外，以下三种新颖的结构和材料能够提高探测器的速度，采用行波探测器克服电容充放电时间限制 [47]，采用超快载流子寿命光电导 [48] 和单载流子传输探测器 (UTC-PD)[49] 克服载流子传输时间限制。

传统的 THz 探测器大多数基于热效应，难以实现探测器的高速工作。而由于快速的载流子弛豫过程，基于半导体的 THz 探测器理论上被认为能够高速运行。下面介绍两种高速 THz 探测器。

1. THz 光导天线

THz 光导天线作为目前 THz 波段最重要的常温探测器之一，具有超快的响应速度。第一个飞秒激光抽运的皮秒级超短脉冲激光器的成功研制 [50]，使得用光电导方法 [51] 和电光方法 [52] 产生和探测 THz 波得到较完善的发展。基本光导开关结构是在半导体衬底上制作了两个间隙为几微米的平行金属线，即 Grischkowsky 天线 [53]，如图 6.13(a)[54] 所示。当飞秒激光脉冲聚焦到天线阳极附近时，半导体衬底内部产生的光生载流子在电极之间的强电场处加速并向外辐射 THz 电磁波，通过衬底背面的高阻硅透镜将光斑会聚。THz 光导天线探测器如图 6.13(b) 所示，其结构和原理均与辐射源类似：飞秒激光触发天线内部产生光生载流子，入射 THz 辐射在天线两电极之间引入一个瞬态电场，当激光脉冲在空间和时间上与入射 THz 波的电场一致时，则产生与入射电场成正比例的光电流。通过延迟激光脉冲，可实时探测光导天线内部光电流的变化。

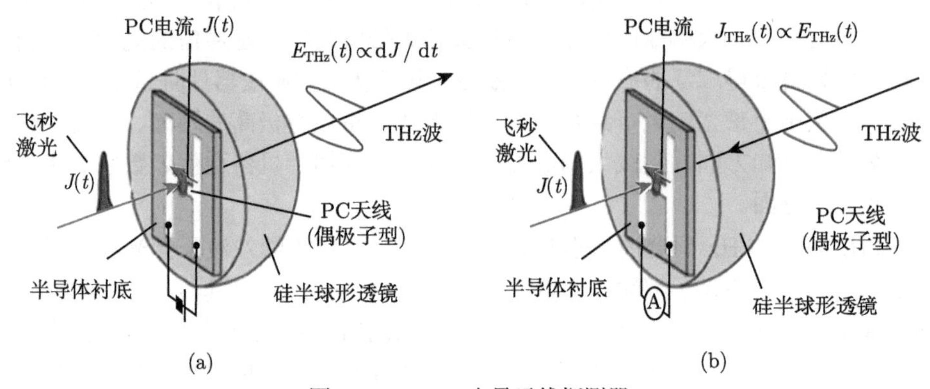

图 6.13　THz 光导天线探测器

(a) 光导天线辐射源；(b) 光导天线探测器示意图

THz 光导天线通常用于时域光谱系统中的快速成像和光谱检测，还可用作航空航天和大气物理探测的超导热电子测辐射热仪 (Superconductive Hot Electron Bolometer, SHEB) 混频器，即基于热电子效应的平面超导薄膜混频器，其频率已由毫米波扩展到太赫兹 [55]。以及基于 GaN/AlGaN 异质结等准二维电子气和石墨烯二维电子 (空穴) 气的天线耦合场效应晶体管 (Field Effect Transistor, FET) 探测器，具有低阻抗和高灵敏度的特点，适用于室温下 THz 波段的高速高灵敏度探测及大面积快速焦平面阵列成像 [56-58]。

2. THz 量子阱光探测器

THz QWP 是量子阱光探测器 (Quantum Well Photodetector, QWP) 在 THz 波段的自然延伸，其利用半导体量子阱超晶格中子带间跃迁的吸收产生光电流，可实现高速探测，调制带宽高达几十 GHz，适用于 2~7THz 频谱范围内的高速探测。基于各种几何结构的微型谐振腔阵列可以将自由空间的电磁波限制在亚波长甚至纳米尺寸的体积内。THz QWP 的有源区由多个周期的量子阱组成，每个周期包含一层掺杂的 GaAs 材料 (量子阱层) 和一层 AlGaAs 材料 (势垒层)。通过 THz QWP 的探测原理可以了解到，在无光照下，电子被束缚在量子阱中，器件处于高阻态；当 THz 波入射到器件的光敏面时，位于量子阱中的束缚电子在吸收光子能量后可跃迁到接近势垒边的准连续态，后经外加偏压的作用形成光电流，通过测量光电流信号的变化可以实现对 THz 光的探测。通过调节有源区势垒高度、量子阱宽度或材料的掺杂浓度等参数，可以设计出不同峰值响应频率的 QWP 器件。图 6.14 为 THz QWP 的能带结构示意图 [59]。

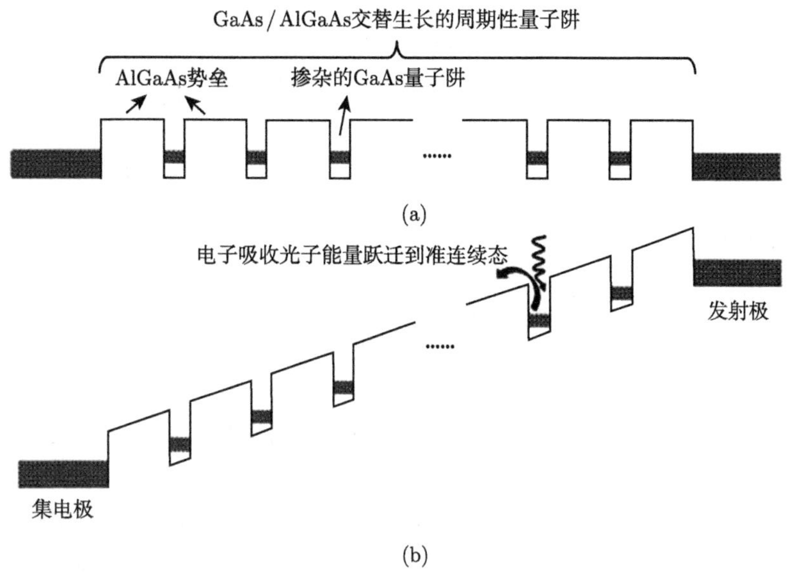

图 6.14 THz QWP 的能带结构示意图
(a) 零偏压下；(b) 光照加偏压的情况下

THz QWP 是一种超快响应和高灵敏度的光探测器 [60,61]。影响 THz QWP 性能的一个关键因素是光耦合方式 [62,63]，好的耦合方式可以抑制器件的暗电流，优化器件响应度、灵敏度等性能 [64-66]。最早的多量子阱探测器采用布儒斯特 (Brewster) 角的入射法，常用 45° 斜面背入射的耦合方式，如图 6.15(a) 所示。金属散射光栅耦合可以实现 THz QWP 对光的垂直入射，如图 6.15(b) 所示。此外，在 THz 波段，有两种主流耦合方式：亚波长金属微腔耦合和表面等离子体耦合，这两种耦合方式不仅可以增加 QWP 的有效光吸收面积、提高吸收效率，还可以抑制器件的暗电流、提高器件的工作温度。THz QWP 是一种基于子带间跃迁原理的单极器件，子带间跃迁选择定则中规定，电场在量子阱的生长方向具有非零偏振分量，因此常规的 THz QWP 对垂直入射的光没有响应，即采用 45° 衬底背入射方式耦合。THz QWP 的有源区由数十甚至数百个周期的量子阱超晶格结构组成，通常采用 GaAs/AlGaAs 材料体系。Durmaz 等基于 GaN/AlGaN 材料制作出峰值探测频率在 10THz 左右的 THz QWP[59]。

THz QWP 具有体积小、工艺精简、易于设计、高响应速度等特点，可用于 THz 大规模焦平面成像和自由空间高速无线通信。量子阱中较低的子带间吸收效率影响 THz QWP 的应用，为了提高吸收效率，可以从光耦合模式的理论计算和工艺准备等方面对器件进行优化，进一步提高器件的光电转换效率和工作温度。

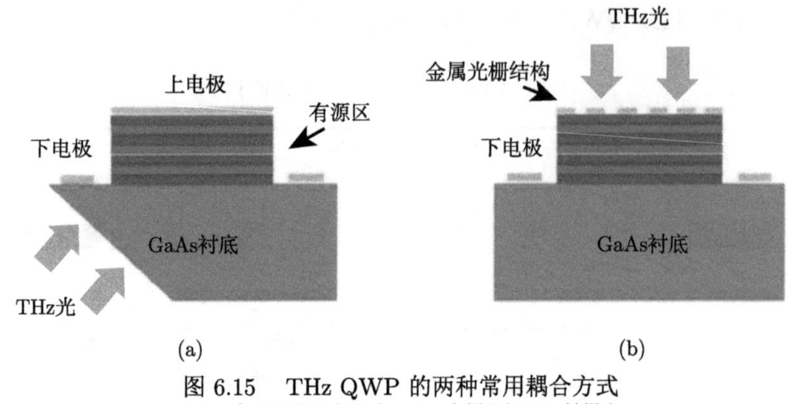

图 6.15 THz QWP 的两种常用耦合方式
(a) 45° 衬底背入射耦合；(b) 金属光栅正入射耦合

此外，THz QWP 是一种窄带探测器，为适应宽谱探测，可以将不同探测频率的 QWP 有源区堆叠，制备出多色 THz 探测器。利用 THz QWP 能够快速成像的特点可以获得物体的更多细节信息，优化后的快速成像系统将为安全检查和无损检测提供更快捷的服务。此外，由于 THz QWP 具有高速调制性能，基于 THz QWP 的高速无线通信链路将为未来 6G 无线通信应用提供技术支持。

6.3.2 AI"智慧传输" 与半导体微结构光探测器

现代通信网络的复杂性、设备终端数量的急剧增长，将导致网络从经验中自我学习、自我优化、自我进化，并灵活地提供各类新服务。6G 时代人与机器将和谐地互联、共存，全新的未来业务类型可能是智能体之间的智能互联。除了媒体数据、传感数据、控制数据等传统数据外，人工智能 (AI) 驱动的 "智慧传输" 将会是占据 6G 网络的全新数据类型，智能体间将能分享和传递 AI 信息，形成真正意义上的 "智慧互联" 时代。作为系统终端主要的接收器件，光探测器也需要具有智慧接收的能力。比如，莫尔材料微结构会产生与组成层明显不同的材料特性，可以实现对光的波长、偏振和功率的同时探测 [67]。

近日，来自美国耶鲁大学、得克萨斯大学达拉斯分校和日本国立物质材料研究所 (NIMS) 的科学家联合在 *Nature* 上以 "Intelligent infrared sensing enabled by tunable moiré quantum geometry" 为题发表重要进展文章，利用机器学习算法来找到光电压与入射光波性质之间的复杂的对应关系，进而提出可以识别 "光指纹" 的智能光探测器。在该文中首次基于扭曲双层石墨烯体系，在人工神经网络的帮助下，实现了对光的波长、偏振和功率的同时探测，改变了以往光探测器往往只能探测光的某一个性质的限制，大大推动了片上光探测技术的发展 [67]。在此基础上，还可以实现功能更灵活，接收更可靠的现代弹性光网络 [68]。

6.4 绿色光网络

全球经济近年来的发展可谓是跌宕起伏，特别地，经过 2008 年金融行业大萧条以及欧债危机后，全球经济遭受重创，至今经济情势仍不明朗。为推动经济复苏和增长，各国出台了一系列扩大需求、刺激消费的措施。经济复苏推动了全球能源消耗的持续快速增长，特别是作为未来经济社会重要基础的信息通信技术 (Information and Communication Technology, ICT) 的快速发展，致使能源过度消耗，因此绿色信息通信技术 (Green ICT) 的发展刻不容缓。同时，随着全球温室效应的日益严重和能源危机的出现，人们对节能减排的重视程度越来越高，温室气体排放和监管上升成为国家战略，支持节能的 Green ICT 技术和绿色光网络的建设成为当前研究和应用的重点 [69-71]。因此，在节能环保的背景下，开发低偏置操作光探测器作为降低消耗的有效措施之一，有利于绿色光网络的发展。

光网络是现代社会经济的基础信息通信网络之一，绿色光网络是指采用节能、降耗和环保等多种技术措施的新型光网络，其应用受到广泛关注。在光探测器领域，研究人员将目光投向低偏压工作状态，即所加偏压位于 0~1V。图 6.16 为高偏压、低偏压和零偏压的优缺点示意图。低偏压的原因主要分为两方面：一是低偏压相比于零偏压，有了一定的电压输入，对于提升器件的高速和高饱和特性有很大帮助；二是高偏压意味着高功耗和复杂的电路，这给设备集成和封装带来了更多的挑战。同时，高偏压会导致严重的自热效应，在高入射功率的情况下，如果是在反向偏压和输出光电流的影响下，会导致热故障。低偏压相比较于高偏压，功耗较低，同时可以简化封装和维护，暗电流特性较好，对于器件的寿命也有一定的保证，具有很大的应用前景。

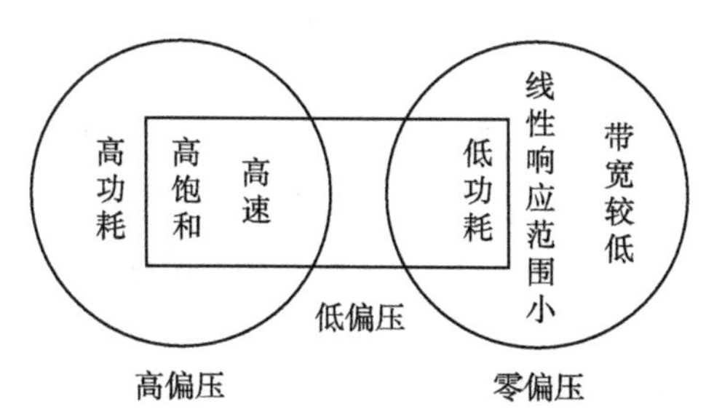

图 6.16 高偏压、低偏压和零偏压优缺点示意图

部分耗尽吸收型光探测器 (Partially Depleted Absorber Photodetector, PDA-PD) 在 2003 年首次提出 [72]，它在 PIN 光探测器的基础上增加了梯度掺杂 P 吸收层和梯度掺杂 N 吸收层，部分耗尽吸收层与本征吸收层之间不存在能带不连续的问题，不会阻碍载流子的运动，且 PDA 结构可以缓解空间电荷效应，从而提高光探测器的饱和输出电流 [73]。传统的 PDA-PD 解决了带宽和量子效率之间的

矛盾，结构相对简单，但其 3dB 带宽较低，工作在零偏压或低偏压条件下易受干扰。为了提高低偏置电压下 PDA-PD 的高速性能和饱和特性，Jiang 及其课题组提出了采用梯度掺杂 PDA 结构的高带宽效率积和高饱和特性的 MPDA-PD[74]。与传统的 PDA-PD 不同，MPDA-PD 在吸收层和 N 掺杂区域之间插入了部分耗尽的 InGaAsP 缓冲层。同时，MPDA-PD 在部分耗尽区采用梯度掺杂，提高了部分耗尽区的载流子传输速度。外延层的具体参数如图 6.17 所示。此外，梯度掺杂和缓冲层可以使能带平滑，避免载流子的积累，抑制空间电荷效应 [75]。这些改进确保了 MPDA-PD 在低偏压下具有高速性能和高饱和特性，带宽效率积可达 33.98GHz，比传统的 PDA-PD 提高了 40.6%。同时，在 50GHz 下获得了 121.1mA 的直流饱和电流和 −12.2dBm 的射频输出功率。

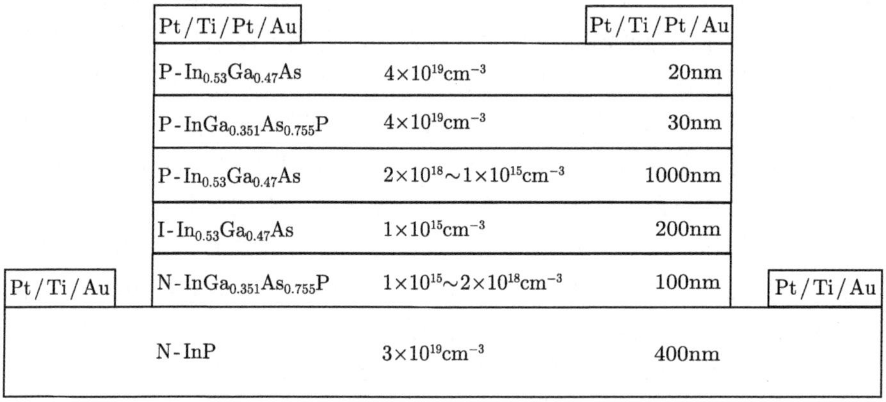

Pt/Ti/Pt/Au		Pt/Ti/Pt/Au
P-$In_{0.53}Ga_{0.47}As$	$4\times10^{19}cm^{-3}$	20nm
P-$InGa_{0.351}As_{0.755}P$	$4\times10^{19}cm^{-3}$	30nm
P-$In_{0.53}Ga_{0.47}As$	$2\times10^{18}\sim1\times10^{15}cm^{-3}$	1000nm
I-$In_{0.53}Ga_{0.47}As$	$1\times10^{15}cm^{-3}$	200nm
N-$InGa_{0.351}As_{0.755}P$	$1\times10^{15}\sim2\times10^{18}cm^{-3}$	100nm
N-InP	$3\times10^{19}cm^{-3}$	400nm
Pt/Ti/Au		Pt/Ti/Au

图 6.17 MPDA-PD 外延层参数

同时，针对绿色光网络的要求，近年来人们提出了一种由 sp^2 杂化轨道的碳原子组成的单层片状六角蜂窝晶格结构的二维材料——石墨烯 (Graphene)。此前，人们认为石墨烯不适合用于光电器件，但根据新的研究表明，石墨烯可用于光通信中包括光探测器、宽带光放大器和高速调制器等光电器件。石墨烯具有理想的内量子效率，每一个被石墨烯吸收的光子几乎都会产生一个电子–空穴对并能够转换成电流。此外，石墨烯具有极低的电阻率、极快的电子迁移和极短的反应时间，利用石墨烯制造满足绿色光网络需求的低功耗、高性能光电器件具有可观前景。

参考文献

[1] Guo H, Wang Y, Liu J, et al. Super-broadband optical access networks (OANs) in 6G: vision, architecture, and key technologies[C]//IEEE Wireless Communications, 2022.
[2] Lyashuk I, Murnieks R, Skladova L, et al. The comparison of OFC generation tech-

niques for fiber optical WDM networks[C]//2022 International Conference Laser Optics (ICLO), 2022: 1.

[3] Kawahara H, Sachio S, Maeda H, et al. Cancellation of static and dynamic power transitions induced by inter-band stimulated Raman scattering in C+L-band WDM transmission[C]//2020 Opto-Electronics and Communications Conference (OECC), 2020: 1-3.

[4] Davenport M L, Bauters J F, Piels M, et al. A 400Gb/s WDM receiver using a low loss silicon nitride AWG integrated with hybrid silicon photodetectors[C]//Optical Fiber Communication Conference (OFC), 2013: PDP5C.5.

[5] Liu J, Wang J, Zhao W, et al. A radar detection method based on coherent demodulation[C]//2020 IEEE 6th International Conference on Computer and Communications (ICCC), 2020: 980-984.

[6] Yoshida Y, Umezawa T, Kanno A, et al. A phase-retrieving coherent receiver based on two-dimensional photodetector array[J]. Journal of Lightwave Technology, 2020, 38(1): 90-100.

[7] Senior J M. Optical Fiber Communications Principles and Practice[M]. Upper Saddle River: Prentice Hall, 2009.

[8] Kaminow I P, Li T Y, Willner A E. Optical Fiber Telecommunications VB Systems and Networks[M]. New York: Academic Publishers, 2008.

[9] Kartalopoulos S V. DWDM Networks, Devices, and Technology[M]. Hoboken, New Jersey: John Wiley&Sons Inc.,2003.

[10] Laude J P. DWDM Fundamentals, Components, and Applications[M]. Boston, London: Artech House, 2002.

[11] Xin L, Zhao J, Li X. Suppression of mode partition noise in FP laser by frequency modulation non-coherent detection[J]. IEEE Photonics Journal, 2022，14(1): 7201310.

[12] Prat J. Next-generation FTTH Passive Optical Networks[M]. Berlin: Spinger House, 2008.

[13] Keyvaninia S,Beckerwerth T, Zhou G, et al. Novel photodetector chip for polarization diverse detection[J]. Journal of Lightwave Technology, 2019, 37(16): 3972-3978.

[14] Chagnon M. Optical communications for short reach[J]. Jounal of Lightwave Technology, 2019, 37(8):1779-1797.

[15] Raybon G, Adamiecki A, Winzer P J, et al. High symbol rate coherent optical transmission systems: 80 and 107 Gbaud[J]. Journal of Lightwave Technology, 2014, 32(4):824-831.

[16] Raybon G, Adamiecki A, Cho J, et al. Single-carrier all-ETDM1.08-terabit/s line rate PDM-64- QAM transmitter using a high-speed 3-bit multiplexing DAC[C]//2015 IEEE Photonics Conference (IPC), Reston, 2015: 1-2.

[17] Zhang J, Yu J. Generation and transmission of high symbol rate single carrier electronically time-division multiplexing signals[J]. IEEE Photonics Journal, 2016, 8(2):1-6.

[18] Schuh K, Buchali F, Idler W, et al. Single carrier 1.2Tbit/s transmission over 300 km with PM-64 QAM at 100Gbaud[C]//Optical Fiber Communication Conference Post-

deadline Papers, Los Angeles, California, 2017: Th5B.5.

[19] Maher R, Croussore K, Lauermann M, et al. Constellation shaped 66 GBd DP-1024QAM transceiver with 400km transmission over standard SMF[C]//2017 European Conference on Optical Communication (ECOC), Gothenburg Sweden, 2017:1-3.

[20] Chen X, Chandrasekhar S, Raybon G, et al. Generation and intradyne detection of single wavelength 1.61-Tb/s using an all-electronic digital band interleaved transmitter[C]//Optical Fiber Communication Conference Postdeadline Papers, San Diego, California, 2018: Th4C.1.

[21] Voelcker H. Demodulation of single-sideband signals via envelope detection[J]. IEEE Transactions on Communication Technology, 1966, 14(1): 22-30.

[22] Zhong K, Zhou X, Gao Y, et al. Transmission of 112Gbit/s single polarization half-cycle 160AM Nyquist-SCM with 25Gbps eml and direct detection[C]//2015 European Conference on Optical Communication (ECOC), Valencia, Spain, 2015:1-3.

[23] Lu X, Tatarczak A, Lyubopytov V, et al. Optimized eight-dimensional lattice modulation format for IM-DD 56Gb/s optical interconnections using 850nm VCSELs[J]. Journal of Lightwave Technology, 2017, 35(8):1407-1414.

[24] Wang D, Li T, Zhang J, et al. 100Gbps,160 km IM-DD transmission of WDM Nyquist-16QAM signal based on silicon Mach-Zehnder modulator[C]//The European Conference on Optical Communication (ECOC), Cannes France, 2014: 1-3.

[25] Lowery A J, Armstrong J. Orthogonal-frequency-division multiplexing for dispersion compensation of long-haul optical systems[J]. Optics Express, 2001, 4(6): 2079-2084.

[26] Zhu Y, Wang P, Jiang M, et al. 4×288Gb/s orthogonal offset carriers assisted PDM twin-SSB WDM transmission with direct detection[C]//2019 Optical Fiber Communications Conference and Exhibition(OFC), San Diego, California, 2019: Tu2F.6.

[27] Xin H, Zhang K, Kong D, et al. Nonlinear tomlinson-harashima precoding for direct-detected double sideband PAM-4 transmission without dispersion compensation[J]. Optics Express, 2019, 27(14): 19156-19167.

[28] Zhang L, Pang X, Ozolins O, et al. K-means clustering based multi-dimensional quantization scheme for digital mobile fronthaul[C]//2018 Optical Fiber Communications Conference and Exposition (OFC), San Diego, California, 2018: Th2A.51.

[29] Zhang L, Chen J, Agrell E, et al. Enabling technologies for optical data center networks: Spatial division multiplexing[J]. Journal of Lightwave Technology, 2020, 38(1):18-30.

[30] Cui J, Gao Y Y, Yu J Y, et al. DSP-free IM/DD MDM optical interconnection based on side-polished degenerate-mode-selective fiber couplers[C]//2022 Optical Fiber Communications Conference and Exhibition (OFC), 2022: 1-3.

[31] Zhong K, Zhou X, Hu J, et al. Digital signal processing for short-reach optical communications: a review of current technologies and future trends[J]. Journal of Lightwave Technology, 2018, 36(2): 377-400.

[32] Zhong K, Zhou X, Hu J, et al. Digital signal processing for short-reach optical communications: Areview of current technologies and future trends[J]. Journal of Lightwave

Technology, 2018, 36(2): 377-400.
[33] 马明, 陈建松, 邓磊, 等. 基于 FPGA 的雷达信号光纤传输系统设计 [J]. 空军雷达学院报, 2004, 18(1):28-31.
[34] 席虹标，王明明，朱少林，等. 雷达信号光纤传输系统 [J]. 光通信技术, 2007(5): 34-36.
[35] Hamidnejad E, Gholami A, Zvanovec S, et al. Investigation of a WDM M-QAM RoF-RoFSO system[C]//2020 3rd West Asian Symposium on Optical and Millimeter-wave Wireless Communication (WASOWC), 2020: 1-5.
[36] Phaebua K, Sumin N, Clayirit W, et al. Wide-band FMCW radar for high-resolution object detection[C]//2021 36th International Technical Conference on Circuits/Systems, Computers and Communications (ITC-CSCC), 2021: 1,2.
[37] Pardini R, Bruno U, Izzo R. Characterization of a Fiber-Optic Direct Modulation Analog Link with Chirp Radar Signals[C]//Proceedings of the 6th European Radar Conference, 2009: 449-452.
[38] Duan X F, Huang Y Q, Ren X M, et al. Reconfigurable multi-channel WDM drop module using a tunable wavelength-selective photodetector array[J]. Optics Express, 2010, 18(6):5879-5889.
[39] 白成林, 范鑫烨, 房文敬, 等. Ⅲ-V 族光电探测器及其在光纤通信中的应用 [M]. 北京: 科学出版社, 2017.
[40] Zhang Z, Xiao Y, Ma Z, et al. 6G wireless networks: Vision, requirements, architecture, and key technologies[J]. IEEE Vehicular Technology Magazine, 2019, 14(3):28-41.
[41] Siegel P H. Terahertz technology[J]. IEEE Transactions on Microwave Theory and Techniques, 2002, 50(3):910-928.
[42] Inomata M, Yamada W, Kuno N, et al. Scattering effect up to 100GHz band for 6G[C]// Proceedings of the 2020 International Symposium on Antennas and Propagation (SAP). Piscataway: IEEE Press, 2021: 749-750.
[43] Han P Y, Zhang X C. Time-domain spectroscopy targets the far-infrared[J]. Laser Focus World, 2000, 36(10):117-122.
[44] Kishino K, Unlu M S, Chyi J I, et al. Resonant cavity-enhanced (RCE) photodetectors[J]. IEEE Journal of Ouantum Electronics, 1991, 27(8):2025-2034.
[45] Butun B, Biyikli N, Kimukin I, et al. High-speed 1.55 μm operation of low-temperature-grown GaAs-based resonant-cavity-enhanced p-i-n photodiodes[J]. Applied Physics Letters, 2004, 84(21):4185-4187.
[46] Lasaosa D, Shi J W, Pasquariello D, et al. Traveling-wave photodetectors with high power-bandwidth and gain-bandwidth product performance [J]. IEEE Journal of Selected Topics in Quantum Electronics, 2004, 10(4):728-741.
[47] Brown E R, McIntosh K A, Nichols K B, et al. Photomixing up to 3.8THz in low-temperature-grown GaAs[J]. Applied Physics Letters, 1995, 66(3): 285-287.
[48] Ishibashi T, Furuta T, Fushimi H, et al. Photoresponse characteristics of uni-traveling-carrier photodiodes[C]//Conference on Physics and Simulation of Optoelectronic Devices IX, San Jose, Ca: SPIE-Int. Soc. Optical Engineering, 2001: 469-479.

[49] Auston D H. Ultrafast optoelectronics[J]. Ultrafast Laser Pulses, 1988(1):183.

[50] Lefur P, Auston D H. A kilovolt picosecond optoelectronic switch and Pockel's cell[J]. Applied Physics Letters, 1976, 28(1):21-23.

[51] Valdmanis J A, Mourou G, Gabel C W. Picosecond electrooptic sampler[C]//Conference on Lasers and Electro-Optics, 1982.

[52] Tani M, Hirota Y, Que C T, et al. Novel terahertz photoconductive antennas[J]. International Journal of Infrared & Millimeter Waves, 2006, 27(4):531-546.

[53] Grischkowsky D R, Keiding S, van Exter M, et al. Far-infrared time-domain spectroscopy with terahertz beams of dielectrics and semiconductors[J]. Journal of the Optical Society of America B, 1990, 7(10):2006-2015.

[54] Gol'Tsman G N. Hot electron bolometric mixers: new terahertz technology[J]. Infrared Physics & Technology, 1999, 40(3):199-206.

[55] Qin H, Huang Y D, Sun J D, et al. Terahertz-wave devices based on plasmons in two-dimensional electron gas[J]. Chinese Optics, 2017, 10(1):51-67.

[56] Pogna E A A, Asgari M, Zannier V, et al. Tracing photodetection of THz frequency light in InAs nanowire field effect transistors via near-field THz nanoscopy[C]//2020 45th International Conference on Infrared, Millimeter, and Terahertz Waves (IRMMW-THz), 2020: 1.

[57] Sun J D, Sun Y F, Wu D M, et al. High-responsivity low-noise room-temperature self-mixing terahertz detector realized using floating antennas on a GaN-based field-effect transistor[J]. Applied Physics Letters, 2012, 100(1):465-469.

[58] Liu H C, Luo H, Song C Y, et al. Terahertz quantum well photodetectors[J]. IEEE J. Sel.Top. Ouantum Electron, 2008, 14(2): 374-377.

[59] Durmaz H, Nothern D, Brummer G, et al. Terahertz intersubband photodetectors based on semi-polar GaN/AlGaN heterostructures [J]. Applied Physics Letters, 2016, 108(20): 201102.

[60] Guo X G, Cao J C, Zhang R, et al. Recent progress in terahertz quantum-well photodetectors[J]. IEEE Journal of Selected Topics in Quantum Electronics, 2013, 19(1):8500508.

[61] Liu H C, Luo H, Song C Y, et al. Terahertz quantum well photodetectors[J]. IEEE J. Sel. Top. Ouantum Electron, 2008, 14(2):374-377.

[62] Guo X, Zhang R, Cao J, et al. Numerical study on metal cavity couplers for terahertz quantum-well photodetec tors [J]. IEEE Journal of Quantum Electronics, 2012, 48(5): 728-733.

[63] Schneider H, Liu H. Quantum well infrared photodetectors: Physics and applications[J]. Book, 2007.DOI:10.1007/978-3-540-36324-8.

[64] Wu W, Bonakdar A, Mohseni H. Plasmonic enhanced quantum well infrared photodetector with high detectivity[J]. Applied Physics Letters, 2010, 96(16): 161107.

[65] Guo X, Ren Y, Zhang G, et al. Theoretical investigation on microcavity coupler for terahertz quantum-well infrared photodetectors[J]. IEEE Access, 2020, 8: 176149-176157.

[66] Cao J C. Terahertz semiconductor detectors [J]. Phvsics, 2006 (11): 953-956.

[67] Ma C, Yuan S, Cheung P, et al. Intelligent infrared sensing enabled by tunable moiré quantum geometry[J]. Nature, 2022, 604: 266-272.

[68] 许恒迎，白成林，孙伟斌，等. 弹性光网络可靠传输关键技术 [M]. 北京: 科学出版社, 2020.

[69] Parker M, Walker S. Roadmapping ICT: An absolute energy efficiency metric[J]. IEEE/OSA Journal of Optical Communications & Networking, 2011, 3(8): A49-A58.

[70] U.S. Energy Information Admininstration. International Energy Outlook[M]. Washington D C: U.S.Energy Information Administration. International Energy Outlook, 2011.

[71] Pickavet M, Caenegem R V, Demeyer S, et al. Foisel: Energy footprint of ICT[C]//BroadBand Europe, Antwerp, Belgium, 2007: Tu1.1.

[72] Li X, Li N, Zheng X, et al. High-speed high-saturation current InP/$In_{0.53}Ga_{0.47}As$ photodiode with partially depleted absorber[C]//Optical Fiber Communications Conference, 2003.

[73] Li X, Demiguel S, Li N, et al. Backside illuminated high saturation current partially depleted absorber photodetecters[J]. Electron. Lett., 2003, 39(20): 1466.

[74] Jiang C X, Niu H J, Wang H Z, et al. A low-bias operational MPDA photodetector with high bandwidth-efficiency product and high saturation characteristics[J]. Journal of Modern Optics, 2022, 69(11): 628-634.

[75] Hu Y, Menyuk C, Hutchinson M, et al. Modeling nonlinearity in a partially depleted absorber photodetecdor and a modified uni-traveling carrier photodetector[C]//IEEE Photonics Conference, 2014.

第 7 章　微纳结构半导体光探测器的发展趋势

在 21 世纪的光电子产业中，光电子集成的地位尤为重要，各国投入巨大的人力财力加以扶持和推动，希望获得极为丰厚的先行者利益。自 20 世纪 80 年代初以来，光电子元件的集成问题一直是全世界科研人员研究的热点，特别是近年来，基于微纳结构的光探测器备受关注。主要是由于微纳结构元件能够具备某些特定的功能，可带给光探测器更好的性能，例如，提高光探测器响应度与响应速度，优化微纳结构元件质量等。在半导体器件的技术发展历程中，每一种有益微纳结构都逐渐被挖掘出来，但可以发现，有时靠某种单一结构很难满足系统和器件的设计要求，而最好的方法是将具有不同优势特性的微纳结构组合起来，从而实现光电集成。通过光电集成，可以充分利用各种微纳结构的优点，使得集成材料制成的光电器件实现高性能、高可靠性、低成本等特点。

7.1　微纳结构半导体光探测器的新结构

7.1.1　超高带宽光探测器

目前，随着硅基光子学的不断发展，Ⅲ-V 族光探测器正向着多功能、集成化和高性能方向发展。然而，与 Ⅲ-V 族半导体材料相比，硅作为间接带隙材料自身的限制，使它并不适合直接用来制备光通信波段的光发射和光接收器件。因此，将 Ⅲ-V 族有源器件与硅基无源器件结合成为必然。

通过针对光栅图案、周期、对称性、占空比等结构参数的设计，可以实现用于通信系统的高性能光探测器，新型器件的设计与研究将具有如下特点。

(1) 易于集成：利用 SOI 材料具有较大折射率差的特点 (Si 的折射率为 3.5，SiO_2 的折射率为 1.45)，可得到纳米尺度高折射率差亚波长光栅。

(2) 在宽光谱范围内实现高量子效率：根据亚波长光栅的宽光谱光反射特性，可提高器件的量子效率，同时获得覆盖光纤通信长波长、低损耗窗口的宽光谱响应 (1.2~1.6μm)。并且，基于亚波长光栅的偏振特性，通过结构设计调控器件相应的偏振状态 (包括 TE 和 TM 偏振)。

(3) 高响应带宽：设计 UTC 光探测器结构，提高器件的频率响应带宽，基于亚波长光栅的光会聚和光反射特性，通过光聚焦补偿器件由本征区减小导致的量子效率损失。

在硅基无源器件中，亚波长光栅是最基本的光学元件之一。亚波长光栅由于只存在零级衍射，具有一些普通光栅所没有的光场特性。作为一种新型微纳结构亚波长光栅具有宽光谱高反、高透、会聚、方向偏转等优良特性，又因其体积小、重量轻、易集成等特点而广泛应用于光探测器、光激光器、光通信和光互连等光系统中。因此，把亚波长光栅集成于 Ⅲ-V 族光探测器可以大大提高光探测器的量子效率和响应速度，减少串扰和噪声。

宽带高反镜在光探测器中有非常广泛的应用。由于亚波长光栅不仅刻蚀简单、结构紧凑、尺寸较小，而且可以较容易地实现宽带高反射，所以成为研究的热点。一维周期性亚波长光栅可以看作沿着 z 轴方向传播的较短平面波导的阵列，当入射波照射在光栅上时，光栅层中内部会激发多个模式。在众多模式中，只有前两个模式具有实的传播常数，其他的高阶模式以隐失波的形式传播，因此不携带能量。影响光栅反射特性的参数有光栅块宽度、空气隙、光栅厚度和材料折射率。这两个模式以一定的速度在光栅中传播，是由光栅条宽度、空气隙和折射率共同决定的。当光栅厚度选择合适时，两个模式之间就会产生相长或相消干涉，因此亚波长光栅就会产生高透射或者高反射。当光栅参数选择适当时，光栅展现宽带高反射特性。

当亚波长光栅与光探测器集成时，利用其宽光谱反射特性，提高光探测器的量子效率，同时获得宽光谱响应。

亚波长光栅还表现出光束会聚的特性，可以设计出具有高反射和光束会聚的反射镜。若光栅结构参数发生变化 (如光栅块宽度、空气隙和光栅厚度等)，则不仅反射率和透射率随之发生变化，相应地，它们的相位也将变化。当周期性光栅结构在高反射率区域且相位差分布范围为 2π 时，选择相位分布满足抛物线 (或抛物面) 方程，可以实现入射光波的高反射、会聚效果。

若要减小光探测器中等效电阻和等效电容对于光探测器高速响应性能的影响，则可以通过减小探测器的台面面积来实现。蘑菇型探测器就是把中间吸收层的台面面积设计成小于两边限制层的台面面积。为了提高相应带宽，在此基础上和亚波长光栅集成，利用亚波长光栅的高反和会聚特性，可以补偿器件由本征区减小导致的量子效率损失 [1]。

7.1.2 可穿戴柔性光探测器

随着科学技术的发展，研究人员对光电材料和光探测器件的研究正在逐渐影响人们的日常生活。近年来，对于光探测器的研究主要是在提高性能和改变机械性能两个方面，在柔性可伸缩的光电子器件的研究中，同样通过这两个方面对可穿戴型设备进行研究。目前，研究人员已经实现了柔性光电器件的设计和制造技术，为可穿戴型设备在医疗、通信、成像等领域的应用提供了技术支持 [2]，图 7.1

展现了柔性光探测器的应用 [3]。对于传统的刚性光探测器，需要从响应速度、响应范围、灵敏度、稳定性等多方面来判断其光电性能。然而，在将光探测器应用于可穿戴设备时，除了考虑这些基本性能，还需要考虑其他特性。具有良好柔韧性的柔性光探测器要求在不会显著降低其光响应性能的情况下可进行反复弯曲、折叠或拉伸等工作。传统的刚性光探测器虽然性能优异，但由于其刚性和脆性的特点，所以难以同其他复杂形貌的器件进行结合，限制了应用范围 [4]，不能满足高性能、低成本和智能便携化的需求。未来，研究人员将会把目光投向寻找合适的材料、合理的器件结构、高效低成本的制作方法和开发新的应用领域。

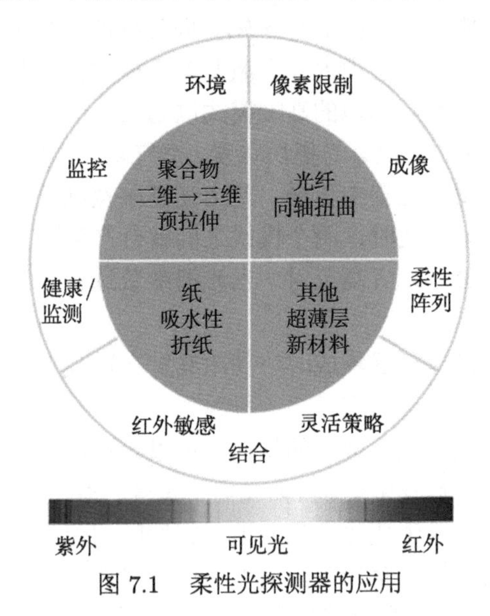

图 7.1 柔性光探测器的应用

通常，采用三种基本方法来实现柔性光探测器的制备 [5]。第一种方法，选择高度柔韧性材料，如聚合物、纸张、纤维和超薄半导体层。第二种方法，调整材料以形成柔性结构来增加材料的柔韧性，如褶皱、螺旋结构。第三种方法，形成刚性岛状结构，将刚性部件转换为柔性部件。在这三种方法中，选择高度柔韧性材料不仅可以实现更灵活和舒适的可穿戴特性，并且可以降低不必要的制作成本。

在众多纳米薄膜材料中，由于单晶硅纳米薄膜具有精确厚度和横向尺寸的特点，其可用于制造高性能、可靠的柔性电子器件，图 7.2 为在柔性聚对苯二甲酸乙二醇酯 (PET) 衬底上制造的硅纳米薄膜光探测器的结构示意图。单晶硅纳米薄膜最显著的特点是高机械柔性和可转移性，纳米级厚度使它们能够被拉伸或弯曲，以克服应变过程中断裂或性能下降等问题。经过处理，硅纳米薄膜可以形成各种所需的结构，如带状薄膜、网格式、三维管状或其他复杂的结构 [6-9]。此外，单晶硅纳米薄膜可以被转移到各种衬底上，在各种材料组合之间异质，可用于多

种功能和用途 [10]。

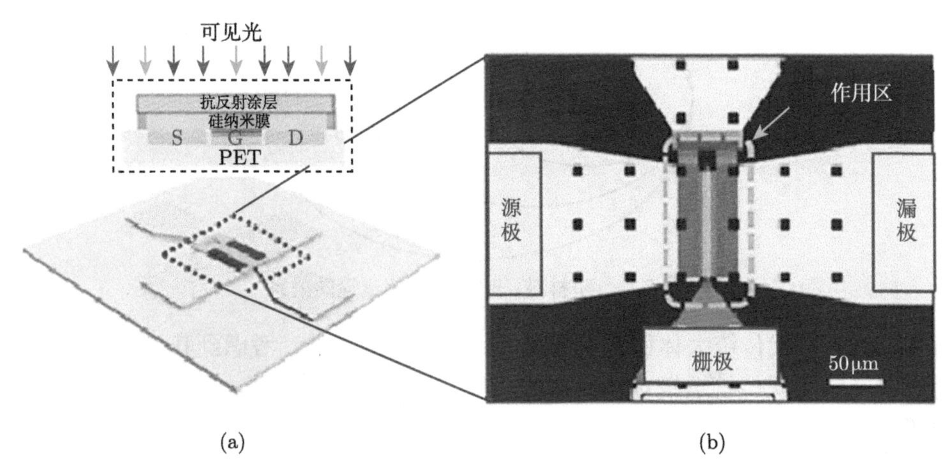

(a) (b)

图 7.2 硅纳米薄膜光探测器

(a) 柔性光电晶体管结构示意图；(b) 光电晶体管硅纳米薄膜区域的放大图像

作为未来发展的一大趋势，柔性可穿戴设备已经引起了世界各国研究人员的广泛关注和探索。目前，已经成功制备了各种材料的柔性光探测器，但对于目前已研发器件的柔韧性、光电性能、成本以及与柔性衬底的兼容性等方面，仍然需要科研人员的不断探索。

7.1.3 超透镜阵列光探测器

目前研究者们已经实现了多种基于合理设计的超表面应用，如偏振发生器、光学成像编码器件、可调谐光学元件和反射器等 [11]。在这些极具发展前景的超表面应用中，具有比传统透镜更高性能和更多功能的超透镜 (Metalens)[12-15] 是最热门和最重要的研究领域之一。平面超透镜是将超表面覆盖在平面透镜，以实现相应波段的光束聚焦和成像等作用 [16-23]。超材料、超平面与超透镜的关系如图 7.3 所示，超平面是超材料的二维实现，超透镜是超平面的一个重要应用。超透镜研究的一个关键是通过利用具有纳米级厚度的二维单层结构实现光的波前整形。与传统高端透镜相比，超透镜不仅能够展现更优越的光学性能，而且可以实现更紧凑的设计，具有亚波长尺度相位、振幅、偏振任意调控，轻薄、低损耗、易集成等诸多优点。

Khorasaninejad 等研究者实现了高宽深比的二氧化钛 (TiO_2) 超平面，在可见光波段内具有低损耗，可制造并设计为超透镜 [12]，能够实现亚波长尺度的分辨率，如图 7.4 所示，能够实现衍射极限的聚焦能力和亚波长分辨率成像。传统的大体积透镜依赖于透明光学材料的抛光表面轮廓来获取所需的渐变相位变化。相较而言，超透镜能够以更紧凑的尺寸来对入射光进行聚焦，更易集成到光学系

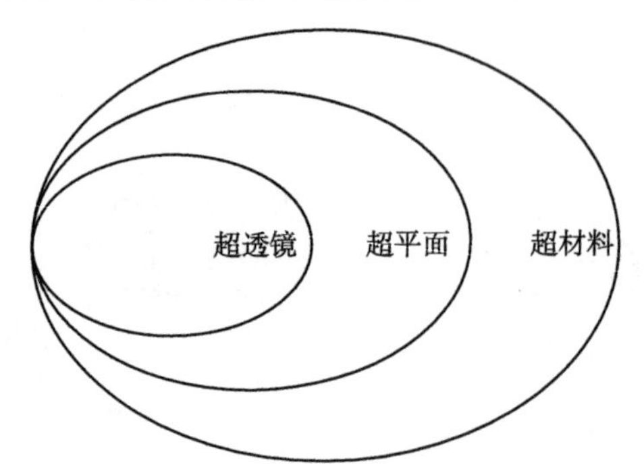

图 7.3 超材料、超平面与超透镜的关系

统中，具有取代传统大体积光学系统的巨大潜力。另外，考虑到其设计的灵活性，超透镜能够实现传统透镜难以达成的功能，例如光谱采集能力和偏振特性获取能力等。

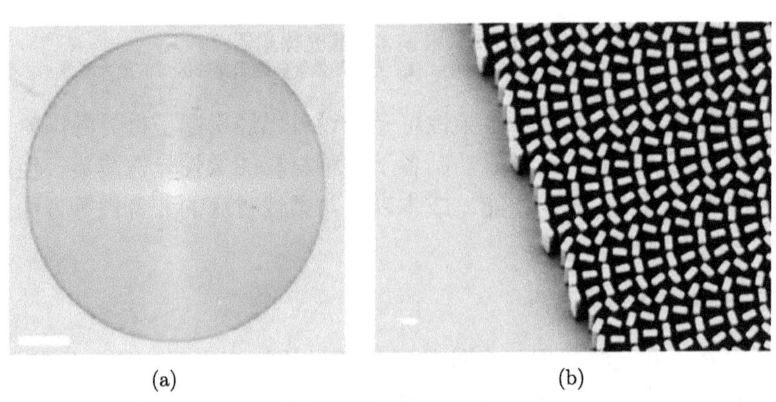

图 7.4 超透镜图像
(a) 光学图像；(b) 扫描电镜图像

通过在光探测器中引入超透镜结构，可以实现入射光在本征层的聚焦，从而可以极大地提高光探测器的量子效率。另外，通过调节超透镜的结构参数，可以改变超透镜的焦距，以获得较薄的本征层，从而可以提高光探测器的响应速度。而且，由于在光探测器中所引入的超透镜结构具有消色差的特性，所以超透镜光探测器可以克服波长敏感性的问题。这种基于超透镜的高速高效光探测器协调了光探测器的响应度和带宽之间的矛盾，具有高速高效的优点，同时解决了波长敏感性的问题。

7.2 微纳结构半导体光探测器的新材料

7.2.1 黑硅光探测器

单晶硅材料由于具有价格低廉、耐高温、能够和现代半导体工艺兼容等良好特性，被广泛地应用于光电子、微电子领域 [24]。为了降低单晶硅表面对光的反射率，人们采取了很多种方法和技术，如光刻、刻蚀、化学腐蚀以及蒸镀减反膜等。这些技术的目的都是通过改变晶体硅表面形貌，进而减少硅表面对入射光的反射。但硅的禁带宽度为 1.12eV、波长超过 1100nm 的光都不能被单晶硅材料吸收，以上方法仅适用于可见光到 1100nm 以内的波段。因此，人们提出了具有低反射、高近红外吸收特性的黑硅材料。20 世纪 90 年代末，已经有研究人员发现了黑硅的存在，但当时未引起人们的重视。直到 1998 年，美国哈佛大学的 Manzur 教授无意间使用飞秒激光照射单晶硅，获得了表面呈准有序的尖锥丛林状微纳结构的材料 [24,25]，并发现这种硅材料对可见至近红外波段的光的吸收率非常高，平均可达 95%以上，而且肉眼下呈黑色。2005 年，Carey 等利用飞秒激光在 SF_6 气氛中制备出具有微纳结构的硅，继而制备了一种简易的光电二极管，通过实验测试发现，所制备的二极管在 400~1600nm 光谱范围内具有很高的光谱效应，并且响应效率与制备微纳结构时所使用的激光能量密度、气体氛围以及退火条件等众多因素有关 [26]，如图 7.5 所示。2012 年，美国哈佛大学与 SiOnyx 公司利用 CMOS 兼容工艺制备有微纳结构的硅红外探测器，在 1064nm 处获得高响应率和响应速度，同时，具有很低的噪声，这样优越的性能使其占据了很大的市场 [27]。

图 7.5 SF_6 气氛下飞秒激光辐照产生的黑硅

具有微结构的硅也在光探测领域大放异彩，微纳结构能够在光探测领域广泛使用的原因主要分为两点：一是微纳结构降低了表面反射率，使得探测器能够吸收更多的光；二是飞秒激光制备的微纳结构使得硅材料中掺杂了其他元素，改变了硅的禁带宽度，则具备微纳结构的硅能够在更广的光谱范围内响应，图 7.6 给出了硅与具备微纳结构的硅的光电响应曲线，其中具备微纳结构的硅材料对于光谱的响应区间大大增加。

2021 年，Li 及其课题组报道了一种利用飞秒激光脉冲辐照制备的铬 (Cr) 超掺杂黑硅材料 [28]。黑色 Si 层中 Cr 原子的浓度超过 10^{20}cm^{-3}，Cr 高掺杂 Si 具有较大的子带隙吸收率 (1.31μm 时约为 60%)。Cr 杂质为 0.39eV，深能级低于导带底部，因此电离电子浓度非常低 (约 $10^{15}cm^{-3}$)。由于 Cr 高掺杂 Si 具有优异的亚带隙吸收，从而制备了面对面黑色 Si 光电二极管。在 1.31μm 光照下，基于 N^+-N 结的光电二极管在 4.3V 偏压下的响应度达到 0.57A/W。此外，设备对红外光的上升和延迟时间约为毫秒。

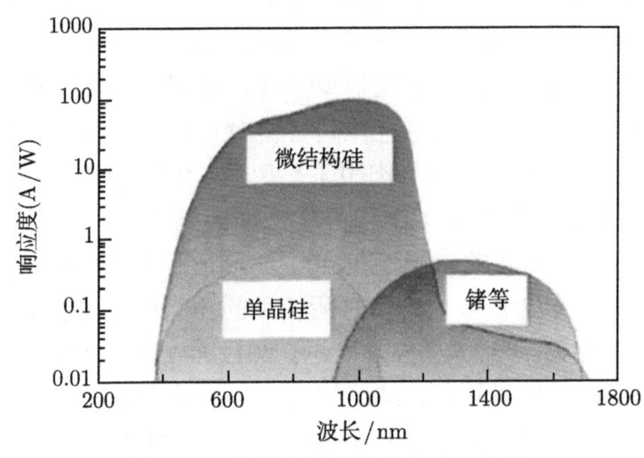

图 7.6 不同硅材料的光电响应曲线

7.2.2 石墨烯光探测器

随着微电子产业的发展，器件在集成电路中的集成度越来越接近摩尔定律的物理极限，寻找新的半导体材料和开发新的设计工艺变得尤为重要。在这样的产业和科研背景下，二维材料以其仅有的原子厚度和优异的光电性能被认为是“后摩尔”时代的新型信息材料之一 [29-38]。以二维材料的代表石墨烯为例，单层石墨烯的厚度仅为约 0.4nm。实验表明，石墨烯的载流子迁移率可以达到 $2.5\times10^5cm^2/(V\cdot s)$[39]。通常，二维材料的厚度为纳米级，对于光探测器，吸收层变薄可以降低载流子生成–复合所引起的噪声 [40]。并且，单层二维半导体材料的能带结构以直接带隙为主，光学性质优异。

二维材料层内原子通过强共价键结合，层间以弱范德瓦耳斯力相结合，即可通过机械剥离等方式制备出单层或少层二维材料，并且表面不存在悬挂键 [41,42]。因此，可以通过机械转移堆叠等方式将不同的二维材料进行堆叠，材料间通过层间范德瓦耳斯力相结合形成稳定的异质结构 [42]，从而制备出各种组合的二维材料异质结 [41,42]。因此，对于二维半导体异质结来说，与传统材料的异质结相比，优势在于：①二维材料层间通过范德瓦耳斯力相结合，故不会存在传统半导体异质结中常见的晶格失配等问题，有利于设计器件的结构与性能；②二维材料体系庞大，种类繁多。二维材料包括无禁带的金属、半金属，以及由远红外至紫外波段的多种半导体，故具有更加丰富的能带结构 [40]。因此，近年来基于二维材料异质结的研究成为热点，二维材料异质结以其优异的性能，在未来新型光电子器件领域具有巨大的应用前景 [41]。

石墨烯作为二维材料家族的代表，虽然具有超高的载流子迁移率，但不具备天然的能带带隙，若要将石墨烯应用于光电子器件，则需要通过人工为石墨烯引入带隙，但目前为石墨烯引入带隙的技术均将以牺牲石墨烯迁移率为代价。此时，二维材料异质结的出现解决了上述问题，可以将石墨烯与具备天然带隙的二维半导体材料相结合，从而实现具备高性能的石墨烯/二维半导体异质结光电子器件 [43-45]。常见的石墨烯异质结光探测器通常由石墨烯和另一种半导体材料构成，图 7.7 为一种由 P 型和 N 型石墨烯组成的无缝横向石墨烯 PN 结光探测器 [46]，这种石墨烯 PN 结可以结合石墨烯的优势与 PN 结特性，以制备高性能的光探测器 [47]。

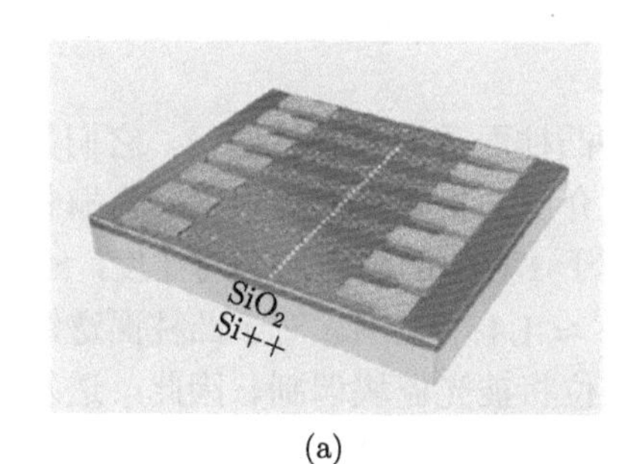

(a)

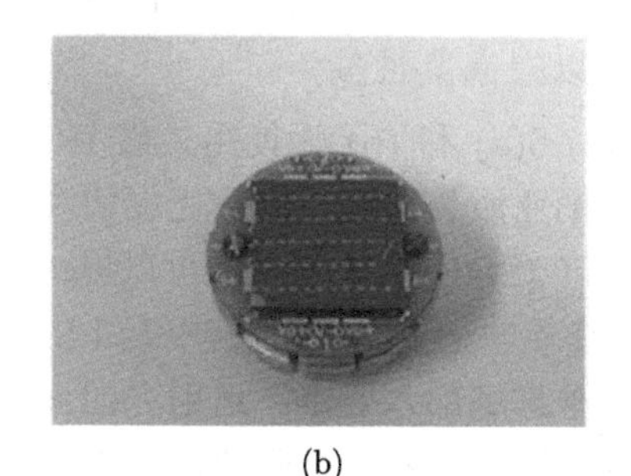

(b)

图 7.7 石墨烯 PN 异质结光探测器阵列
(a) 结构示意图；(b) 实物图

7.2.3 高维超表面集成光探测器及阵列

在照明、光学成像、光通信、光学测量等光学和光子学领域，通过散射介质进行光控制是一个长期存在的问题。柱面透镜作为光控制的基本部件之一，用于在一维范围内重塑光源、引入像散和控制光束的发散。由于两个垂直方向的放大率不同，则柱面透镜在成像、测量、光束整形、光束耦合、准直器和色散补偿起重要作用 [48-54]。另一个类似的元件是柱面反射镜，它在光学系统中用于聚焦反射光束，以便将点光源成像为一条光线。柱面反射镜广泛用于谐振系统 [55,56]、测量 [57]、光探测器 [58,59] 和光谱学 [60]。这两个元件通常以单片形式连接到光源或光探测器上，但对于微圆柱透镜或反射镜而言，制备过程 (如蚀刻、晶体生长) 难以在圆柱表面上进行控制，且其精度和表面光滑度较差。因此，学者们需要开发更可控的工艺，或使用易于制备的结构，作为微圆柱透镜或反射镜的替代品。

高折射率光栅 (High Contrast Grating, HCG) 因其出色的光束控制能力而备受关注 [61]，已成为 GBR 的替代品，尤其是用于垂直腔面发射激光器 [62]。

此外，HCG 是替代传统透镜、反射镜和耦合器的有力选择 [63]。然而，人们发现，尽管一维 (1D)HCG 可以对特定的偏振提供高反射率，但其缺点之一是由于 TE 和 TM 偏振的光栅单元不对称，使其具有偏振依赖性，这一直阻碍了其在光学集成器件中的应用。在文献 [64] 中，二维周期性 HCG 反射镜的偏振无关特性已得到证实。此外，使用一维 HCG 很难实现高透过率，尤其是 TE 偏振，并且相位控制只能在一维空间中实现。近年来，HCG 的研究更多地集中在二维 (2D) 光栅上，由于其与偏振无关的特性和在二维空间中的出色相位前调制能力，同时保持高反射率或透射率，它们非常适合与二维阵列器件集成。利用高透过率偏振无关的平面 HCG 作为光学凸柱面透镜，通过它可以将点源或平面波成像为一条光线。同样，高反射率二维 HCG 被提出作为传统光学凹面柱面镜的替代品，该柱面镜可以将反射光会聚成一条光线，如此提高了聚焦能力和较低的偏振依赖性，可用于集成光探测器、条形激光器、微腔或其他微纳结构，以提高其性能。

图 7.8(a) 和 (b) 为使用二维 HCG 的凸柱面透镜和凹柱面镜，它们都具有二维非周期亚波长结构，其中光栅块和周围介质的折射率差异很大，光栅制作在绝缘体上硅 (SOI) 晶片上，这可以提供适用于 HCG 的高折射率对比度，Si 的岛型块 (近红外中 $n \approx 3.48$) 被空气和 SiO_2($n \approx 1.48$) 包围。对于凸柱面透镜，在平面波的垂直底部入射下，透射光的局部相位将被光栅块调制。因此，透射光束将会聚为直线，或者更准确地说，会聚为线性光斑，在图 7.8(a) 中由紫色线表示的图像平面上。由于透射光的局部相位仅取决于该点周围块的局部几何形状，则需要以适当的尺寸排列光栅块，以确保在保持高透射率的同时获得线性聚焦的相位响应。HCG 在保持高透射率或高反射率的同时具有低偏振特性，可广泛用于光电器件，作为传统柱面透镜和柱面反射镜的替代品。

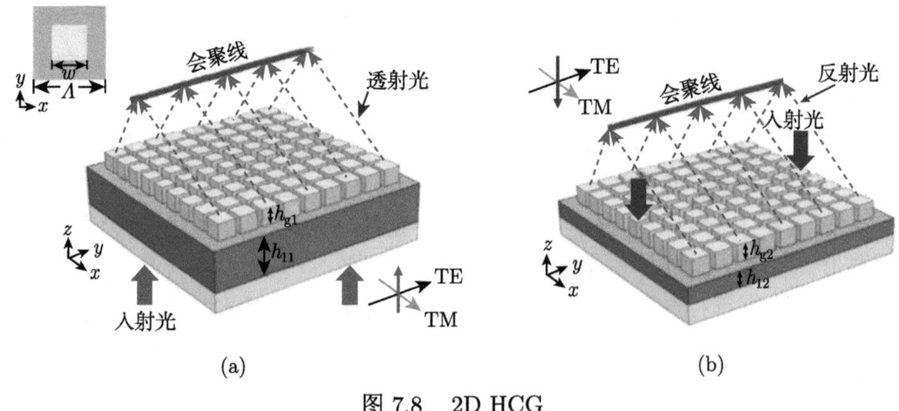

图 7.8　2D HCG

(a) 凸柱面透镜示意图；(b) 凹柱面镜示意图

在集成光子学中，光分束器是一种基本的光束传输元件，它可以将信号从一个输入端口重新分配到任意束点阵列中，广泛应用于光互连和光传输中，用于信号路由和信号处理，如光耦合器 [64,65]、光调制器 [66]、开关 [67] 和多路复用器 [68]，此外，它们在光的量子性质和多光子干涉效应 [69] 的研究中发挥了积极作用。传统的基于多层膜、熔融光纤和缝隙波导的分束器存在光功率损耗大、尺寸大的问题，因此更难与其他光学器件集成。近年来，已经提出了几种新型的分束器方案，例如多模干涉 (MMI) 耦合器 [70]、光子晶体 (PhC) 分束器 [71,72]、二元相位光栅或基于亚表面的分束器 [73,74]、亚波长光栅 (SWG) 耦合器 [75,76] 和混合等离子体耦合器 [77]，这些器件大多利用了互补金属氧化物半导体 (CMOS) 的兼容性和 SOI 晶片的强光学限制，并且具有结构紧凑和低功耗的优点。然而，上述分束器或耦合器通常为平面结构，难以与大面积半导体激光器阵列、光电二极管阵列、光探测器阵列或其他三维器件集成。对比，目前人们提出了一种基于二维亚波长高折射率对比度光栅 (HCG) 的 $1\times N$ 偏振不敏感分束器，具有聚焦能力和偏振不敏感的优势。

通过设计基于二维 SWG 的 1×3 分束器和 1×4 分束器，以确保通过每个分区域光栅的垂直入射准直光束分别会聚到一个点 (焦点)，如图 7.9 和图 7.10 所示。光栅由 SOI 晶片顶层中的几个不同尺寸的高折射率硅块组成，SOI 晶片被空气包围，埋置氧化层作为低折射率介质，图 7.10(a) 的左上角显示了一个块的示意图，每个块都是正方形。这种二维块状亚波长光栅的 $1\times N$ 分束器可以在保持高透过率的同时，获得无偏振灵敏度的良好分束能力。

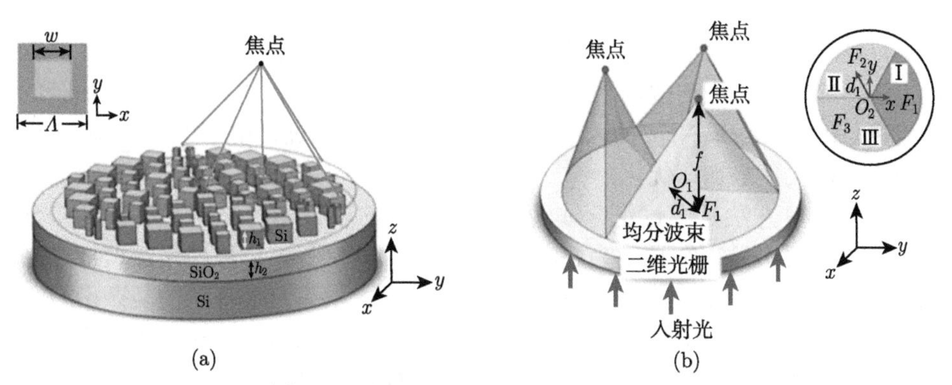

图 7.9 基于二维 SWG 的 1×3 分束器

(a) 结构示意图；(b) 分束特性设置示意图

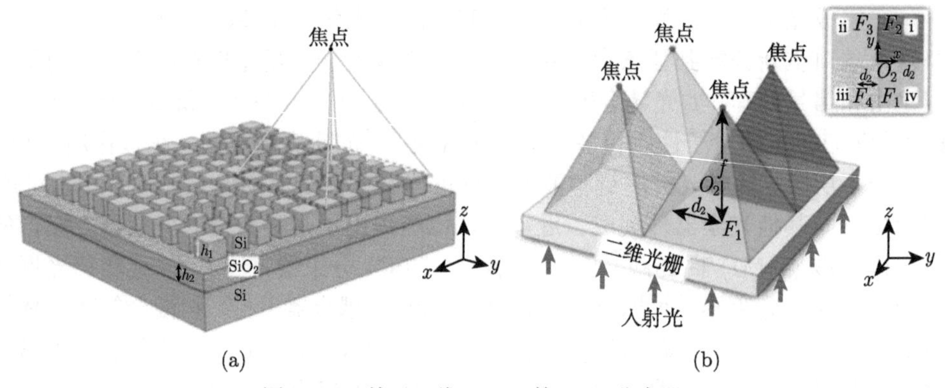

图 7.10　基于二维 SWG 的 1×4 分束器
(a) 结构示意图；(b) 分束特性设置示意图

7.3　微纳结构半导体光探测器的新技术

7.3.1　基于逆向设计的半导体光探测器

纳米光子器件利用亚波长纳米结构材料，以紧凑且节能的形式在光学、集成光子学、传感和计算超材料中实现了新的应用，其中包括超表面、等离子体和波导型纳米光子器件 [78-94]。利用大量可能的参数组合优化微纳米结构，在实践中是一项具有挑战性的任务，电磁 (Electro Magnetic, EM) 模拟包括时域有限差分法 (FDTD) 和有限元法 (FEM)，通常模拟时间需要几分钟到几个小时，取决于光子器件的大小和网格，以便估计光传输及反射响应。为了设计纳米结构以实现目标透射/反射剖面，需要进行大量电磁模拟。为了解决这个问题，已经实现了一些优化方法，如直接二进制搜索 (DBS)[81] 和伴随方法 [78,80,95,96]。最近，使用神经网络 (Neural Network, NN) 的人工智能已被集成到优化过程中，可以通过减少所需的数值模拟次数来加速优化。

深度学习方法是通过组合非线性模型获得的表征学习技术，该模型以分层方式将前一层次的表征转换为更高、更抽象的层次 [97]，可以使用深度神经网络 (Deep Neural Network, DNN) 以数据驱动的方式学习几乎任意的复杂函数 [98]。在建模复杂的投入产出关系方面，深度学习取得了巨大成功，引起了多个科学界的关注。光学界还开始致力于光纤通信的信号处理和网络自动化，以及使用 DNN 设计纳米结构光学元件的逆向建模，关于人工神经网络的光学实现以及光脉冲的表征已有报道 [99-102]。

超表面和等离子体激元有望在超紧凑和多功能透镜及各种其他应用中发挥重要作用。设计超表面和等离子体器件也面临着同样的问题，即设计空间巨大、电磁模拟耗时，在设计过程中加入 DNN 将显著推进该领域。通过使用深度学习方法，我们可以有效地学习宽带集成光子功率分配器的设计空间，从而实现紧凑型器件。还可以通过将 DNN 与进化算法配对，从而加速抗反射涂层设计 [103]。同时，集成光子器件的设计空间比光散射应用要大得多，需要强大的深层网络，如卷积神经网络 (Convolutional Neural Network, CNN)。DNN 可用于预测拓扑的光学响应 (正向建模) 以及设计给定所需光学响应的拓扑 (反向建模)，如图 7.11(a) 和 (b) 所示。

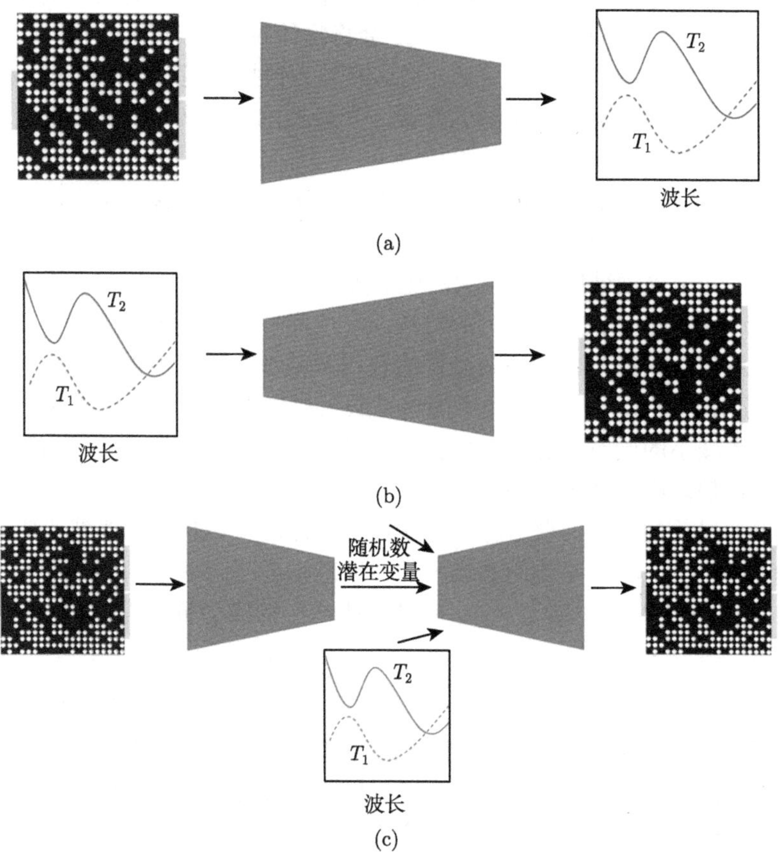

图 7.11　三类不同的网络模型
(a) 正向建模；(b) 反向建模；(c) 生成建模

正向建模中设备拓扑为输入，光学响应为输出；反向建模中光学响应为输入，设备拓扑为输出；逆建模对于逆向设计比正建模更有用，因为我们可以直接获得给定目标轮廓的设备拓扑。设计设备和材料的另一类 DNN 是生成 DNN 模型 (生成建模)，首先用设备拓扑和光学响应对网络进行训练，然后用光学响应和随机数生成新的设备拓扑，如图 7.11(c) 所示，其网络使用设备拓扑和光学响应进行训练，一旦对网络进行训练，我们将给出目标光响应和随机数，网络将生成一系列改进的拓扑。通过使用深度学习方法，我们可以有效地学习宽带集成光子功率分配器的设计空间，从而实现紧凑型器件，使用 DNN 设计优化光子器件的一般概念将很容易适用于更广泛的光子学领域。

7.3.2 基于光子捕获结构的半导体光探测器

光与物质相互作用时，光子和微粒之间存在动量转移，会使物体受到力学作用。利用聚焦的激光光束可以对物体形成皮牛量级的光力，光力分为梯度力和散射力，梯度力源于光场强度分布不均匀，会将物体拉向光强最强的区域，而散射力则沿着光传播方向将物体推向更远，当这两种力保持平衡时，物体可被稳定捕获。这种基于光力效应的捕获技术称为光镊，光镊技术可以实现对微粒的捕获、移动和旋转，是操控微粒运动的最佳途径。

自 A.Ashkin 等在贝尔实验室中理论结合实验证明光镊技术可用来束缚微纳米级的粒子以来，光镊技术凭借其无损性、非接触性、可探测性等特性，在纳米科学、量子光学等领域展现出强大的生命力 [104,105]。借助微纳加工技术，将诸多以亚波长或者深亚波长尺寸排列的材料，形成类似光子晶体、超表面以及亚波长光栅等一系列微纳结构，为高效微粒捕获以及精细微粒操控提供了一种全新的方法。例如，基于等离子激元的光镊能够克服衍射极限并增强局部光强 [106,107]，在入射光功率减小的同时能够稳定捕获纳米粒子，而且通过优化微纳结构的几何形状，可在宽频谱内实现电磁场增强 [108]。

对于大尺寸的光子捕获目标，光学捕获的原理可以用几何光线光学来描述和理解。考虑一个在分布不均匀光场中的透明球形粒子，对于共轴高斯光束，一束功率为 P 的光线对折射率为 n_{med} 的粒子所产生的线动量流为

$$p = n_{\mathrm{med}}\, P/c \tag{7.1}$$

当两束具有不同强度的光，对称地照射到粒子上时，如图 7.12(a) 所示，可以很容易得到，动量流的矢量和的方向是指向光强较低一方的。由此，粒子会受到一个沿强度梯度方向的力的作用，这个力称为梯度力。同时，粒子还会受到一个沿着光轴方向的散射力，这个力是由粒子的表面散射和吸收造成的。

考虑典型光学捕获中的紧聚焦的光束，处于这种光束照射下的粒子类似于一个弱的正透镜，它的存在改变了紧聚焦光场的光束聚焦程度，即对光束有发散作用。如果入射光线的角度足够大，则可以产生一个轴向力。这个力的方向是从粒子所处的位置指向紧束缚光线焦点的方向。由于聚焦光束焦点处光强最强，粒子会由于梯度力的作用而运动到焦点处。如果粒子处于光束焦点的后方，则此时会受到一个向前的力的作用而使粒子运动到焦点处；而如果粒子位于焦点的前方，此时会受到一个向后的力而使粒子向后运动到焦点处。如图 7.12(b) 所示，这样就

形成了一个有稳定捕获点的光捕获 [109]。

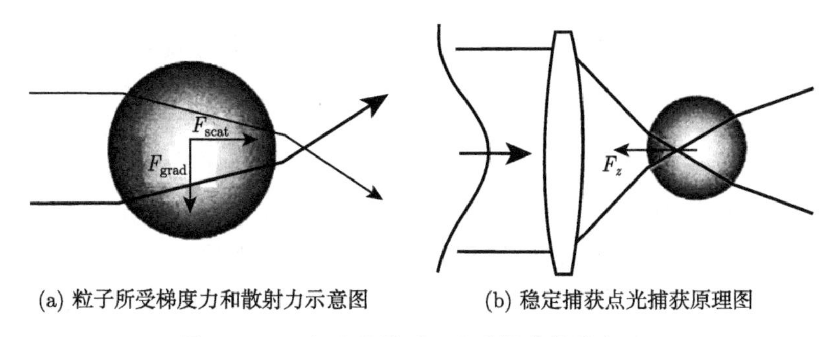

(a) 粒子所受梯度力和散射力示意图 (b) 稳定捕获点光捕获原理图

图 7.12 几何光学模型下光学捕获的基本原理

目前微纳结构被广泛应用于近场光操控中，在达到高效捕获纳米量级的粒子的目的后，微纳结构的引入为动态调控功能提供了新的途径，合理设计入射光源参数和微纳结构的几何形状，可以实现多样动态化的微粒操控效果。微纳结构在多个微粒的光致旋转和复杂运动方面显示出独特的优势，在纳米制造、3D 打印等领域具有重要应用前景，对交叉学科及传感芯片等方面的研究有重大意义。

光电子器件由分立转向集成是当今研究的热点，可以将发送或接收光信号的有源光器件、无源光器件与相关电路等电子器件集成在同一个芯片上，使得光器件的性能达到最优。实现光电子集成是高科技发展的必然趋势，在不久的将来，相信光通信的快速发展会渗透到人们生活的方方面面 [110,111]。

7.3.3 基于超表面集成的半导体光探测器

超材料 (Metamaterial) 是指以特定方式将亚波长共振单元组合的人工复合材料，其具有突破自然材料限制以实现特殊物理特性的能力 [112]。超表面 (Metasurface) 属于二维超材料，是按要求排列亚波长谐振单元形成的亚波长二维平面结构。光学超表面通过调整共振单元的几何形状、尺寸等参数进行设计，从而能够调控电磁波特性。

超表面通过引入光学性质的突变来打破我们对传播效应的依赖 [113-117]。超表面制成方式分为散射体阵列或光学薄膜，若通过散射体阵列设计，可以实现光学特性可控变化，可采用多种形式，例如在金属或介电微粒 [118,119] 和金属膜 [120,121] 中打开的孔径。这种超表面的本质是使用具有亚波长间隔和空间变化几何参数的天线阵列，从而将光学波前塑造成可以随意设计的形状，这种亚表面和频率选择性表面 [122,123] 之间的主要区别在于没有电磁响应的空间变化。基于光学散射体阵列的超表面在概念上与微波和毫米波频率范围内演示的反射阵列和发射阵列相关 [124,125]。

不同性质的超表面可以通过使用由有耗材料制成的光学薄膜 (即复折射率的虚部与实部相当) 来创建。有耗介质边界处光的反射或透射的相位变化可能与 0 或 π 有很大不同 [126], 这些不寻常的界面相变化使纳米薄膜能够极大地改变光谱。有三个特征将超表面与传统光学元件区分开来。首先，在入射光束穿过或被光学超薄表面反射后，波前整形在距离界面波长远小于波长的距离内完成。其次，利用基于光学散射体的超表面便可通过亚波长分辨率对振幅、相位和偏振响应的空间分布进行设计。光学波前的亚波长分辨率可以将所有入射光功率集中到一个有用的光束中，同时消除其他衍射级。例如，图 7.13(a) 中的反射阵列超表面，该阵列由 H 形天线组成，H 形天线通过电介质间隔与金属背平面隔开。反射阵列引入界面相位梯度 $\xi=1.14k_{\rm o}$，其中 $k_{\rm o}$ 是对应于 2cm 波长的入射光束的波矢。这绕过了衍射光学元件的基本限制，衍射光学元件通常会产生多个衍射级。具有亚波长分辨率的超表面提供的大范围空间频率分量能够控制光学近场和中观场 [127,128], 在传统光学元件中尚未系统探索此功能。最后，超表面使我们能够设计出纳米结构与电场以及光波的磁场成分之间的相互作用 [129-131], 即可以实现控制平面器件的光阻。如图 7.13(b) 所示，其顶部为一张制作好的微波超表面的照片，该超表面可以将近 100%效率的入射光束重定向到折射光束中。它由一叠相同的电路板条纹组成，其顶面和底面都印有铜线。其底部超表面的一个单元由电容和电感并联的回路组成，以实现所需的电片电抗 (在每个条带的顶部)、电容加载的回路，以及磁片电抗 (在每个条带的底部)。基于这些特征可以看出，基于纳米厚有耗薄膜的超表面在光探测器中具有重要的潜在应用。

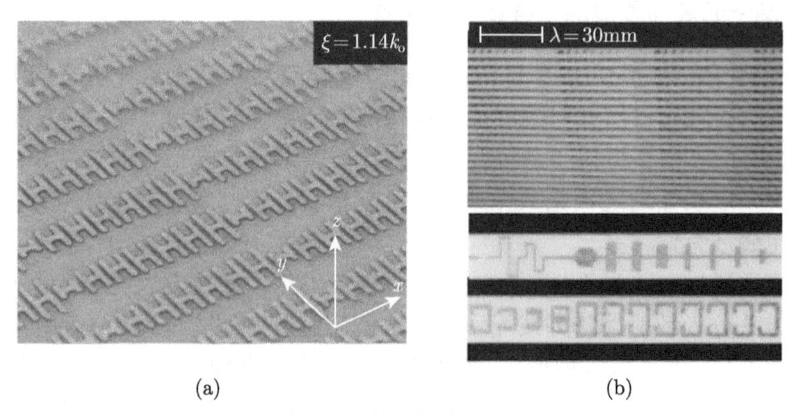

图 7.13 两种反射阵列超表面

(a) 制作的微波反射阵列的照片；(b) 反射最小的高效传输阵列

作为二维的超材料，超表面具有高转化效率、小体积、易于加工和集成等优势，同时超表面加工所需要的微纳米加工技术已经成熟，损耗也显著降低，可以有效调控各波段电磁波的特性。超表面在可见光波段、太赫兹波段、微波波段等都具有很好的应用前景 [132,133]，在微波和太赫兹波段，可通过亚波长的金属谐振器的对称性进行调控，能够消除磁响应。在可见光波段，一般采用光与结构的相互作用来实现调控，通常使用金属或介质的纳米柱及其互补结构 [134]。超表面可以将波前调控为任意的形状，能够实现对光波空间不均匀调控。

7.3.4 基于表面等离激元的半导体光探测器

1902 年，罗切斯特 (Rochester) 大学 Wood 团队首次在金属光栅实验中观察到异常衍射现象，即在反射光谱中观察到一系列明暗条纹，这称为 Wood 异常 [135]。1941 年，芝加哥大学 Fano 团队经过研究发现，Wood 异常与金属和介质交界面处的电磁波共振有关 [136]。1956 年，田纳西大学 Pines 团队通过电子在金属薄膜中传播的能量损失提出了表面等离激元概念 [137]。表面等离激元共振现象越发激起了研究人员的热切关注，表面等离激元金属表面振荡电荷与入射光电磁场相互作用形成的电磁波，可在多种金属纳米结构上得到激发，例如，金属纳米颗粒、金属光栅和金属棱镜等，该共振可以实现约束亚波长、增强局域场和突破衍射极限等特点 [138-146]。

表面等离激元光子学作为纳米光学中最活跃的分支之一，主要研究金属纳米结构受光激发后产生的电子集体振荡，以及与之相耦合的电磁场隐失波。表面等离激元具有场增强、共振波长可调性，以及能够突破介质光学的衍射极限。其中，基于表面等离激元的光探测器是集成芯片的重要部分。在光探测器中引入表面等离激元共振效应可以增强入射光的吸收与局部电场，即产生更多的空穴和电子的同时促进载流子向电极的传输。

表面等离激元模式沿着金属表面传播，垂直于金属表面的电场强度呈指数衰减。根据表面等离激元模式的传播长度，表面等离激元分为传播型表面等离激元 (Propagating Surface Plasmon Polariton, PSPP) 和局域表面等离激元 (Localized Surface Plasmon Polariton, LSPP) 两类。能激发表面等离激元共振的材料应满足两个条件：①介电常量的实部应小于 0；②介电常量的虚部应远小于实部的绝对值。金属材料 (如金、银等) 均能满足激发表面等离激元共振效应的条件 [147-153]。

PSPP 在金属和电介质的交界面处被激发并可以沿界面进行传播，如图 7.14(a) 所示。根据光学波段范围内金属的介电特性，PSPP 只能被磁矢量与垂直于传播方向的偏振场 (TM 偏振场) 激发 [154]。由于金属中的欧姆热效应，PSPP 的能量在界面传播过程中逐渐损失，即这种表面等离激元传播的距离是有限的。而 LSPP 是由金属纳米结构与入射光之间的相互作用引起的金属纳米结构表面上的自由电子集体振荡 [155]，图 7.14(b) 为基于金属纳米颗粒的局域表面等离激元。与 PSPP 的激发条件相比，LSPP 的激发条件更为简单。LSPP 可以由照射在金属纳米颗粒的入射光直接激发，其激发条件是金属纳米颗粒的大小应小于入射光的波长。LSPP 是一种非传播的表面波，可以将电场集中在金属纳米颗粒表面附近，使其具有更强的场增强效果。LSPP 只能在特定的频率下被激发，其中，金属纳米颗粒的大小、形状以及介电函数决定了其复频率的大小 [156]。

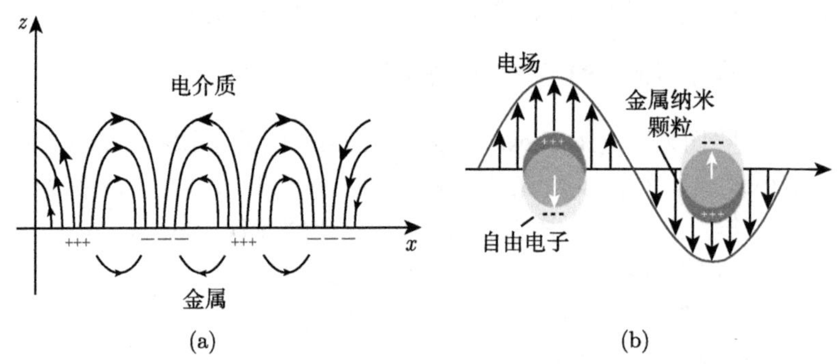

图 7.14　(a) 传播型表面等离激元原理图；(b) 局域表面等离激元原理图

参 考 文 献

[1] Cox C, Ackeraian E, Betts G, et al. Limits on the performance of RF-over-fiber links and their impact on device design[J]. IEEE Trans. Microw. Theory Tech., 2006, 54(2): 906-920.

[2] Zhu Z, Jiang S, Zhong W, et al. Thermoelectric and photoelectric effects of 2D bismuth for flexible electronics[C]//2021 5th IEEE Electron Devices Technology & Manufacturing Conference (EDTM), 2021: 1-3.

[3] Cai S, Xu X, Yang W, et al. Materials and designs for wearable photodetectors[J]. Advanced Materials, 2019, 31(18): 1808138.1-15.

[4] Nath B, Ramamurthy P C, Mahapatra D R, et al. Flexible organic photodetector with high responsivity in visible range[C]//2022 IEEE International Conference on Flexible and Printable Sensors and Systems (FLEPS), 2022: 1-4.

[5] Chiang C W, Haider T, Tan W C, et al. Highly stretchable and sensitive photodetectors based on hybrid graphene and graphene quantum dots[J]. ACS Applied Materials & Interfaces, 2016, 8(1):466-471.

[6] Rogers J A. Materials for semiconductor devices that can bend, fold, twist and stretch [J]. MRS Bulletin, 2014, 39(6) : 549-556.

[7] Seo J H, Oh T Y, Park J, et al. A multifunction heterojunction formed between pentacene and a single-crystal silicon nanomembrane [J]. Advanced Functional Materials, 2013, 23(27): 3398-3403.

[8] Yu M R, Huang Y, Ballweg J, et al. Semiconductor nanomembrane tubes: three-dimensional confinement for controlled neurite outgrowth[J]. ACS Nano, 2011, 5(4): 2447-2457.

[9] Yoon J, Baca A J, Park S I, et al. Ultrathin silicon solar microcells for semitransparent, mechanically flexible and microconcentrator module designs[J]. Nature Materials, 2008, 7(11): 907-915.

[10] Menard E, Lee K J, Khang D Y, et al. A printable form of silicon for high performance thin film transistors on plastic substrates[J]. Applied Physics Letters, 2004, 84(26): 5398-5400.

[11] Wang S, Wu P C, Su V C, et al. A broadband achromatic metalens in the visible[J]. Nature nanotechnology, 2018, 13(3): 227-232.

[12] Khorasaninejad M, Chen W T, Devlin R C, et al. Metalenses at visible wavelengths: Diffraction-limited focusing and subwavelength resolution imaging[J]. Science, 2016, 352 (6290): 1190-1194.

[13] Sarfraz F, Asim Ch M, Rana A S. Polarization-insensitive metalens with high efficiency for optical fiber communication[C]//2022 Third International Conference on Latest Trends in Electrical Engineering and Computing Technologies (INTELLECT), 2022: 1-4.

[14] Tseng M L, Hsiao H H, Chu C H, et al. Metalenses: Advances and applications[J]. Advanced Optical Materials, 2018, 6(18): 1800554.

[15] Zang X, Chen L, Peng Y, et al. Terahertz metalens for manipulating focal point and imaging[C]//2020 45th International Conference on Infrared, Millimeter, and Terahertz Waves (IRMMW-THz), 2020: 1-2.

[16] Tian S N, Guo H M, Hu J B, et al. Dielectric longitudinal bifocal metalens with adjustable intensity and high focusing efficiency[J]. Optics Express, 2019, 27(2): 680-688.

[17] Guo L H, Hu Z L, Wan R Q, et al. Design of aluminum nitride metalens for broadband ultraviolet incidence routing[J]. Nanophotonics, 2018, 8(1): 171-180.

[18] Wang J C, Ma J, Shu Z Q, et al. Terahertz metalens for multifocusing bidirectional arrangement in different dimensions[J]. IEEE Photonics Journal, 2019, 11(1): 1-11.

[19] Du G, Wang D, Sun X, et al. Design of a reflective metasurface for near-field focusing[C]//2021 IEEE International Symposium on Antennas and Propagation and USNC-URSI Radio Science Meeting (APS/URSI), 2021: 323, 324.

[20] Wu L W, Ma H F. Three-dimensional hologram with ultrathin Huygens' metasurface[C]//2020 International Symposium on Antennas and Propagation (ISAP), 2021: 29, 30.

[21] Ye M, Peng Y, Yi Y S. Silicon-rich silicon nitride thin films for subwavelength grating metalens[J]. Optical Materials Express, 2019, 9(3): 1200-1207.

[22] Paiella R. Plasmonic metasurfaces for directional light emission and photodetection[C]// 2021 Conference on Lasers and Electro-Optics (CLEO), 2021: 1, 2.

[23] Yang Z, Wang Z, Wang Y, et al. Generalized hartmann-shack array of dielectric metalens sub-arrays for polarimetric beam profiling[J]. Nature Communications, 2018, 9(1): 4607-4614.

[24] Huang S, Cao J, Cao J X, et al. Black silicon photodetector with broadband spectral photoresponsivity and high gain by Ti-hyperdoping[C]//2022 Conference on Lasers and Electro-Optics (CLEO), 2022: 1-2.

[25] Her T H, Finlay R J, Wu C, et al. Microstructuring of silicon with femtosecond laser pulses[J]. Appl. Phys. Lett., 1998, 73(12): 1673-1675.

[26] Carey J E, Crouch C H, Shen M. Visible and near-infrared responsivity of femtosecond-laser microstructured silicon photodiodes[J]. Optics Letters, 2005, 30(14):1773-1775.

[27] Pralle M U, Carey J E, Homayoon H. IR CMOS: ultrafast laser-enhanced silicon detection[J]. Proceedings of SPIE-The Intemational Society for Optical Engineering, 2012, 8853(2):124-134.

[28] Li C, Zhao J H, Yang Y, et al. Sub-bandgap photo-response of chromium hyperdoped black silicon photodetector fabricated by femtosecond laser pulses[J]. IEEE Sensors Journal, 2021, 21(22):25695-25702.

[29] Viti L, Asgari M, Riccardi E, et al. Chip-scalable, graphene-based terahertz thermoelectric photodetectors[C]//2022 47th International Conference on Infrared, Millimeter and Terahertz Waves(IRMMW-THz), 2022: 1-2.

[30] Yousefi S, Pourmahyabadi M, Rostami A. Highly efficient dual band graphene plasmonic photodetector at optical communication wavelengths[J]. IEEE Transactions on Nanotechnology, 2021, 20: 255-261.

[31] Zhou Z, Long M, Pan L, et al. Perpendicular optical reversal of the linear dichroism and polarized photodetection in 2D GeAs [J]. ACS Nano., 2018, 12(12):12416-12423.

[32] Gayduchenko I A, An P, Belosevich V, et al. Towards the Development of Ultrafast Photodetectors Based on Graphene for the Next-generation Telecommunication Systems[C]//2022 Photonics & Electromagnetics Research Symposium (PIERS), 2022: 904-907.

[33] Zhong M, Xia Q, Pan L, et al. Thickness-dependent carrier transport characteristics of a new 2D elemental semiconductor: black arsenic [J]. Advanced Functional Materials, 2018, 28(43):1802581.

[34] Li J, Yang X, Liu Y, et al. General synthesis of two-dimensional van der Waals heterostructure arrays [J]. Nature, 2020, 579(7799) :368-374.

[35] Gu J, Chakraborty B, Khatoniar M, et al. A room temperature polariton light-emitting diode based on monolayer WS_2 [J]. Nature Nanotechnology, 2019, 14(11):1024-1028.

[36] Lin Z, Huang Y, Duan X. Van der Waals thin-film electronics [J]. Nature Electronics, 2019, 2(9):378-388.

[37] Bandurin D A, Svintsov D, Gayduchenko I, et al. Resonant terahertz detection using graphene plasmons [J]. Nature Communications, 2018, 9(1):5392.

[38] Yin L, He P, Cheng R, et al. Robust trap effect in transition metal dichalcogenides for advanced multifunctional devices [J]. Nature Communications, 2019, 10(1): 4133.

[39] Novoselov K S, Falko V I, Colombo L, et al. A roadmap for graphene [J]. Nature, 2012, 490(7419): 192-200.

[40] Bullock J, Amani M, Cho J, et al. Polarization-resolved black phosphorus/molybdenum disulfide mid-wave infrared photodiodes with high detectivity at room temperature [J]. Nature Photonics, 2018, 12(10): 601-607.

[41] Geim A K, Grigorieva I V. Van der Waals heterostructures [J]. Nature, 2013, 499(7459): 419-425.

[42] Liu Y, Huang Y, Duan X. Van der Waals integration before and beyond two-dimensional materials [J]. Nature, 2019, 567(7748): 323-333.

[43] Kim J, Park S, Jang H, et al. Highly sensitive, gate-tunable, room -temperature mid-infrared photodetection based on graphene-Bi_2Se_3 heterostructure [J]. ACS Photonics, 2017, 4(3):482-488.

[44] Flöry N, Ma P, Salamin Y, et al. Waveguide-integrated van der Waals heterostructure photodetector at telecom wavelengths with high speed and high responsivity [J]. Nature Nanotechnology, 2020, 15(2): 118-124.

[45] Yu W, Li S, Zhang Y, et al. Near-infrared photodetectors based on $MoTe_2$/graphene heterostructure with high responsivity and flexibility [J]. Small, 2017, 13(24): 1700268.

[46] Wang X, Cheng Z, Xu K, et al. High-responsivity graphene/silicon -heterostructure waveguide photodetectors [J]. Nature Photonics, 2013, 7(11): 888-891.

[47] Wang G, Zhang M, Chen D, et al. Seamless lateral graphene p-n junctions formed by selective in situ doping for high-performance photodetectors [J]. Nature Communications, 2018, 9(1): 5168.

[48] Zhou W, Qi R, Shang Y, et al. Boresight gain enhanced with cylindrical metasurface lens[C]//2020 9th Asia-Pacific Conference on Antennas and Propagation (APCAP), 2020: 1-2.

[49] Geng Y, Tan J B, Guo C, et al. Computational coherent imaging by rotating a cylindrical lens [J]. Optics Express, 2018, 26(17):22110.

[50] Zhao X, Liu C, Zhang D, et al. Tunable liquid crystal microlens array using hole patterned electrode structure with ultrathin glass slab[J]. Applied Optics, 2012, 51(15):3024.

[51] Kuang Z, Li P, Zuo L, et al. A compact millimeter-wave cylindrical lens antenna for 5G communication[C]//2020 International Conference on Microwave and Millimeter Wave Technology (ICMMT), 2020: 1-3.

[52] Shad S, Mehrpouyan H. Wideband beam-steerable cylindrical lens antenna with compact integrated feed elements[C]//2021 IEEE Radio and Wireless Symposium (RWS), 2021: 14-17.

[53] Messerschmidt B, Possner T, Goering R. Colorless gradient-index cylindrical lenses with high numerical apertures produced by silver-ion exchange[J]. Appl. Opt., 1995, 34(34):7825-7830.

[54] Durst M E, Kobat D, Xu C. Tunable dispersion compensation by a rotating cylindrical lens[J]. Optics Letters, 2009, 34(8): 1195-1197.

[55] Dong Z, Sun H, Zhang Y, et al. Visible-wavelength-tunable, vortex-beam fiber laser based on a long-period fiber grating[J]. IEEE Photonics Technology Letters, 2021,

33(21): 1173-1176.

[56] Toda A, Kobayashi T, Dohsen M. Characteristics of gain-guided laser diodes with cylindrical-mirror cavity[J]. Optical Review, 1995, 2(6):455-459.

[57] Uranishi Y, Naganawa M, Yasumuro Y, et al. Three-dimensional measurement system using a cylindrical mirror[C]//Scandinavian Conference on Image Analysis, 2005: 399-408.

[58] Yasui T, Ohtsuka T, Suzuki T, et al. Wide range detector using parabolic cylindrical mirror for THz applications[J]. International Journal of Infrared & Millimeter Waves, 2006, 27(2):199-210.

[59] Barr M K S, Assaud L, Brazeau N, et al. Enhancement of Pd catalytic activity toward ethanol electrooxidation by atomic layer deposition of SnO_2 onto TiO_2 nanotubes[J]. The Journal of Physical Chemistry C, 2017, 121(33): 17727-17736.

[60] Kasyutich V L, Martin P A. On quantitative measurements in phase-shift off-axis cavity-enhanced absorption spectroscopy[J]. Chemical Physics Letters, 2007, 446(1-3):206-211.

[61] Ueki N, Sakamoto A, Nakamura T, et al. Single-transverse-mode 3.4-mW emission of oxide-confined 780-nm VCSELs[J]. IEEE Photon. Technol. Lett., 1999, 11(12):1539-1541.

[62] Chen Y, Huan X, Liu K, et al. A novel optical microcavity based on nonperiodic high index contrast subwavelength gratings[C]//2022 20th International Conference on Optical Communications and Networks (ICOCN), 2022: 1-3.

[63] Yun H, Wang Y, Zhang F, et al. Broadband 2×2 adiabatic 3dB coupler using silicon-on-insulator sub-wavelength grating waveguides[J]. Opt. Lett., 2016, 41(13):3041-3044.

[64] Li T, Zhang J, Yi H, et al. Low-voltage, high speed, compact silicon modulator for BPSK modulation[J]. Opt. Express, 2013, 21(20):23410-23415.

[65] Xu L, Wang Y, Kumar A, et al. Compact high-performance adiabatic 3-dB coupler enabled by subwavelength grating slot in the silicon-on-insulator platform[J]. Opt. Express, 2018, 26(23):29873-29885.

[66] Tomofuji S, Matsuo S, Kakitsuka T, et al. Dynamic switching characteristics of InGaAsP/InP multimode interference optical waveguide switch[J]. Opt. Express, 2009, 17(26):23380-23388.

[67] Ding Y, Ou H, Xu J, et al. Silicon photonic integrated circuit mode multiplexer[J]. IEEE Photonics Technol. Lett., 2013, 25(7):648-651.

[68] Yang R, Li J, Song X, et al. Experimental realization of a 2×2 polarization-independent split-ratio-tunable optical beam splitter[J]. Opt. Express., 2016, 24(25):28519-28528.

[69] Sheng Z, Wang Z, Qiu C, et al. A compact and low-loss MMI coupler fabricated with CMOS technology[J]. IEEE Photonics., 2012, 4(6):2272-2277.

[70] Nguyen T A, Nguyen V H, Le D T, et al. Optical integrated sensor based on 2×4 multimode interference coupler and intensity mechanism with a high sensitivity[C]//19th International Conference on Optical Communications and Networks (ICOCN), 2021: 1-3.

[71] Tee D C, Tamchek N, Shee Y G, et al. Numerical investigation on cascaded 1×3 photonic crystal power splitter based on asymmetric and symmetric 1×2 photonic crystal splitters designed with flexible structural defects[J]. Opt. Express, 2014, 22(20):24241-24255.

[72] Qu Y, Yuan J H, Qiu S, et al. Ultra-broadband silicon dual-core photonic crystal fiber polarization beam splitter at mid-infrared spectral region based on surface plasmon resonance[C]//2020 Conference on Lasers and Electro-Optics Pacific Rim (CLEO-PR), 2020: 1, 2.

[73] Zhang D, Ren M, Wu W, et al. Nanoscale beam splitters based on gradient metasurfaces[J]. Opt. Letters., 2018, 43(2):267-270.

[74] Wei M G, Xu Q, Wang Q, et al. Broadband non-polarizing terahertz beam splitters with variable split ratio[J]. Appl. Phys. Lett., 2017, 111 (7): 071101.

[75] Ni B, Xiao J. Ultracompact and broadband silicon-based TE-pass 1 × 2 power splitter using subwavelength grating couplers and hybrid plasmonic gratings[J]. Opt. Express., 2018, 23(26):33942-33955.

[76] Hao T, Sánchez-Postigo A, Ye W N, et al. Dual-band polarization-independent subwavelength grating coupler for wavelength demultiplexing[C]//2020 IEEE Photonics Conference (IPC), 2020: 1, 2.

[77] Zhang L, Pan C, Zeng D, et al. A hybrid-plasmonic-waveguide-based polarization-independent directional coupler[J]. IEEE Access, 2020, 8:134268-134275.

[78] Noureen S, Zubair M, Ali M, et al. Deep learning based sequence modeling for optical response retrieval of photonic nanostructures[C]//2021 International Bhurban Conference on Applied Sciences and Technologies (IBCAST), 2021: 289-292.

[79] Khajavi S, Melati D, Cheben P, et al. Highly-efficient subwavelength grating metamaterial antenna for silicon waveguides[C]//2022 Photonics North (PN), 2022: 1.

[80] Piggott A Y, Lu J, Lagoudakis K G, et al. Inverse design and demonstration of a compact and broadband on-chip wavelength demultiplexer[J]. Nature Photonics, 2015, 9(6):374-377.

[81] Shen B, Wang P, Polson R, et al. An integrated-nanophotonics polarization beamsplitter with 2.4×2.4 μm^2 footprint[J]. Nature Photonics, 2015, 9 (6): 378-382.

[82] Teng M, Kojima K, Koike-Akino T, et al. Broadband SOI mode order converter based on topology optimization[C]//2018 Optical Fiber Communications Conference and Exposition (OFC), 2018: 1-3.

[83] Miček P, Ioannidis A, Gric T. On the study of the enhanced nanowire metamaterial structure[C]//2022 IEEE Open Conference of Electrical, Electronic and Information Sciences (eStream), 2022: 1-7.

[84] Chu Z, Liu Y, Sheng J, et al. On-chip optical attenuators designed by artifical neural networks[C]//2018 Asia Communications and Photonics Conference (ACP), IEEE, 2018: 1-3.

[85] Liu Z, Liu X, Xiao Z, et al. Integrated nanophotonic wavelength router based on an

intelligent algorithm[J]. Optica., 2019, 6(10):1367-1373.

[86] Fan Y, Zhang R, Liu Z, et al. Broadband linear-to-circular polarization converter based on ultrathin metal nano-grating[C]//2021 IEEE 16th International Conference on Nano/Micro Engineered and Molecular Systems (NEMS), 2021: 372-375.

[87] Ni X, Wong Z J, Mrejen M, et al. An ultrathin invisibility skin cloak for visible light[J]. Science, 2015, 349 (6254):1310-1314.

[88] AlùA, Engheta N. Achieving transparency with plasmonic and metamaterial coatings[J]. Physical Review E, 2005, 72 (1):016623.

[89] Jia P, Kong D, Li J, et al. Precise on-fiber plasmonic spectroscopy using a gradient-index microlens[J]. Journal of Lightwave Technology, 2021, 39(1): 270-274.

[90] Arbabi E, Arbabi A, Kamali S M, et al. Multiwavelength polarization-insensitive lenses based on dielectric metasurfaces with meta-molecules[J]. Optica, 2016, 3(6):628-633.

[91] Azad A K, Kort-Kamp W J, Sykora M, et al. Metasurface broadband solar absorber[J]. Scientific Reports, 2016, 6(1): 20347.

[92] Shen B, Wang P, Polson R, et al. An integrated-nanophotonics polarization beamsplitter with 2.4×2.4 μm^2 footprint[J]. Nature Photon., 2015(9): 378-382.

[93] Krasnok A, Tymchenko M, Alù A. Nonlinear metasurfaces: A paradigm shift in nonlinear optics[J]. Materials Today, 2018, 21(1):8-21.

[94] Pestourie R, Pérez-Arancibia C, Lin Z, et al. Inverse design of large-area metasurfaces[J]. Optics Express, 2018, 26 (26):33732-33747.

[95] Frandsen L H, Sigmund O. Inverse design engineering of all-silicon polarization beam splitters[J]. Photonic and Phononic Properties of Engineered Nanostructures VI, Vol. 9756, International Society for Optics and Photonics, 2016: 97560Y.

[96] Piggott A Y, Petykiewicz J, Su L, et al. Fabrication-constrained nanophotonic inverse design[J]. Scientific Reports, 2017, 7 (1):1786.

[97] LeCun Y, Bengio Y, Hinton G. Deep learning[J]. Nature, 2015, 521(7553):436-444.

[98] Krizhevsky A, Sutskever I, Hinton G E. ImageNet classification with deep convolutional neural networks[C]//Communications of the ACM, 2017, 60 (6):84-90.

[99] Khan F N, Zhou Y, Lau A P T, et al. Modulation format identification in heterogeneous fiber-optic networks using artificial neural networks[J]. Optics Express, 2012, 20(11):12422-12431.

[100] Liu D, Tan Y, Khoram E, et al. Training deep neural networks for the inverse design of nanophotonic structures[J]. ACS Photonics, 2018, 5(4):1365-1369.

[101] Ohta J, Kojima K, Nitta S, et al. Optical neurochip based on a three-layered feed-forward model[J]. Optics Letters, 1990, 15(23):1362-1364.

[102] Xiong W, Redding B, Gertler S, et al. Deep learning of ultrafast pulses with a multimode fiber[J]. APL Photonics, 2020, 5(9):096106.

[103] Hegde R S. Photonics inverse design: pairing deep neural networks with evolutionary algorithms[J]. IEEE Journal of Selected Topics in Quantum Electronics, 2020, 26(1):1-8.

[104] Yu N, Genevet P, Kats M A, et al. Light propagation with phase discontinuities: Generalized laws of reflection and refraction [J]. Science, 2011, 334(6054): 333-337.

[105] Tong X, Liu H, Li G, et al. Waveguide-based photonic antenna tweezer for optical trapping[J]. IEEE Journal of Selected Topics in Quantum Electronics, 2021, 27(1):1-7.

[106] Holloway C L, Kuester F E, Gorden J A, et al. An overview of the theory and applications of metasurfaces: The two dimensional equivalents of metamaterials[J]. IEEE Antennas Propagat. Mag., 2012, 54: 10-35.

[107] Kreps S, Douvidzon M, Bathish B, et al. Toward optical circuits using tweezers position-control[C]//2021 Conference on Lasers and Electro-Optics Europe & European Quantum Electronics Conference (CLEO/Europe-EQEC), 2021: 1.

[108] Kildishev A V, Boltasseva A, Shalaev V M. Planar photonics with metasurfaces[J]. Science, 2013, 339(6125):1232009.

[109] Svirko Y, Zheludev N, Osipov M. Layered chiral metallic microstructures with inductive coupling[J]. Applied Physics Letters, 2001, 78(4):498-500.

[110] Wang X, Dane A, Berggren K, et al. Oscilloscopic capture of greater-than-100GHz, ultra-low power optical waveforms enabled by integrated electrooptic devices[J]. Journal of Lightwave Technology, 2020, 38(1):166-173.

[111] Chen B, Zhang Y, Zhu Y. Trends in optoelectronic IC for recent optical module and photonics integration[C]//2020 IEEE International Conference on Integrated Circuits, Technologies and Applications (ICTA), 2020: 167-170.

[112] Walther B, Helgert C, Rockstuhl C, et al. Spatial and spectral light shaping with metamaterials[J]. Advanced Materials, 2012, 24(47): 6300-6304.

[113] Lin J, Mueller J P B, Wang Q, et al. Polarization-controlled tunable directional coupling of surface plasmon polaritons[J]. Science, 2013, 340(6130):331-334.

[114] 白成林，房文敬，黄永清, 等. 高折射率差超结构光器件 [M]. 北京: 科学出版社，2022.

[115] Liu W, Deng L, Li S, et al. High transmittance and broadband group delay metasurface element in Ka band[C]//2021 IEEE 4th International Conference on Electronic Information and Communication Technology (ICEICT), 2021: 669-671.

[116] Zhang L, Chen L, Yuan Z, et al. Optimization of a metasurface antenna composed of dual T-shaped antenna elements based on machine learning[C]//2021 International Symposium on Antennas and Propagation (ISAP), 2021: 1,2.

[117] Gagnon N, Petosa A, McNamara D A. Research and development on phase-shifting surfaces[J]. IEEE Antennas Propag. Mag., 2013, 55:29-48.

[118] Kats M A, Sharma D, Lin J, et al. Ultra-thin perfect absorber employing a tunable phase change material[J]. Appl. Phys. Lett., 2012, 101: 221101.

[119] Huang F M, Zheludev N I. Super-resolution without evanescent waves[J]. Nano Lett., 2009, 9: 1249-1254.

[120] Biagioni P, Savoini M, Huang J S, et al. Near-field polarization shaping by a near-resonant plasmonic cross antenna[J]. Phys. Rev. B, 2009, 80:153409.

[121] Jiang Z H, Yun S, Lin L, et al. Tailoring dispersion for broadband low-loss optical

metamaterials using deep-subwavelength inclusions[J]. Sci. Rep., 2013, 3:1571.

[122] Monticone F, Estakhri N M, Alù A. Full control of nanoscale optical transmission with a composite metascreen[J]. Phys. Rev. Lett., 2013, 110:203903.

[123] Pfeiffer C, Grbic A. Metamaterial Huygens' surfaces: Tailoring wave fronts with reflectionless sheets[J]. Phys. Rev. Lett., 2013, 110:197401.

[124] Sun S, He Q, Xiao S, et al. Gradient-index meta-surfaces as a bridge linking propagating waves and surface waves[J]. Nature Mater., 2012, 11: 426-431.

[125] Farmahini-Farahani M, Mosallaei H. Birefringent reflectarray metasurface for beam engineering in infrared[J]. Opt. Lett., 2013, 38:462-464.

[126] Parker D, Zimmermann D C. Phased arrays - part 1: Theory and architectures[J]. IEEE Trans. Microwave Theory Tech., 2002, 50:678-687.

[127] Ashkin A, Dziedzic J M, Bjorkholm J E, et al. Observation of a single-beam gradient force optical trap for dielectric particles [J]. Optics Letters, 1986, 11(5):288-290.

[128] Kotsifaki D G, Chormaic S N. Plasmonic optical tweezers based on nanostructures: Fundamentals, advances and prospects[J]. Nanophotonics, 2019, 8(7): 1227-1245.

[129] Al Balushi A A, Kotnala A, Wheaton S, et al. Label-free free-solution nanoaperture optical tweezers for single molecule protein studies[J]. The Analyst, 2015, 140(14): 4760-4778.

[130] Huang J S, Yang Y T. Origin and future of plasmonic optical tweezers[J]. Nanomaterials 2015, 5(2): 1048-1065.

[131] Grigorenko A, Roberts N, Dickinson M. Nanometric optical tweezers based on nanostructured substrates[J]. Nature Photonics, 2002(6): 365-370.

[132] Ashkin A. Forces of a single-beam gradient laser trap on a dielectric sphere in the ray optics regime[J]. Biophysical Journal, 1992, 61(2): 569-582.

[133] Pourgholamhossein Z, Denidni T A. Wideband ultrathin Huygens' metasurface element for 5G millimeter-wave applications[C]//2020 IEEE International Symposium on Antennas and Propagation and North American Radio Science Meeting, 2020: 453-454.

[134] Huang H, Ren X M, Wang X Y, et al. Low-temperature InP/GaAs wafer bonding using sulfide-treated surface[J]. Appl. Phys. Lett., 2006, 88: 061104.

[135] Wood R W. On a remarkable case of uneven distribution of light in a diffraction grating spectrum [J]. Proc. Phys. Soc. London, 1902, 18(1):269-275.

[136] Fano U. The theory of anomalous diffraction gratings and of quasistationary waves on metallic surfaces (Sommerfeld's waves) [J]. J. Ont. Soc. Am., 1941, 31(3):213-222.

[137] Pines D. Collective energy losses in solids [J]. Rev. Mod. Phys., 1956, 28(3):184-198.

[138] Zhang F, Liu W, Liu Y, et al. Fabrication and enhanced photocatalytic properties of Pt@SiO_2@TiO_2, composites by surface plasma resonance from Pt nanoparticles [J]. J. Nanopart. Res., 2015, 17(2):1-9.

[139] Wang D D, Ge C W, Wu G A. A sensitive red light nano-photodetector propelled by plasmonic copper nanoparticles[J]. J. Mater. Chem C, 2017, 5(6):1328-1335.

[140] Mousavi S S, Stöhr A, Berini P. Plasmonic photodetector with terahertz electrical bandwidth [J]. Appl. Phys. Lett., 2017, 104(14):143112-1-3.

[141] Hoessbacher C, Salamin Y, Fedoryshyn Y, et al. Optical interconnect solution with plasmonic modulator and Ge photodetector array[J]. IEEE Photon. Technol. Lett. 2017, 29(21):1760-1763.

[142] Brawley Z, Bauman S, Abeey G, et al. Modeling and optimization of Au-GaAs plasmonic nanoslit array structures for enhanced near-infrared photodetector applications[J]. Nanophoton, 2017, 11(1):016017-1-9.

[143] Chao X, Wang D N. Surface plasmon resonance sensor based on a tapered multimode fiber with a long inner air-cavity[J]. IEEE Photonics Technology Letters, 2022, 34 (15): 799-802.

[144] Zhang H Q, Boussaad S, Tao N J. High-performance differential surface plasmon resonance sensor using quadrant cell photodetector [J]. Rev. Sci. Instrum., 2003,74(1):150-153.

[145] Tamm I R, Dawson P, Sellai A, et al. Analysis of surface plasmon polariton enhancement in photodetection by AlGaAs Schottky diodes [J]. Solid-State Electron, 1993, 36(10):1417-1427.

[146] Iida Y, Tateda M, Miyaji G. Observation of surface plasmon polaritons excited on Si transiently metalized with an intense femtosecond laser pulse[C]//2021 Conference on Lasers and Electro-Optics Europe & European Quantum Electronics Conference (CLEO/Europe-EQEC), 2021: 1.

[147] Dinh T M, Huynh H Q, Mai T M N, et al. Enhancing the performance of photodetectors based on ZnO nanorods decorated with Ag nanoparticles [J]. Semicond. Sci. Technol., 2021, 36(4):045009-1-7.

[148] Yang W H, Li H, Chen J J, et al. Plasmon-enhanced exciton emissions and Raman scattering of CVD grown monolayer WS_2 on Ag nanoprism arrays[J]. Appl. Surf. Sci., 2020, 504:144252-1-7.

[149] Wang H B, Tao J, Lv J G, et al. Absorption enhancement of silicon via localized surface plasmonc resonance in blue band [J]. Chin. Opt., 2020, 13(6):1362-1384.

[150] Miwa K, Ebihara H, Fang X, et al. Photo-thermoelectric conversion of plasmonic nanohole array [J]. Appl. Sci., 2020, 10(8):2681-1-8.

[151] Gu P, Wang J P, Müller-Buschbaum P, et al. Infrared thin film detectors based on thermoresponsive microgels with linear shrinkage behavior and gold nanorods[J]. ACS Appl. Mater. Interfaces, 2020, 12(30):34180-34189.

[152] Bai M Y, Liu H, Xie F, et al. Improvement of two-dimensional material-based photodetector through surface plasmon[J]. Int. J. Mod. Phys B, 2020, 34(28):2050258.

[153] Savita, Kaur H. Impact of silver nanogratings for enhanced light absorption in plasmonic based photodetector[J]. Optik, 2019, 199:163367.

[154] Ritchie R H. Plasma losses by fast electrons in thin films[J]. Phys. Rev., 1957, 106(5):874-881.

[155] Willets K A, van duyne R P. Localized surface plasmon resonance spectroscopy and sensing[J]. Annu. Rev. Phys.Chem., 2007, 58:267-297.

[156] Zakharian A R, Moloney J V, Mansuripur M. Surface plasmon polaritons on metallic surfaces[J]. Opt. Express, 2007, 15(1):183-197.